国家科学技术学术著作出版基金资助出版

基于颗粒阻尼技术的结构振动控制

鲁　正　吕西林　著

机 械 工 业 出 版 社

颗粒阻尼技术是一种利用在振动体中有限封闭空间内填充的微小颗粒之间的摩擦和冲击作用消耗系统振动能量的减振技术，目前已在机械、航空航天等领域广泛使用，在土木工程领域中的应用研究也日渐开展。为了增强结构抵抗自然灾害的能力，尤其是减小其在地震和风振下的结构响应，对颗粒阻尼技术在结构振动控制中的应用进行了探讨。全书共分9章：结构振动控制概述、颗粒阻尼技术起源及发展应用、颗粒阻尼理论分析与数值模拟、单自由度结构附加颗粒阻尼器的性能分析、多自由度结构附加颗粒阻尼器的性能分析、颗粒阻尼技术振动台试验研究、颗粒阻尼技术风洞试验研究、颗粒阻尼技术在结构振动控制应用的设计讨论、半主动控制颗粒阻尼技术。

本书可供广大土木工程领域科研、技术人员在基于颗粒阻尼技术的振动控制分析、设计和研究时参考，也可供机械、航空航天等领域应用颗粒阻尼技术的人员参考。

图书在版编目（CIP）数据

基于颗粒阻尼技术的结构振动控制/鲁正，吕西林著. —北京：机械工业出版社，2017.12

ISBN 978-7-111-59964-7

Ⅰ.①基… Ⅱ.①鲁… ②吕… Ⅲ.①结构振动控制 Ⅳ.①TB123

中国版本图书馆CIP数据核字（2018）第101839号

机械工业出版社（北京市百万庄大街22号 邮政编码100037）
策划编辑：李 帅 责任编辑：李 帅 刘丽敏 责任校对：张 薇
封面设计：马精明 责任印制：张 博
三河市国英印务有限公司印刷
2018年7月第1版第1次印刷
184mm×260mm · 13印张 · 318千字
标准书号：ISBN 978-7-111-59964-7
定价：59.00元

凡购本书，如有缺页、倒页、脱页，由本社发行部调换

电话服务	网络服务
服务咨询热线：010-88361066	机 工 官 网：www.cmpbook.com
读者购书热线：010-68326294	机 工 官 博：weibo.com/cmp1952
010-88379203	金 书 网：www.golden-book.com
封面无防伪标均为盗版	教育服务网：www.cmpedu.com

前　言

PREFACE

近年来，地震、台风等自然灾害频发，对结构产生了严重的破坏。为了增强结构抵抗自然灾害的能力，尤其是减小其在地震和风振下的结构响应，常用的做法是在结构上使用振动控制技术。颗粒阻尼技术是一种利用在振动体中有限封闭空间内填充的微小颗粒之间的摩擦和冲击作用消耗系统振动能量的减振技术，已在机械、航空航天等领域广泛使用，在土木工程的应用研究也日渐开展。

本书第一作者于2007年赴美国南加州大学跟随Sami F. Masri教授学习结构振动控制的知识，Masri教授于1965年在加州理工学院完成了关于颗粒阻尼技术的第一篇系统性的博士论文。在Masri教授的启蒙下，作者一直从事将颗粒阻尼技术应用到土木工程的原创性研究。经过十余年的研究总结，将以下几部分特色内容整理于本书中。

(1) 利用离散单元法和等效简化算法，分别建立了结构附加颗粒阻尼器的精细化数值模拟方法和实用设计方法，编制了相应的程序，并完成了试验验证。

(2) 系统研究了颗粒阻尼器在不同动力荷载，尤其是地震和风振作用下的工作性能，揭示了其最优工作状态下的运动机理，提出了表征其最优工作性能的"全局化"指标。

(3) 系统开展了结构附加颗粒阻尼器的大型振动台试验和风洞试验，验证了数值模拟方法的可行性和可靠性，检验了对土木结构动力响应的控制效果，为土木工程实际应用提供了试验和理论支持。

(4) 结合工程特点，发明了系列具有自主知识产权的颗粒阻尼技术应用装置，给出了实际工程使用阻尼器的建议和设计导则。

本书的研究工作得到了"国家自然科学基金面上项目（51478361）""国家自然科学基金青年基金项目（51108346）"、上海市教育委员会"晨光计划"（12CG18）和中央高校基本科研业务费专项资金的支持，特此致谢！

由于作者水平有限，本书中肯定存在许多不足之处，敬请读者批评指正。

作　者

目录

CONTENTS

第1章 结构振动控制概述

结构振动控制，就是通过改变结构的刚度、质量、阻尼或者形状，并且提供一定的被动或主动的反作用力，来控制在地震和风作用下结构的振动。结构振动控制的概念是由日本的工程学教授 John Milne 最早提出[1]，他用木材制作了一栋房子，并将其放在滚珠轴承上，以此来证明结构可以与地震的晃动隔离开。第二次世界大战期间，结构振动控制的概念，例如结构隔震、结构消能减震和结构振动阻尼都得到了极大的发展，并且有效地应用于飞行器结构中。

在 20 世纪 60 年代，结构振动控制的概念开始进入土木工程领域，并且朝着多个方向发展。土木工程结构振动控制，是在工程结构的特定部位，装设某种装置（如隔震垫、隔震块等），或某种结构（如消能支撑、消能剪力墙、消能节点、阻尼器等），或某种子结构（如调谐质量等），或施加外力（即外部能量输入），以改变或调整结构的动力特性或动力作用，使建筑物的振动响应得到合理控制，确保结构本身的安全及结构中的人的舒适安全和仪器设备的正常工作。

按照有无外部能源供给，结构控制可分为被动控制、主动控制、混合控制和半主动控制四种[1]：被动控制是无外加能源的控制，其控制力是控制装置随结构一起振动变形时，因装置本身的运动而被动产生的；主动控制是有外加能源的控制，其控制力是控制装置按某种控制规律，利用外部能源主动实施的；混合控制在结构上同时应用主动和被动控制，从而充分发挥各种控制装置的优点，具有控制效果好、造价低、能耗小、易于工程应用的特点；半主动控制所需的外加能源远小于典型的主动控制系统，其控制力虽也由控制装置本身的运动而被动产生，但在控制过程中控制装置可以利用外加能源主动调整自身的参数，一般的，该系统不外加机械能，因而能保证系统的稳定性。通常，半主动控制被认为是可控的被动控制装置。

1.1 被动控制

被动控制由于概念简单，机理明确，因而在工程中得到广泛的应用。常见的被动控制包括基础隔震、消能减震和被动调谐减震控制。

1.1.1 基础隔震

基础隔震的基本原理是延长结构周期，给予结构适当阻尼使加速度反应减小，同时，让结构的大位移主要由结构物底部与地基之间的隔震系统提供，而结构自身不产生较大的相对位移[2]。目前的基础隔震技术可分为两类：弹（黏）性隔震和基础滑动隔震。弹（黏）性隔震指在结构物底部与基础顶面之间增设一侧向刚度较低的柔性层，使体系的周期延长，变形集中在底层，上部结构基本是刚体运动，柔性底层对上部结构来讲起着低通滤波的作用，使结构的基频比基础固定时的频率以及地震动输入的卓越频率段都低很多，目前国内外最受重视和应用范围最广的橡胶类支座隔震即此类方案的代表。基础滑动隔震是指在结构物与基础之间设置摩擦系数较小的摩擦材料，当结构在地震时的惯性力大于系统的摩擦力时，结构相对于基础产生滑动，一方面限制了水平地震作用向结构传递，另一方面耗散了地震能。基础隔震主要用于频率较高的低矮结构及桥梁等。

1.1.2 消能减震

消能减震是把结构物的某些构件（如支撑、剪力墙、连接件等）设计成耗能杆件，或在结构的某部位（如层间空间、节点、粘结缝等）安装耗能装置。在微风或小震时，这些耗能构件或耗能装置具有足够的初始刚度，处于弹性状态，结构物仍具有足够的侧向刚度以满足使用要求。当出现中、强地震时，随着结构侧向变形的增大，耗能构件或耗能装置率先进入非弹性状态，产生较大的阻尼力，大量消耗输入结构的地震能量，从而避免主体结构出现明显的非弹性状态，使结构的地震反应迅速衰减，保护主体结构及构件在强地震中免遭破坏，确保其安全性。目前常用的有以下四类：黏弹性阻尼器、黏滞阻尼器、摩擦阻尼器和金属阻尼器。其中前两类称为速度相关型阻尼器，后两类称为位移相关型阻尼器。许多学者均对这些消能器做了较为详尽的评述[3,4,5]。

（1）黏弹性阻尼器　黏弹性阻尼器一般由黏弹性材料和约束钢板组成，以隔层方式将黏弹性材料和约束钢板结合在一起，通过黏弹性材料的剪切滞回变形来耗散能量。黏弹性材料属高分子聚合物，既具有弹性性质，又具有黏性性质，前者可以提供刚度，后者可以提供阻尼，因此可以耗能减震。黏弹性阻尼器性能可靠，造价低，安装方便，适合于各种动荷载引起的结构振动控制。

黏弹性阻尼器在振动控制中的应用可追溯到20世纪50年代飞机结构的疲劳振动控制，在结构工程中的应用始于1969年建成的美国110层的纽约世界贸易中心，该结构的每座塔楼安装了大约11000个黏弹性阻尼器以减小风振反应。除此之外，黏弹性阻尼器还用于美国西雅图的Columbia Seafirst和Two Union Square大楼，以减小风振反应。

黏弹性材料的性能与振动频率、应变大小和环境温度密切相关。一般来说，剪切应力与剪切应变的关系为[6]

$$\tau(t)=G'(\omega)\gamma(t)+\frac{G''(\omega)}{\omega}\dot{\gamma}(t) \tag{1-1}$$

式中　$G'(\omega)$、$G''(\omega)$ ——黏弹性材料的贮存弹性模量和损耗弹性模量。

Tsai和Lee[7]、Kasai等[8]以及Sheng和Soong[9]分别给出了$G'(\omega)$和$G''(\omega)$的解析表达式。根据式（1-1）所示本构关系，可得黏弹性阻尼器的力-位移关系为

$$F(t)=k_d(\omega)X+c_d(\omega)\dot{X} \tag{1-2}$$

其中，$k_d(\omega)=\frac{AG'(\omega)}{\delta}, c_d(\omega)=\frac{AG''(\omega)}{\omega\delta}$；$A$和$\delta$分别是阻尼器中黏弹性材料的受剪面积和厚度。

线性结构安装黏弹性阻尼器后仍保持线性状态，阻尼器的作用是增加结构的阻尼和抗侧

刚度，这为分析带来极大的便利[10]。根据模态应变能法[11]，Chang 等[12]给出了安装黏弹性阻尼器后受控结构振型阻尼比和振型频率的求解方法，由此可方便地进行结构分析。

黏弹性材料是一种温度敏感性材料。Chang 等对黏弹性阻尼器的力学性能与温度之间的相互关系进行了深入的理论和试验研究[13,14]。分析发现，如果环境温度变化对黏弹性阻尼系统的自振频率影响不大，且阻尼器的刚度较大时，温度变化对黏弹性阻尼器的减震能力影响不大。

黏弹性材料贮存弹性模量和损耗弹性模量与激振频率的相关性给耗能减震系统的非线性分析带来一定的困难。为解决上述问题，Makris 提出了黏弹性材料的复参数模型，该模型中的参数都是复数，但与激振频率是无关的，复参数模型给黏弹性阻尼系统的频域分析带来了很大的方便[15]。

为了验证黏弹性阻尼器的理论研究成果及其在工程中应用的可行性，国内外学者对阻尼器和附加阻尼器的结构模型进行了大量的试验研究。

Blondet 等在 1993 年进行了 2 个足尺黏弹性阻尼器和 6 个阻尼器模型的性能试验，试验中 6 个阻尼器模型在材料应变达 300%以上时才发生破坏，而且破坏多数发生在黏弹性材料和钢板的粘结处[16]。国内北京工业大学、哈尔滨工业大学、广州大学和东南大学也先后对不同黏弹性材料制成的足尺或模型黏弹性阻尼器进行了系统的性能试验[17, 18, 19, 20]。

Chang 等在 1994 年进行了两个 2：5 钢框架模型的动力试验，其中一个为无控结构，另一个为安装黏弹性阻尼器的有控结构[12]。Foutch 等 1993 年在美国军用建筑工程试验室对两个安装黏弹性阻尼器的钢筋混凝土模型进行了振动台试验[21]。试验表明，黏弹性阻尼器对于钢结构和钢筋混凝土结构在任意地震作用下均有较好的减震效果；同时，由于阻尼器在钢筋混凝土结构的开裂阶段就已耗能，因此可以有效地降低结构损伤。北京工业大学、哈尔滨工业大学、西安建筑科技大学分别对附加黏弹性阻尼器的钢结构和钢筋混凝土结构模型进行了振动台试验，这些试验同样取得了较好的控制效果[17, 22, 23]。

需要指出的是，当温度不变时，黏弹性材料在较大的应变范围内呈线性反应，但在大应变情况下，由于消耗大量的能量，黏弹性材料温度会升高，从而改变了材料的力学性能，因而整个反应是非线性的。为此，如果黏弹性阻尼器很有可能出现大应变，则不能采用传统的频域法分析耗能体系的动力反应。

（2）黏滞阻尼器　黏滞阻尼器最初被应用于导弹发射架、火炮等军事领域和其他工业机械设备的减振之中[24, 25]，之后才逐渐应用到土木工程结构的耗能减震中[26]。黏滞阻尼器主要分为两类，一类是黏滞油缸型阻尼器[27]，另一类是黏滞阻尼墙[28, 29]。

黏滞油缸型阻尼器最早出现于 1862 年，当时英国军队在大炮的发射架上使用这种耗能装置，用来减小发射炮弹所引起的发射架移位[30]。第一次世界大战结束时，黏滞油缸型阻尼器因为能够减小反弹力，被应用在发射架上以允许发射更大的炮弹和使用更大的发射推动力。20 世纪 20~30 年代开始在汽车中使用这种阻尼器来减小振动，促进了黏滞油缸型阻尼器的革新，使它具有足够长的使用寿命。冷战期间，美国和苏联因为军事上的需要而使阻尼器的性能得到进一步提高。1990 年前后，冷战结束，黏滞油缸阻尼器这一军事技术开始转向民用，便开始在土木工程领域得到迅速和广泛的研究和应用[25]。黏滞油缸型阻尼器主要由油缸、活塞和高黏度油液组成。在外界激励下，活塞与油缸间产生相对运动，使得油缸中的高黏度油液通过活塞上小孔或活塞的边缘从活塞的一侧流动到另一侧，从而产生黏滞阻尼。黏滞阻尼器安装在结构上，可以给结构提供较大的阻尼，它可以用来减小结构的地震反应，也可以用来减小结构的风振反应，还能作为基础隔震系统的辅助设备，与隔震系统协同作用以增强结构的抗震能力。

黏滞阻尼墙是一种用于建筑结构的耗能减震器，是日本学者 Arima 和 Miyazaki 等在 1986 年提出来的[28, 29]，它主要由悬挂在上层楼面的内钢板、固定在下层楼面的两块外钢板、内外钢板之间的高黏度黏滞液体组成。地震时上下楼层产生相对速度，从而使得上层内钢板在下层外钢板之间的黏滞液体中运动，产生阻尼力，吸收地震能量，减小地震反应。通过改变黏滞液体的黏度、内外钢板之间的距离、钢板的面积这三个因素，可以调整黏滞阻尼墙的黏滞抵抗力和能量吸收能力。黏滞阻尼墙外通常还有钢筋混凝土或防火材料制成的外部保护墙，以抵御外界环境的不利影响。

国内外学者对黏滞阻尼器的性能进行了广泛的研究[31, 32, 33, 34, 35, 36]。研究发现，如果黏滞阻尼器中的油液是牛顿流体，则阻尼器提供的阻尼力与相对运动速度成正比。如果活塞在一个较宽的频率范围内运动，黏滞阻尼器将呈现黏弹性流体的特征。对此，Makris 和 Constantinou 在 1991 年提出了一种广义的 Maxwell 模型来描述黏滞阻尼器的力学性能。考虑到表达式的简化，目前大多数在土木工程领域使用的黏滞阻尼器力学性能可以表示为[31]：

$$F = CV^{\alpha} \tag{1-3}$$

式中 C——黏滞阻尼系数；

V——阻尼器活塞相对阻尼器外壳的运动速度；

α——常数指数，变化范围可以是 $0.1<\alpha<2$[1, 25, 35]（根据国外的经验，建筑物在使用黏滞阻尼器抵抗地震作用时，α 值通常在 0.4~0.5；抵抗风荷载作用时，α 值通常在 0.5~1.0；既抗震又抗风时，α 值通常取 0.5~1.0 之间的较小值[25]）。

Constantinou 和 Symans 在 1993 年对黏滞阻尼器进行了系统的性能试验，将其安装在一个 1∶4 的三层钢结构模型中，以考察阻尼器的减震效果[37]；Reinhorn 等 1995 年在一个 1∶3的钢筋混凝土框架模型上测试了黏滞阻尼器的减震能力[38]。1988 年 Arima 和 Miyazaki 等系统地研究了黏滞阻尼墙的力学特性，并测试了黏滞阻尼墙在五层钢框架模型和四层足尺结构中的动力响应[28]。哈尔滨工业大学、同济大学、东南大学也先后对黏滞阻尼器的力学性能进行了试验研究[35, 36, 39]，哈尔滨工业大学和同济大学还对附加黏滞阻尼器的结构模型进行了振动台试验[39, 40]，清华大学对附加黏滞阻尼墙的小比例结构模型进行了振动台试验研究[41]。这些研究表明，黏滞阻尼器具有出色的耗能减震效果，并且不会引起温度的较大变化；另一方面，黏滞阻尼器几乎只对结构提供阻尼力，而基本上不增加结构的刚度。结构合理地附加黏滞阻尼器以后，位移反应和内力反应同时减小。

（3）摩擦阻尼器　摩擦阻尼器是由金属摩擦片在一定的预紧力下组成的一个能够产生滑动和摩擦力的机构。机构因振动变形带动摩擦阻尼器往复滑动，因此滑动摩擦力将做功耗散能量，从而达到减震的目的。摩擦阻尼器的摩擦力大小易于控制，可方便地通过调节预紧力大小来确定，其性能对环境温度及摩擦生热不敏感。

各国学者根据对不同结构的不同使用要求，通过改变摩擦阻尼器的构造和摩擦面材料及与结构的连接方式等，对摩擦阻尼器进行了深入的研究，在理论、试验及应用上也已取得了很多成果。1982 年加拿大 Pall 提出了十字芯板摩擦阻尼器（即 Pall 摩擦阻尼器），该阻尼器外框是一个平行四边形，将其用 X 形斜撑与结构相连，其独特的构造使其性能较普通摩擦阻尼器稳定，且斜撑不受临界力限制，试验证明了其良好的耗能能力[42]。Grigorian 等还提出了两种构造类似于黏弹性阻尼器的最简单的摩擦阻尼器[43]。1990 年 Aiken 和 Kelly 等提出了一种可复位的 Sumitomo 单向摩擦阻尼器等[44]。我国的欧进萍等对摩擦阻尼器进行了研究和改进，提出了 T 字芯板摩擦阻尼器和拟黏滞摩擦阻尼器[45, 46]。摩擦阻尼器大多采用钢—钢、钢—铜或者钢—掺石墨的铜片等摩擦界面材料，摩擦界面材料的性能对阻尼器的性能有很大影响。

Scholl 和 Nims 等的研究结果表明，在摩擦阻尼器中，初始起滑位移和结构层间屈服位移之比，以及耗能支撑刚度和结构层间刚度之比是影响阻尼器减震效果的关键因素[47, 48]。

摩擦阻尼器在小震作用下不起滑，只能起到支撑作用，振动控制效果不是很好。针对这一问题，Tsiatas 和 Daly 提出将摩擦阻尼器和黏滞阻尼器串联起来，形成组合耗能体系。在风荷载和小震作用下，只有黏滞阻尼器发挥作用；在大震作用时，摩擦阻尼器也参与耗能，从而发挥了更好的减震效果[49]。国内吕西林等对带有摩擦和黏滞阻尼器串联体系的结构进行了动力分析[50]。

摩擦阻尼器也在国内外得到了较多的应用。加拿大 Concordia 大学的图书馆、Space 公司的总部大楼等一批建筑物采用了 Pall 摩擦阻尼器来增强抗震能力[51]。Sumitomo 摩擦阻尼器在日本应用较多，Omiya 市一幢 31 层的钢结构、东京一幢 22 层的钢结构和一幢 6 层的钢筋混凝土结构，都采用了这种阻尼器[44]。我国 1997 年运用摩擦阻尼器对东北某政府大楼进行抗震加固，2001 年新建的云南振戎中学食堂楼中也运用了 T 字芯板摩擦阻尼器和拟黏滞摩擦阻尼器来增强抗震能力[52, 53, 54]。

（4）金属阻尼器　金属屈服阻尼器的耗能机理是在结构振动时金属发生塑性屈服滞回变形而耗散能量，从而达到减震的目的。金属屈服阻尼器的特点是具有稳定的滞回特性，良好的低周疲劳性能，不受环境温度的影响，造价低廉等。

20 世纪 70 年代初，Kelly 等最早提出了金属屈服阻尼器，随后各国学者对金属屈服阻尼器进行了理论和试验研究，并开发了各种材料、各种构造形式的阻尼器[55, 56, 57]。软钢具有屈服点低、断裂变形大、低周疲劳性能好等优点，且由于取材方便，特别适合制成金属屈服阻尼器。目前较有特色的金属屈服阻尼器是三角形和 X 形钢板两种，这两种金属阻尼器的特点是各截面是等曲率变形的，弯曲应力均匀分布能同时达到屈服。此外，铅和形状记忆合金也具有良好的耗能能力，也可以用来制造金属屈服阻尼器[58, 59]。

为了建立金属屈服阻尼器的滞回模型，从材料的本构关系出发建立的滞回模型以及试验研究是两个重要的手段[60, 61, 62]。

金属屈服阻尼器是一种非线性装置，它安装在结构上以后，将使有控结构表现明显的非线性特征。研究表明，支撑刚度与阻尼器刚度之比、支撑和阻尼器的串联刚度与结构层间刚度之比，以及阻尼器屈服位移与结构层间屈服位移之比是影响该阻尼器减震效果的三个主要参数[47]。为了分析阻尼器对结构的振动控制，可以采用两种方法，一种是运用阻尼器的滞回模型对耗能减震体系作动力时程分析[63, 64]，另一种是将阻尼器的滞回模型作等效线性化处理，然后利用其等价线性参数进行受控结构的计算分析[48, 65]。

金属屈服阻尼器在土木工程中也有成功的应用。新西兰的一幢六层政府办公楼，其预制墙板的斜撑中采用了钢管耗能装置；意大利那不勒斯的一幢 29 层的钢结构悬挂建筑，在核心筒和悬挂楼板之间采用了锥形软钢阻尼器；美国旧金山两幢结构和墨西哥三幢结构的抗震加固采用了 X 形钢板屈服阻尼器；日本 Kajima 公司研制的蜂窝阻尼器和钟形阻尼器分别应用到了一幢 15 层的钢结构办公楼和两个相邻的建筑物之间[66, 67]。

1.1.3 被动调谐减震

被动调谐减震控制由结构和附加在主结构上的子结构组成，附加的子结构具有质量、刚度和阻尼，通过调整子结构的质量和刚度可以调整其自振频率，使其尽量接近主结构的基本频率或激振频率。这样，当主结构受迫振动时，子结构就会产生一个与主结构振动方向相反的惯性力作用在结构上，使主结构的振动反应衰减并受到控制，该减震控制不是通过提供外部能源，而是通过调整结构的频率特性来实现的。子结构的质量可以是固体质量，此时子结构被称为调谐质量阻尼器（TMD）；也可以是储存在某种容器中的液体质量，其调谐减震作用是通过容器中液体振荡产生的动压力差和黏性阻尼耗能来实现的，此时子结构被称为调谐液体阻尼器（TLD），TLD 可分为储液池式和 U 形柱式；还可以是放置在某种容器中的固体颗粒，其消能作用主要是通过颗粒冲击主体结构引起的动量交换和系统之间的摩擦耗能来实现。若只有单个颗粒，这种子结构称为冲击阻尼器（Impact Damper）；若有多个颗粒，这种子结构称为颗粒阻尼器（Particle Damper）。结构被动调谐减震控制技术已成功应用于多高层结构、高耸塔架、大跨度桥梁、海洋平台等的地震控制、风振控制和波浪引起的振动控制。

1.2 主动控制

主动控制就是有外加能源的控制，外加能源可以主动地向结构系统输入能量，输入的能量值由一定的控制策略确定，对输入的能量和结构的反应联机实时跟踪和预测，满足一定的优化准则，即在有限的能量输入条件下，最大程度的抑制结构的振动。主动控制是根据实际需要调节结构振动反应的控制效果，所以从理论上而言，其是最为有效的结构控制方法。

主动控制的相关概念最早是由 Zuk[68] 提出的，20 世纪 70 年代形成了系统的结构主动控制理论。美国华裔学者 Yao（姚治平）[69] 在 1972 年将现代控制理论应用于土木结构，确定了土木结构控制研究的开始。然而 1990 年左右，主动控制才真正从理论和实践两个方面研究并应用到土木工程结构上。

主动控制系统主要是由信息采集（传感器）、计算机控制系统（控制器）和主动驱动系统（作动器）三部分组成。主动控制系统中的外置作动器可以按照指定的方式给结构施加外力，这些外力可以用来增加和耗散结构中的能量。传给作动器的信号是结构及外干扰的振动反应信息，由一些物理传感器来测量，比如光学传感器、力学传感器、电学传感器、化学传感器等。

主动控制按照控制器的工作方式可分为开环控制、闭环控制和开闭环控制三种。开环控制，控制器通过传感器测得输入结构的外部激励，据此来调整作动器施加给结构的控制力，而不反映系统输出的结构反应的信息，如图 1.1 所示。闭环控制，控制器通过传感器测得结构反应，据此来调整作动器施加给结构的控制力，而不反映输入结构的外部激励的信息，如图 1.2 所示。开闭环控制，控制系统通过传感器同时测得输入结构的外部激励和系统输出的结构反应，据此综合信息来调整作动器施加给结构的控制力，如图 1.3 所示。

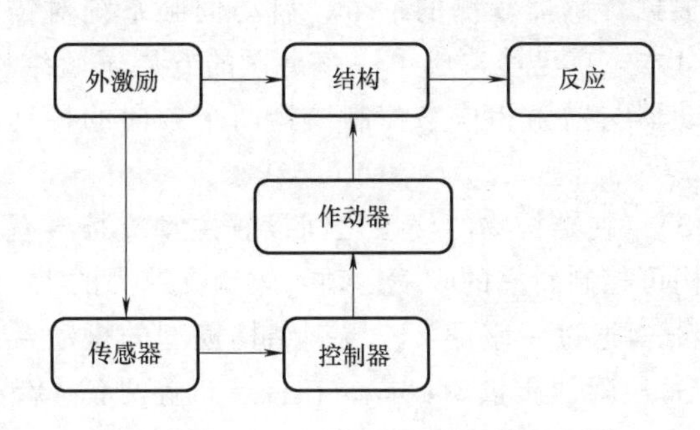

图 1.1　开环控制系统

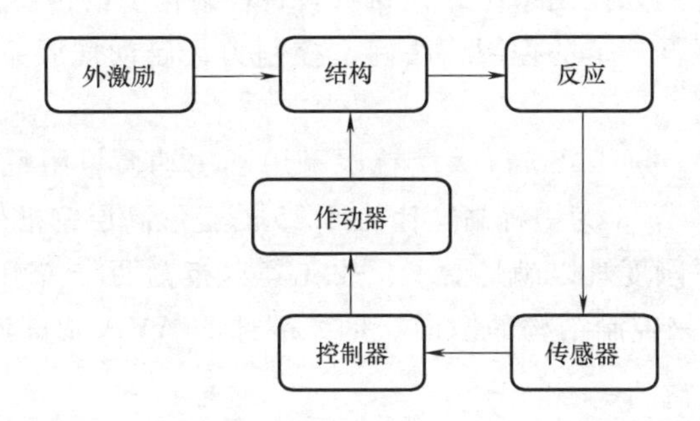

图 1.2　闭环控制系统

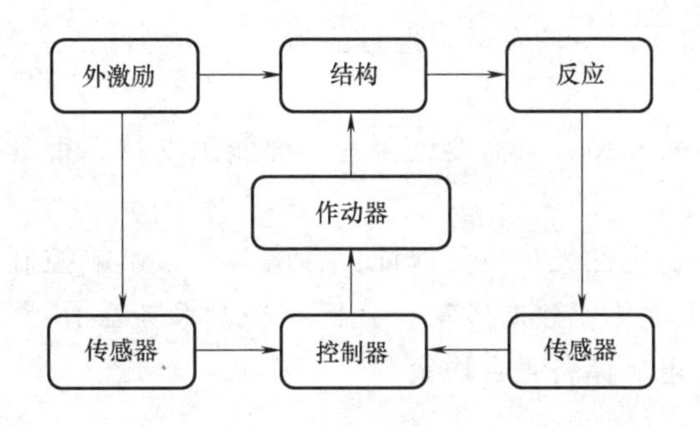

图 1.3　开闭环控制系统

由于闭环控制系统可以实时跟踪结构的动力反应，故结构的主动控制一般均采用闭环控制方法，有时也采用开闭环控制系统。闭环控制系统的工作原理：由装在结构上的传感器测得结构的动力反应，控制器按所采用的某种控制律计算出所需的控制力，该控制力通过作动器施加给结构，从而达到减小或抑制结构动力反应的目的。

主动控制主要包括主动锚索（拉索）系统（ATS）、主动支撑系统（ABS）和主动质量阻尼器（AMD）。

主动锚索（拉索）系统（ATS）　其基本原理是在框架结构的层间设置交叉锚索，在锚索上安装液压伺服系统，并在结构的附近和结构中设置传感器，当结构受到地震或风作用时，计算机控制中心将根据传感器观测的信号，启动伺服系统对锚索施力。为了验证 ATS 控制系统的有效性，在日本东京已经建成了一座足尺的 6 层试验结构[70]，ATS 控制系统设置在首层，并由 4 个驱动器与锚索相连来控制结构两个方向的振动，此试验结构作为 ATS 控制系统的长期观测建筑。

主动支撑系统（ABS） 在结构物的楼层之间设置主动支撑装置，利用结构的层间反应信息，电液伺服控制机构可控制斜撑的收缩运动，改变支撑力的大小和方向，以控制结构的振动。Chin-Hsiung Loh[71]等通过一座足尺三层钢结构模型的振动台试验来验证控制系统的有效性。该模型高 9m，每层附加质量 3468kg，在首层布置两套 ABS 控制系统。试验结果表明 ABS 控制系统作用明显，受控结构的相对位移减少了 50%以上。

主动质量阻尼器（AMD）是在被动调谐质量阻尼器（TMD）的基础上增加量测、控制和驱动机构而形成的一种主动控制系统，其利用安装在结构上的传感器观测到的结构反应信息，由计算机控制中心根据选定的控制算法确定控制力，启动伺服系统，借助于附加质量，将控制力施加到结构上。

1989 年日本的东京 Kyobashi Seiwa 大厦首次采用了主动质量阻尼器[72]。Kyobashi Seiwa 大厦建筑共 11 层，高 33. 1m，为一栋高宽比为 8. 25 的扁形高层钢框架结构。如果按照传统的抗震抗风设计，其水平刚度难以满足要求，故在其上布置两个 AMD 控制装置，其中，中央的 AMD 质量为 4t，用来控制结构的横向振动，端部的 AMD 质量为 1t，用来减小结构的扭转振动。

主动控制将现代控制理论的最优控制理念引入建筑结构的振动控制中，有突出的效果。实践证明，采用主动控制的结构体系与不采用任何控制技术的传统结构体系相比，能使结构振动反应减少 40%~85%。虽然主动控制在减震上具有明显的优越性，并已在理论研究、试验研究和工程应用上取得了一定的突破，但目前为止，其仍存在一些缺陷有待改进，主要表现在：

1）主动控制系统造价高昂，且需要巨大的外部能源支持，很难在罕遇地震等极端条件下确保能源的供应。

2）控制系统工作的稳定性无法得到保证：有诸多因素影响控制系统工作的稳定性，例如，控制算法是否能真正优化，数据采集、分析和控制系统工作是否可靠（时滞效应是否得到改善），外部能源和电源储备是否稳定等。

1.3 混合控制

混合控制是将主动控制和被动控制两者作用在同一结构上的结构振动控制方式。主动控制虽然具有突出的效果，但是造价昂贵，技术要求苛刻。被动控制简单可靠，造价低廉，易于工程实现，但是控制范围及控制效果受到限制。将两者有机结合，则可以取长补短，做到更加合理、经济和安全。例如，当结构在多遇地震作用下，主要依靠被动控制系统实现减震；当结构遭受罕遇地震时，主动控制系统开始参与工作，结构同时依靠被动控制、主动控制两种系统共同运作，达到最佳的振动控制效果。

从被动、主动两种控制所起的作用的相对大小来看，有两种混合形式：一是主从混合形式，即以某一控制为主、另一控制为辅的形式；二是并列混合形式，即主动控制和被动控制独立工作，对结构实施校正作用。现阶段研究最多的是被动控制为主、主动控制为辅的混合形式，其中的两种主要混合方案如下：

1）被动控制作为结构在多遇地震作用下的保护措施，主动控制作为结构抵御罕遇地震作用的保护措施，主动控制系统是结构破坏的最后一道防线。

2）被动控制作为控制系统的主体，主动控制对被动控制系统提供限位控制，并提供被动控制所需的恢复力。

现阶段，较为典型的几种混合控制装置有：

1）混合质量阻尼器（HMD）。将TMD与主动控制作动器组合起来，HMD降低结构反应的能力主要依赖于TMD的运动，来自作动器的力被用来增加HMD的有效性和改变主体结构动力特性的鲁棒性。

2）混合基础隔震。在隔震层增设主动控制装置，使隔震层的相对位移保持在允许的范围内，并进一步减小上部结构的地震反应，常见的有叠层橡胶支座与AMD、可变阻尼器等组合形式。

3）阻尼耗能与主动控制相结合。用黏弹性阻尼器和主动支撑系统（ABS）混合控制。一方面，由于黏弹性阻尼器作用，大大减小了ABS所需提供的控制力；另一方面，由于ABS的作用，大大提高了黏弹性阻尼器的阻尼比，减小了黏弹性阻尼器所承受的剪力。

1.4　半主动控制

半主动控制是根据结构反应，进而通过改变结构的刚度或阻尼，自适应调整结构动力特性来达到减振控制目的的一种振动控制技术。它具有控制效果接近主动控制但仅需极少能源输入的优点，而且由于是受限输入受限输出系统，不存在主动控制那样的控制失稳问题。当能源供给中断时，可立即变为被动控制系统而发挥控制作用，因而具有广阔的应用前景。因为半主动控制本质上是一种参数控制，通过改变结构的刚度或阻尼来减小结构的振动，所以半主动控制可以分为主动变刚度控制系统（AVS）、主动变阻尼控制系统（AVD）以及主动变刚度/变阻尼控制系统（AVS/D）。

1.4.1　主动变刚度控制系统

主动变刚度控制系统通过可变刚度装置使受控结构的刚度在每一采样周期内根据设定的控制率在不同刚度值之间实时切换，使得受控结构在每一采样周期内都尽可能远离共振状态，达到减震的目的。

在理论研究方面，主动变刚度系统（AVS）最早由日本学者Kobori等[73, 74]提出，基本思路是根据结构的反应，通过计算机控制的快速反应锁定装置来改变系统的刚度，使结构的自振周期尽可能避开地震动的卓越周期以达到降低结构反应的目的。主动变刚度控制系统实质上是根据结构振动过程中的位移和速度状态，利用控制算法自动调节可变刚度的开关状态，因此结构始终处于一种非共振状态。然而开关关闭与启动过程带来的时滞问题将影响其控制效果，这也是该系统在土木结构推广应用的障碍所在。因此有必要开发一种对时滞效应不敏感、更有效、更稳定、鲁棒性更强的半主动控制算法。

在试验研究方面，Kobori 等[73]进行了足尺的三层钢结构主动变刚度控制振动台试验，结果表明采用半主动变刚度控制技术对减小结构的地震反应是可行的；Riche 等[75]提出了“能量消散约束”装置（EDR），该装置在加载和卸载时可以提供不同的刚度；Nasu 等[76]对一装有主动变刚度装置的高耸结构进行了试验研究，并与原型结构试验进行对比，试验表明，AVS 系统构造简单，仅需非常少的外部能量，并对各种不同刚度、不同高度的建筑物，在不同的地震烈度下，都能实施有效的减震控制；刘季等[77]提出变刚度半主动控制系统及其理论，并成功完成我国第一个半主动控制振动试验，取得了良好的控制效果，推动了该技术在我国的研究与应用。

在工程应用方面，世界上首次采用 AVS 半主动控制装置的建筑是日本东京鹿岛技术研究所，在此系统中，应用液压元件改变刚性支撑和大梁的连接条件，随时调节层间刚度，避免共振，在经受了加速度峰值为 $0.25g$ 强地震考验之后，运行正常，减震效果非常明显。该系统能耗较低，所配备的备用电源在市电停止供应时尚可工作 3min[78]。

1.4.2 主动变阻尼控制系统

主动变阻尼控制系统原理基本和主动变刚度控制系统一样，只是主动变阻尼控制系统控制的对象是结构的阻尼。主动变阻尼控制系统通常由液压缸、活塞和电液伺服阀等组成。实际应用时，分别将主动变阻尼控制系统的活塞杆和缸体支座连接在结构的两个不同的构件上，在地震和风作用下结构产生振动，主动变阻尼控制系统中的活塞和缸体就会在结构的带动下产生相对运动，其中系统所能提供阻尼力的大小主要取决于电液伺服阀处节流口开口的大小。

主动变阻尼控制系统（AVD）由 Hrovat[79]首先提出，他对采用可变阻尼装置控制结构的风振反应进行研究，通过仿真分析，得到与主动控制接近的效果；Kawashima 等[80]对可变阻尼器进行试验，并研究了由可变阻尼器与橡胶支撑组成的混合控制系统对桥梁结构在地震激励下的控制，结果表明控制效果很明显。目前已经开发的各种可变阻尼控制装置有半主动流体阻尼器、摩擦可控装置、半主动调谐质量阻尼器、半主动调谐液体阻尼器和电/磁流变阻尼器。

1.4.3 主动变刚度/阻尼控制系统

我国学者周福霖等[81]提出将主动变刚度控制技术（AVS）和主动变阻尼控制技术（AVD）有机结合起来，构成一种崭新的半主动控制技术——主动变刚度/阻尼控制技术（AVS/D）。通过增加可变阻尼项，增强了主动变刚度控制装置在释放能量阶段的耗能效果，不但能很好地避开地震动卓越周期，同时又能消减反应峰值，对较宽频带内的外界激励具有非频变的减震特性；何亚东等[82]设计了一个三层钢框架结构采用半主动振动控制的试验，用以检验主动变刚度/阻尼（AVS/D）控制技术及瞬时最优半主动控制算法的有效性与实用性。试验结果表明，对比被动控制方式，半主动控制技术不但能有效地控制结构在地震作用下的位移和加速度响应，而且克服了变刚度控制技术和变阻尼控制技术各自存在的负面控制影响，对不同的地震激励具有很强的鲁棒性，而且实现方法简单易行，从而为进一步深入研究与工程应用提供了试验依据。

除此之外，半主动控制还包括主动调谐参数质量阻尼器（ATMD），在 TMD 的基础上增加了一套可调整 TMD 刚度和阻尼系数的机构，使其最大限度地吸收主体结构的振动能量，减小动力反应；空气动力挡风板（ADA），当结构物顶部速度与风速度相反时，挡风板张开，以扩大迎风面，反之则关闭。

第2章 颗粒阻尼技术起源及发展应用

2.1 颗粒阻尼技术的基本概念

冲击阻尼器（Impact Damper）[83]，又称为加速度阻尼器，是一种简单而高效的被动控制装置，利用固体颗粒与主体结构碰撞时引起的动量交换和能量耗散来减小系统的振动，具有耐久性好、可靠度高、对温度变化不敏感、易于用在恶劣环境等优点。当颗粒与主体结构的相对位移超过阻尼器的净距时，两者相碰，引起动量交换和能量耗散。在减小结构的振幅上面，能量耗散起了重要作用，但最重要的控制机理在于动量交换[84]。当阻尼器的净距合适的时候，主体结构与固体颗粒的运动速度在碰撞前正好相反，颗粒由于质量较小，在碰撞后反向运动，主体结构由于质量较大，具有的惯性也大，依然保持原来的运动方向，但是速度降低，从而振幅也比无控结构要小。冲击阻尼器是一种单颗粒冲击阻尼器，其在碰撞的时候会产生很大的噪声和冲击力，且对设计参数（比如颗粒的恢复系数、外界激励强度等）变化敏感。

试验研究发现，如果将单一颗粒变换成等质量的多个小颗粒，这种新的阻尼装置既可以保留冲击阻尼器对于削弱振动响应的高效率，同时也大大减小了最大冲击力，以及相伴随产生的噪声。因此，后来的研究者采用许多等质量的小颗粒来代替单一的固体质量块，即产生了颗粒阻尼器。根据单元和一个单元内颗粒数目的不同，传统的颗粒阻尼器可以大致分为4类（图2.1），即单单元单颗粒冲击阻尼器（Impact Damper）[85]、多单元单颗粒冲击阻尼器（Multi-unit Impact Damper）[86]、单单元多颗粒阻尼器（Particle Damper，又称为非阻塞性颗粒阻尼器，Non-obstructive Particle Damper）[87,88]和多单元多颗粒阻尼器（Multi-unit Particle Damper）[89]。其中，单单元多颗粒阻尼器（非阻塞性颗粒阻尼器 NOPD）是在1991年由Panossian[90]首先提出的，他通过铝梁的试验，得出NOPD能够明显提高结构的阻尼，并在恶劣环境中性能表现良好。NOPD其实是将冲击阻尼与摩擦阻尼有效结合的一种复合阻尼技术[91]，其特点是在振动结构上加工形成的孔洞或结构内原有的空腔中填充适当数量的金属或非金属微小颗粒。当结构产生振动时，颗粒与颗粒之间、颗粒与孔壁之间不断地碰撞，进行动量交换，与此同时，颗粒与颗粒之间、颗粒与孔壁之间相互摩擦消耗结构的振动能量，从而削弱结构的振动，达到减振的目的。除此之外，NOPD具有无冲击噪声、减振频带宽、减振性能不会随时间降低等优点。

国内对非阻塞性颗粒阻尼器的研究，主要从20世纪90年代开始。西安交通大学的黄协清等对NOPD进行了颗粒摩擦耗能的仿真计算[92]，发现颗粒之间的摩擦产生的阻尼是其中

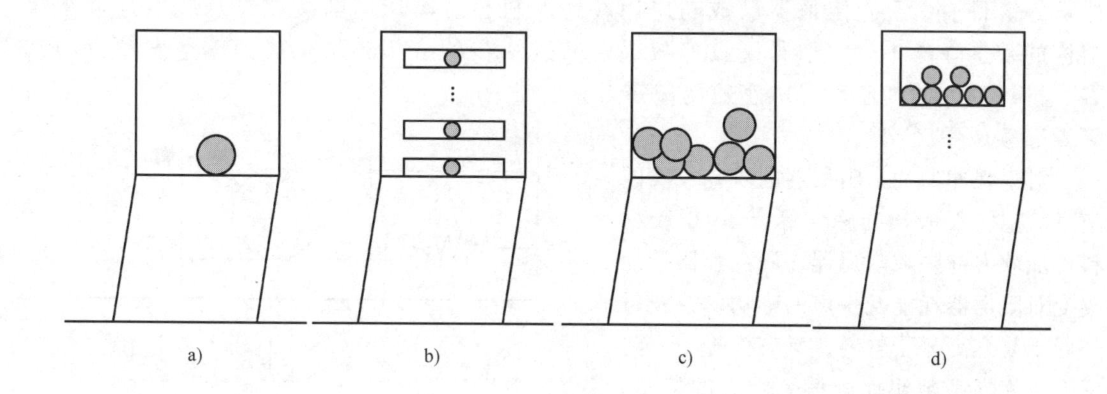

图 2.1 颗粒冲击阻尼器

a）单单元单颗粒冲击阻尼器 b）多单元单颗粒冲击阻尼器 c）单单元多颗粒阻尼器 d）多单元多颗粒阻尼器

重要的组成部分。西安交通大学的毛宽民等[93]建立了用于 NOPD 分析的散体单元法模型（球体元模型），得出了 NOPD 的减振机理，即由于主体结构与颗粒的相互耦合运动，主体结构的振动能量传入颗粒群中，使得颗粒之间、颗粒与主体结构之间产生相互碰撞与摩擦，从而耗散主体结构的能量，达到减振的效果。此外，他们指出，NOPD 的摩擦耗能与冲击耗能产生的阻尼效应具有相同数量级，但颗粒粒径较小时，摩擦耗能将会明显大于冲击耗能，反之亦然。

此外，还有很多颗粒阻尼器的变体，比如：克服方向依赖性的梁式冲击阻尼器（Beam-like Impact Damper）[94]；用软质包袋把颗粒包裹起来，形成"豆包"阻尼器（Bean Bag Impact Damper）[95,96]；用软质材料覆盖容器壁，形成缓冲型冲击阻尼器（Buffered Impact Damper）[97, 98]；带活塞的颗粒阻尼器（Piston-based Particle Damper）[99]；带颗粒减震剂的碰撞阻尼器[100]；颗粒碰撞阻尼动力吸振器[101, 102]；颗粒调谐质量阻尼器（Particle Tuned Mass Damper）[103, 104]，等。其中，"豆包"阻尼器又叫柔性约束颗粒冲击阻尼器，最初起源于 20 世纪 80 年代初，Popplewell 等，[95, 96]于 20 世纪 80 年代初，在研究镗杆减振问题时采用了该种阻尼技术，如图 2.2 所示。它是将一定数量的金属（或非金属）微颗粒用具有一定弹性恢复力的软质包袋包起来，放入一个特定的结构空腔内，用以代替传统冲击阻尼器中的刚性质量块。对于豆包阻尼器的减振机理，我国西安交通大学的黄协清等用离散单元法对豆包阻尼的减振机理进行了理论和试验研究[105]，认为豆包阻尼的减振机理在于豆包与容器的碰撞以及豆包内部颗粒之间的摩擦。豆包阻尼器的力学模型如图 2.3 所示。试验证明，豆包阻尼器具有良好的减振效果。与传统的冲击阻尼器相比，豆包阻尼器具有减振频带宽、稳定性好、冲击力小、无冲击噪声等优点。不仅如此，这种阻尼器结构简单、实施方便、成本低廉、空间占用小、附

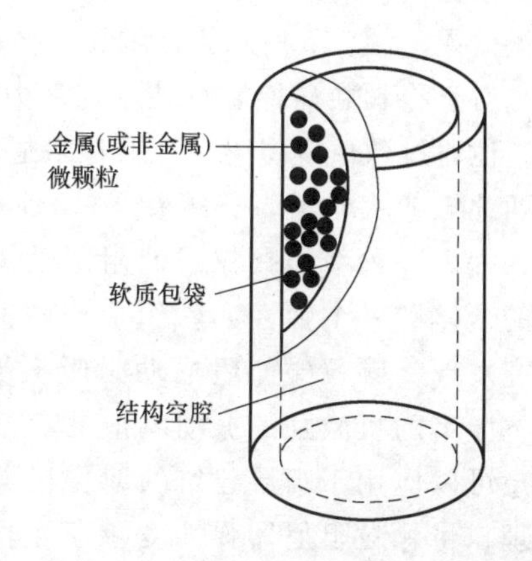

图 2.2 "豆包"阻尼器基本结构图

加质量小，特别是对环境要求不高、工作环境恶劣的场合也同样适用，如油污、高温、严寒等。目前，豆包阻尼器已成功应用在纺织机械、车床切削减震以及装甲运输车等结构的减震降噪中，并取得了良好效果。其进一步的应用还可扩展到航空发动机的减震、机翼颤震的抑制和飞机座舱的减震降噪等领域中[95, 96]。

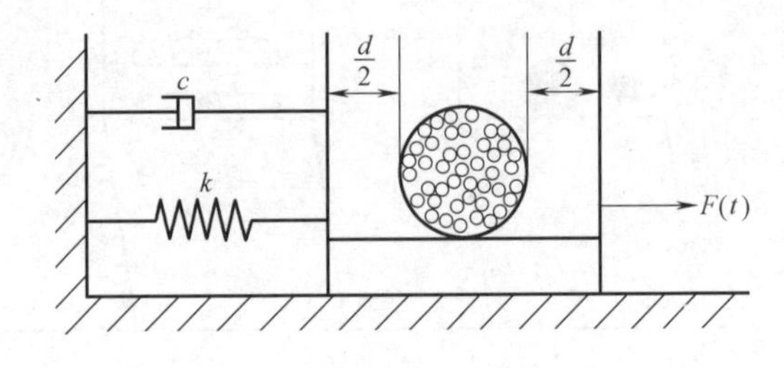

图 2.3 “豆包”阻尼器的力学模型

对于缓冲型冲击阻尼器的研究，我国南京航空航天大学的陈前等[98]用橡胶材料构成软内壁颗粒阻尼器，研究容器壁的改变对阻尼器耗能及噪声的影响。橡胶材料属于复合高分子材料，具有模量小、阻尼大、恢复系数小而摩擦系数大的特质，符合增加阻尼同时降低碰撞噪声的要求。试验发现，通过用橡胶材料改变阻尼器容器壁的刚性可显著改善阻尼器的工作性能、提高其阻尼能力、降低阻尼颗粒振动产生的噪声水平。

带活塞的颗粒阻尼器（见图 2.4）是在颗粒介质中放置一个振动阻尼杆而构成的一种颗粒阻尼装置，即在原有的非阻塞性颗粒阻尼器基础上引入阻尼杆，将颗粒体填入结构空腔中，再将阻尼杆插入颗粒体中。当系统结构振动时，颗粒体与阻尼杆产生碰撞、挤压和摩擦，将机械能转化为热能和声能，产生阻尼效应，从而显著提高结构的阻尼，对结构的振动响应起到很好的抑制作用。国外学者 Shah 等[99]通过试验研究了颗粒属性（比如颗粒半径、质量和环境温度）和装置参数（比如容器大小、阻尼杆的初始位置）对阻尼性能的影响。通过测量位移衰减的多少来间接表征阻尼的大小。试验结果表明，这种带活塞的颗粒阻尼器的阻尼性能与温度无关，并且在较小的外界激励条件下，仍能发挥阻尼效果，而冲击阻尼器往往在此条件下失效。此外，位移衰减呈现高度非线性，减振频带也较宽，这种颗粒阻尼技术具有很好的发展前景。

带颗粒减振剂的碰撞阻尼器是由我国上海理工大学杜妍辰等首次提出[100]，这种阻尼器是在一定几何结构封闭的腔体中置入作为冲击体的钢球（如直径为 10mm）和一定量的作为减振剂的微细颗粒材料（如直径为 100μm 的铜粉颗粒），当主体结构振动时，钢球的撞击会使夹杂在其间的微细颗粒产生塑性变形，这样便可以永久地消耗主体结构的振动能量，达到减振效果。图 2.5 所示为带颗粒减振剂的碰撞阻尼器的结构示意图。

对于将颗粒碰撞阻尼技术与动力吸振器相融合的概念，最早是由 Semercigil 等[106]提出的，他通过数值模拟得到，颗粒阻尼器的加入会显著提高传统动力吸振器的吸振效果。我国西北工业大学学者杨智春等[101]同样发展了将颗粒碰撞阻尼器和动力吸振器相结合的思想，提出一种新的颗粒碰撞阻尼动力吸振器设计概念，该吸振器由一个装有碰撞颗粒材料的盒体和一个弹性元件组成，碰撞颗粒在盒体运动时发生碰撞而消耗能量。通过试验研究发现，颗粒碰撞阻尼动力吸振器扩展了经典的单质块动力吸振器的工作频率范围，对宽频带随机激励的振动响应具有良好的抑制效果，这种颗粒碰撞阻尼动力吸振器设计思想可以应用于高层建筑的地震和风振响应控制。陈前等[107]结合经典动力吸振器的工作原理，将颗粒阻尼器弹性支承于主体结构上组成颗粒阻尼吸振器，与同等条件下刚性支承的颗粒阻尼器以及传统动力吸振器相比，很好地解决了颗粒阻尼在微振动环境下失效的问题，如图 2.6 所示。

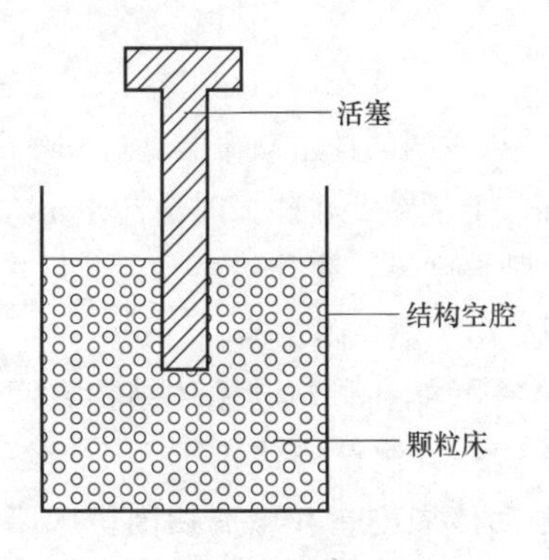

图 2.4　带活塞的颗粒阻尼器的结构示意图

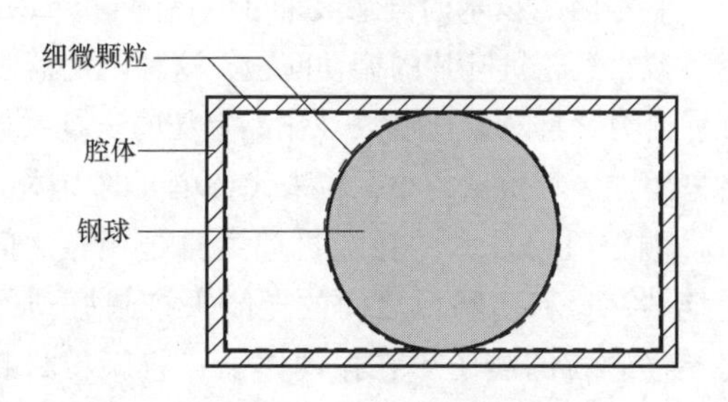

图 2.5　带颗粒减振剂的碰撞阻尼器的结构示意图

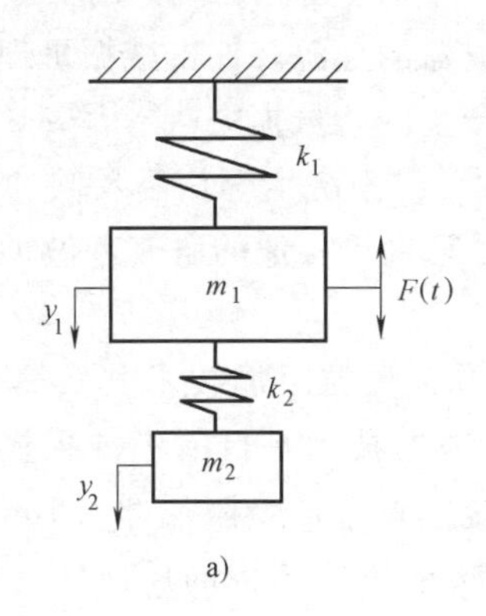

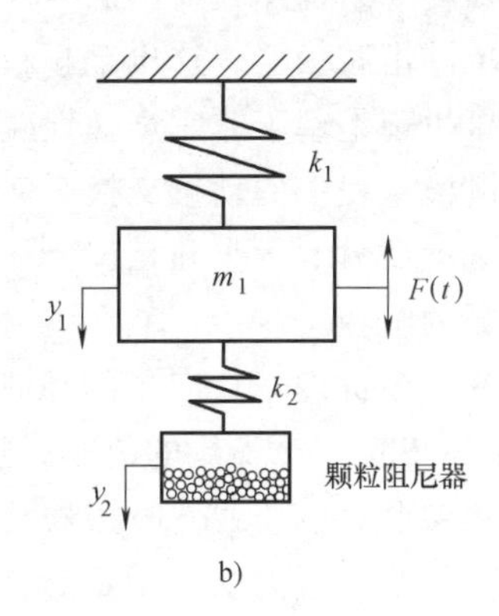

图 2.6　动力吸振器结构示意图

a）传统动力吸振器　b）颗粒阻尼动力吸振器

将调谐质量阻尼引入颗粒阻尼中，使两者有机结合，实现优势互补，使调谐质量与颗粒碰撞、摩擦等多种耗能机制结合，引入非线性能量耗散方式，扩大减振频带，增加减振鲁棒性，提高减振效果，从而形成颗粒调谐质量阻尼系统。图 2.7 为颗粒调谐质量阻尼系统的力学模型。同济大学鲁正等[103]将该颗粒调谐质量阻尼技术引入高层建筑的振动控制领域（抗震/抗风），发现其对高层建筑风致振动响应有非常好的减振控制效果，对地震下的主体结构的响应控制也有较好的效果，控制合理的颗粒质量密度和增加颗粒数量均可以提高其减振效果。北京工业大学闫维明等[104]对采用该技术的桥梁在地震下的响应进行了试验研究，发现其减震效果和减震鲁棒性均较好。

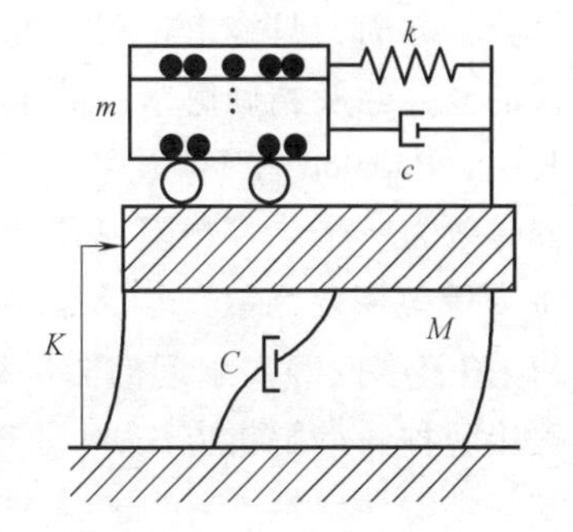

图 2.7　颗粒调谐质量阻尼系统的力学模型

2.2 颗粒阻尼技术的起源与发展

颗粒阻尼技术的概念最早可以追溯到Paget[108]在1937年发明的冲击减振器（Impact Damper）用于减小涡轮机叶片的振动问题，这种阻尼器腔体内仅有一个颗粒，在碰撞时会产生很大的噪声和冲击力，且对设计参数（比如颗粒的恢复系数、外界激励强度等）变化敏感。因此后来的研究者采用许多等质量的小颗粒来代替单一的固体质量块，即产生了颗粒阻尼器。

颗粒阻尼技术的耗能机理主要是颗粒之间的碰撞摩擦耗能和颗粒与主体结构之间的冲击耗能[109]。利用颗粒之间的耗能来控制振动体的振动，这一方法已经使用了几个世纪，例如将装满颗粒的袋子压在振动体上；将颗粒材料围绕在振动体周围；在金属切削机床床身使用封砂结构，从而使床身的阻尼提高8~11倍[110]等。其减振机理的解释包括：Kerwin提出颗粒材料消耗系统能量的3条途径为颗粒之间的摩擦、颗粒之间接触点处的非线性变形以及颗粒材料的共振[111]；Lenzi认为颗粒之间的干摩擦是阻尼产生的主要途径[112]；孙进才等认为阻尼来自于沙子损耗掉结构体辐射出的声能[113]等。冲击阻尼理论的典型代表是以刚性质量块作为冲击体的单冲击减振器，这也是颗粒阻尼器的起源。冲击减振机理的解释包括：部分学者认为冲击减振机理是基于非完全弹性碰撞产生的能量损失[114, 115]；Popplewell认为冲击减振主要是通过碰撞过程中的动量交换来实现[96]；张济生等认为反映冲击减震本质的是冲击体作用于主系统动反力的大小和相位[116]。尽管世界各地的研究者做了大量工作，但是尚没有一个普遍认同的解释。

对于颗粒阻尼的减振机理，从广义的原理来看，颗粒阻尼技术其实属于“非线性能量阱”（Nonlinear Energy Sink，NES）的范畴，这种减振技术是目前机械、航空以及土木工程领域均在积极研究的课题。该非线性吸振器与传统的调谐质量阻尼器（Tuned Mass Damper，TMD）有相似之处，均是通过附加质量的运动来减小主体结构的反应，且均适宜放在主体结构位移较大的位置（建筑结构一般为顶层），但两者最大的不同在于TMD产生的恢复力是线性的，而NES是非线性的。因此，它不像一般线性振子只拥有单一的固有频率，NES的固有频率是变化的，随着振动能量的增加而增加，因此，它能在更宽的频率范围内与主体结构多个模态发生共振，进而达到在较宽频带内减振的效果[117]。

近半个世纪，来自不同领域的许多研究者对颗粒阻尼技术开展了理论和试验研究。在理论分析方面，只能求得附加单颗粒阻尼器结构在简单激励下的解析解，考虑到多颗粒之间碰撞的复杂性及精确解求解的难度，很多学者基于单颗粒阻尼器结构提出一些简化分析方法。其中，Papalou和Masri[87, 118, 119]在保持颗粒总质量及填充率不变的情况下，将多颗粒阻尼器等效为一个单颗粒阻尼器，并结合试验和理论分析证明了其科学性；Friend和Kinra[120]将“等效恢复系数”引入颗粒阻尼器，即把多颗粒简化为一个凝聚质量块，将各种机理（碰撞、摩擦等）引起的能量耗散通过一个等效系数进行转换，在试验结果拟合的基础上，提出一种新的解析方法；Liu等[121]结合试验结果，将等效黏滞阻尼技术引入颗粒阻尼器的非线性特性模拟；Wu等[122]将多相流体理论引入颗粒阻尼器的分析，并提出相应的理论分析模型；Fang和Tang[123]则在此基础上进行了相关改进，有效地减少了分析的复杂度和计算量；Xu等[124]根据试验结果拟合了阻尼作用和各个参数的关系，提出了设计颗粒阻尼器的经验方法。尽管这些简化模型和基于试验的研究取得了不小的成果，但终究是基于现象的方法，结论也很难推广到除了该试验之外的其他情形。因而学者们提出一些简化数值方法，包括回归模型法[125]、功率输入法[126]、粉体力学模型法[127]、基于多尺度的半解析方法[128]等。近年来，离散单元法（Discrete Element Method，DEM）被引入到颗粒阻尼器的分析中[89, 129, 130, 131]，由于该方法能够考虑颗粒之间，以及颗粒与容器壁之间的相互作用，因此能更合理地分析颗粒阻尼器的性能。

在试验方面，主要目标是考察不同动力荷载下，不同参数对系统减震效果的影响，同时验证理论和数值分析的结果。比如，Cempel 和 Lotz[132]试验发现冲击颗粒的能量耗散不仅依赖于内部颗粒的碰撞，而且和外部碰撞（指颗粒与容器壁的碰撞）及摩擦有关；徐志伟等[133]的试验表明颗粒阻尼器在很宽的频带范围内都能提供附加阻尼，以合理考虑多种耗能机制综合影响的颗粒群作为冲击体，可以得到最佳的附加阻尼；闫维明等[104]完成了附加颗粒阻尼器的高架连续梁桥模型的振动台试验，发现其减震效果良好且减震频带更宽，并提出一种基于能量原理的有限元数值模拟方法[134]；鲁正等进行了三层框架和五层框架附加颗粒阻尼器的振动台试验[135]，并利用 DEM 数值模拟方法讨论了颗粒阻尼器参数变化对阻尼器减震效果的影响[131]，且已有初步试验证明自由振动条件下其减震控制效果要优于同等条件下的 TMD[136]。

2.3　颗粒阻尼技术在航空航天和机械等领域的应用

尽管颗粒阻尼减振的物理本质尚无定论，但是这并不影响其在航空航天和机械等领域的成功应用，如：雷达天线、印制电路板的减振保护；降低灯柱、烟囱及一些细高挠性建筑物因风激起的振动；抑制继电器、飞行器、涡轮叶片、卫星天线以及金属切削机床结构的自激振动等。

国外关于颗粒阻尼技术的研究和应用，主要集中在航空航天和机械等领域。具体来说，在航空航天领域，Lieber 和 Jensen[85]首先提出了利用一个质量块在容器两壁之间的运动来阻碍机械系统的振动这个概念。Lieber 和 Jensen[85]采用冲击阻尼器来控制飞行器的振动，考虑每个周期碰撞两次的情形，并且发现当冲击质量和主体结构的相位角相差 180°时，减震效果最好。Oledzki[137]引入了阻尼器去抑制轻型航天器的结构中的长管道的剧烈振动。Moore 等[138]把高速旋转动力阻尼器用于低温状态下工作的火箭引擎涡轮系统，例如用在航天飞机的主发动机。他们设计和测试了在转子轴承系统中的冲击阻尼器，以便拥有更有效的阻尼。他们的分析结果显示强振幅对冲击阻尼器性能的影响显著。阻尼器的性能通过等效黏性阻尼系数来表现，试验结果表明，冲击阻尼器对于抑制低温下转子轴承系统的振动是可行的。Torvik 和 Gibson[139,140]把颗粒阻尼器引入空间应用，发现系统响应衰减率和最小有效振幅是阻尼器设计过程中两个很重要的参数。这种特殊阻尼器由一个装满了成千上万的小颗粒的容器组成，当容器振动时，通过颗粒之间的摩擦和碰撞来消耗能量。此系统是高度非线性的，但可以在宽的频率范围内提供非常高的阻尼。

在机械领域，Park[141]研究了重复冲击作用下质量弹簧阻尼器的响应。利用重复性的冲击力作为驱动力的设备，比如电动和气动锤、容器振动器和打桩机，用质量弹簧阻尼器来控制这类设备的振动就显得尤为方便；Skipor[142]把冲击阻尼器用在印刷装置上；Sato 等[143]用在绘图仪支撑系统上；Sims 等[144]利用颗粒阻尼器改进机械工件的振动稳定性；Fuse[145]利用冲击阻尼器通过产生主系统和附加振动系统在相反相位上的相互碰撞，来消除机械系统共振的影响；Aiba等[146]引入了一种可变冲击力的冲击阻尼器来消除金属切削过程中的振动，这种冲击阻尼器用于消除非常弱的工件在端面铣削过程中产生的振动，切削试验表明，该冲击阻尼器对抑制切削过程中的振动是非常有效的。

我国关于颗粒阻尼技术的研究和应用，主要始于20世纪90年代，也是集中在航空航天和机械等领域。李伟，黄协清等[95, 147]研究了豆包阻尼器在不同振动条件下的减振特性，揭示了豆包阻尼器的布置位置和布置方式对减振效果的影响规律，并将其应用于板结构中。陈前等[148, 149]提出了基于碰撞理论的颗粒阻尼计算模型，并应用在航空结构以及直升机旋翼桨叶上，通过试验发现颗粒阻尼可以有效提高非旋转桨叶模型的前3阶阻尼水平。夏兆旺，单颖春等[150]进行了基于悬臂梁的颗粒阻尼实验并应用于平板叶片，实验结果表明颗粒阻尼能够明显降低平板叶片的振动。胡溧等[151]首次研究了颗粒阻尼对封闭空腔内场点声压的影响，并将其用在对车身薄壁板的振动及其声辐射的控制中。赵玲等[91]针对非阻塞性微颗粒阻尼柱的阻尼特性，研究了颗粒材料类型、填充率、质量比等因素的影响，为非阻塞性微颗粒阻尼柱的进一步设计奠定基础。闫维明等[152]对颗粒阻尼技术的发展现状做了详细的介绍，系统总结了影响颗粒阻尼器性能的主要因素，指出颗粒阻尼在土木工程领域具有良好的发展前景。肖望强等[153]指出在离心力作用下，传动齿轮的齿轮表面会产生很大的振动和噪声，严重影响齿轮的使用寿命，他们通过在齿轮系统中填充不同比例的颗粒，发现在离心力场中填充率是影响颗粒阻尼效果的重要参数。陈天宁等[154]研究了在离心力下腔体的长宽比对颗粒阻尼性能的影响，此外还通过数值模拟研究了豆包阻尼器在零重力场中的阻尼性能[155]，结果显示在零重力场中对豆包阻尼器的设计参数的选择与在重力场中类似，这为豆包阻尼器应用于航空航天领域提供了理论基础。陈前等[156]研究了颗粒阻尼器在微重力场、零重力场中的阻尼性能，通过数值模拟发现由于颗粒集群地悬浮在腔体中部，只有当颗粒填充很满且振动幅度很大时，才会有阻尼效果，为此他们通过加入一种十字形的扰流板很好地解决了这一问题。

2.4 颗粒阻尼技术应用于土木工程

土木结构面临各种各样的振动问题，使得结构振动控制体系应运而生。美国华裔学者Yao（姚治平）[69]在1972年将现代控制理论应用于土木结构，确定了土木结构控制研究的开始。同一时期，Kelly和Skinner等[55, 157]也提出了利用外加耗能装置来耗散结构振动能量的设想。自此以后，消能减震技术逐渐得到工程应用并显示其优势，研制和开发简单、实用、高效的新型消能减震装置已成为必然趋势。

现阶段土木工程中，应用较广泛的被动控制装置有黏弹性阻尼器、摩擦阻尼器、流体阻尼器和调谐质量阻尼器等。然而，黏弹性材料在高温和低温环境下会失效，且会退化变脆分解；摩擦阻尼器虽能用于某些高温情形（比如涡轮片），但是其性能与两个物体切合的紧密程度等因素有关，因而其有效性往往由于物体表面状况的改变而降低，且在各种动力作用下还会发生材性退化与疲劳效应；流体阻尼器也面临渗漏且很难用于恶劣环境（比如极端温度）的困境；调谐质量阻尼器（Tuned Mass Damper，TMD）只能在共振区附近的很小一段频率范围内有效，且对工作环境变化敏感。于是，广泛应用于机械领域的高度非线性的颗粒阻尼技术体现出在土木工程中应用的良好前景和发展潜力。

目前，颗粒阻尼技术应用于土木工程的研究才刚刚起步，实际工程应用还很少见。将颗粒阻尼器应用于土木工程的实例主要有：Ogawa[158]把冲击阻尼器应用在悬索桥桥塔上面以控制风振；Naeim[159]介绍了一幢位于圣地亚哥市中心经受了2010年智利地震考验的附加颗粒阻尼器的高层建筑（见图2.8）。

图2.8　Parque Araucano楼及其阻尼器系统

a）震后外景　b）建造中的阻尼器容器　c）填充的金属颗粒　d、e）建造完成的从屋顶悬挂的颗粒阻尼器系统

近年来，基于土木工程防灾减灾的颗粒阻尼技术的研究还处在理论探讨与试验研究阶段。将颗粒阻尼应用于一些基本结构构件，比如悬臂梁、加筋板等，为颗粒阻尼在土木工程中的应用提供了有价值的参考。Liu[160]把颗粒阻尼应用于层状蜂窝夹层结构抗冲击碰撞问题的研究，其试验对象就是机械领域中常用的悬臂结构；夏兆旺等[161]以填充颗粒的悬臂梁为对象，通过试验研究了结构阻尼随颗粒各参数呈非线性变化的特性；刘献栋等[162]利用离散元—有限元耦合的仿真算法，研究了分布式颗粒阻尼方法对板扭转振动的影响；黄协清等[126]针对普通加筋板的振动与噪声控制问题，提出用非阻塞性颗粒阻尼填充空心肋骨，理论和试验研究发现这种方法效果良好。在土木工程领域对附加颗粒阻尼的基本结构构件的减震控制研究中，赵玲等[91]对微颗粒阻尼薄壁柱（截面为边长25mm、壁厚为0.6mm的正方形薄壁空心柱）的阻尼特性进行了初步试验研究；马崇武等[163]对带有颗粒阻尼器的钢柱构件进行了一系列的随机激励试验，分析了填充率、颗粒材料、粒径大小、安装位置等设计参数对阻尼效果的影响。

为了更进一步地探究颗粒阻尼在土木工程中的应用，一些学者开始以土木工程中的建筑物、构筑物模型为试验对象进行颗粒阻尼的减震分析。国内学者中，闫维明等[164, 165]以单层钢框架为试验模型，模拟普通单自由度建筑结构，探究了颗粒粒径、质量比、腔体底摩擦系数、颗粒堆叠状态、振动方向长度、激励强度等参数的变化对颗粒阻尼作用下结构阻尼比的影响；张向东[166]以11层钢框架为研究对象，初步探讨了颗粒阻尼器的颗粒材料、布置位置和质量比等对建筑结构减震控制效果的影响；杨智春等[101]对颗粒碰撞阻尼动力吸振器用于一幢5层的楼房框架模型的抑震情况进行了试验研究；鲁正[167]对不同地震激励下的带颗粒阻尼器的框架结构进行了理论和试验研究，并进行了参数分析；闫维明等[104, 168]将颗粒调谐质量阻尼系统引入到高架连续梁桥减震控制中，并提出了调谐型颗粒阻尼器简化力学模型及其参数计算方法，通过对高架连续梁桥的1：10缩尺模型的振动台试验，发现颗粒调谐质量阻尼器在高架连续梁桥减震领域应用效果良好。

国外学者中，Papalou等[169]提出将颗粒阻尼应用于古老建筑中多节柱（Multi-drum Columns）的抗震中，这种多节柱由一个个形似鼓状的圆筒上下拼接而成，用具有相同形式的圆筒来代替那些已经破坏或是遗失的部分，并在其空腔内放入颗粒。对一个高3m的多节柱进行动力荷载下的试验（见图2.9、图2.10），发现如果设计合理，颗粒阻尼可以至少减小

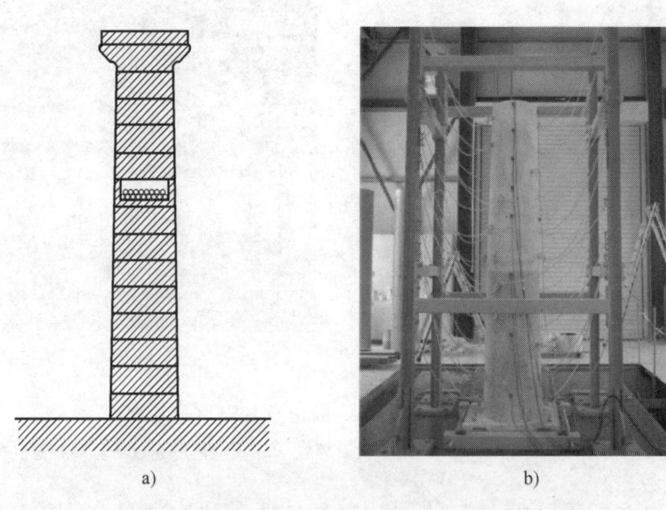

a) b)

图2.9　颗粒阻尼应用于多节柱抗震[169]

a）配置有颗粒阻尼的多节柱示意图　b）试验装置图

a) b)

图2.10　多节柱内配置的不同直径的颗粒[169]

a）直径为50mm　b）直径为20mm

多节柱 30%的动力响应，这为颗粒阻尼在历史遗迹建筑中的抗震应用提供了有力的依据。Egger 等[170, 171]将颗粒阻尼应用于斜拉索桥的减震控制中，他们在原有冲击阻尼器的基础上加以改进，形成了分布质量式的冲击阻尼器（Distributed-Mass Impact Damper）。在维也纳技术大学进行的一个长达 31.2m 的拉索的足尺试验（图 2.11、图 2.12）中发现，通过布置这种分布质量式的冲击阻尼器，拉索的阻尼比没有布置时大 3~10 倍。

图 2.11　在维也纳技术大学的试验装置[170]

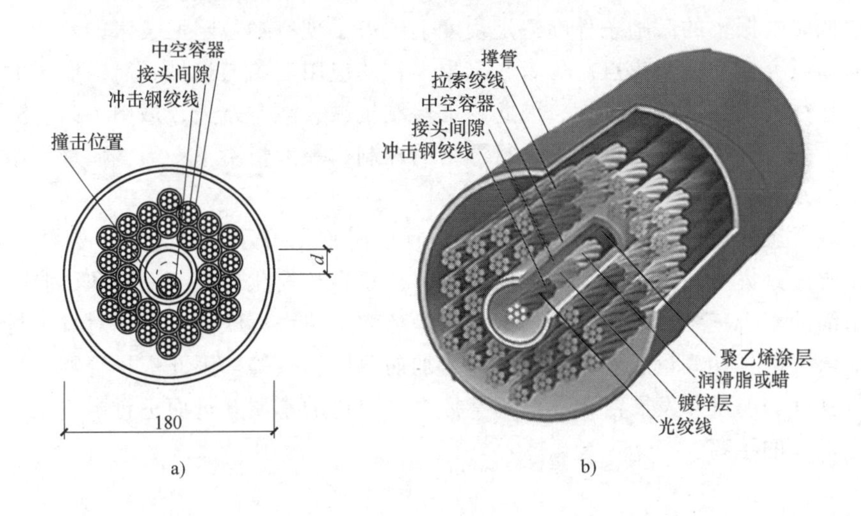

图 2.12　安装在拉索上的分布质量冲击阻尼器细部图[170]

a）横截面图（撑管直径为 180mm，拉索绞线直径为 5.6mm）　b）轴测图

通过国内外学者的理论分析和试验研究，发现颗粒阻尼技术在土木工程领域的减振控制中有着很大的优越性。颗粒阻尼减振频带宽，在 0~6000Hz 范围内均有一定的减震效果[88, 172]，因此可以考虑用其抑制土木结构面临的地震、风振等低频振动，以及地铁、高架交通引起的环境振动等工况，且减振性能不会随时间而降低，可以有效地抑制共振峰值；考虑到颗粒材料的特性，该技术特别适合用在野外极端条件下的结构，如输电塔的振动控制等工况。此外，主体结构由于附加了颗粒质量，从而可以降低其共振频率，且颗粒布置位置

非常灵活，可以像 TMD 一样附加于土木结构的外部，也可以内嵌于结构构件中，且在任意夹层、内部空洞均可放置，不影响结构使用，对原结构改动很小；所用颗粒取材廉价方便，一些普通建筑材料，如钢球、沙子、石子等均可使用。因此，该种技术在土木工程中的适用性大大增强[152]。

然而，颗粒阻尼技术应用于土木工程也有新的挑战。目前，颗粒阻尼的理论计算模型比较单一，无法针对不同工作状态下各种不同颗粒阻尼进行比较准确的内部接触力与耗能情况的定量分析；对附加颗粒阻尼器的主体结构的研究很多都集中在单自由度系统或是机械中常用的悬臂梁、加筋板等结构，对于多自由度结构附加颗粒阻尼器的精细分析尚未开展；由于很多因素对颗粒阻尼器的减振效果有影响，找出一个最佳参数或者一个能够综合这些因素影响的新的参数，以优化颗粒阻尼器的工作性能的工作也才刚刚起步；为了增强颗粒阻尼器的减振效果而对传统颗粒阻尼技术进行改进的工作开展的也不多；对土木结构使用颗粒阻尼器后在地震以及风振下的控制效果的理论和试验研究开展得更加少；对颗粒阻尼设计的标准化、规范化，能指导工程应用的实用化设计方法的研究也基本没有开展过。

此外，如何将现有较为成熟的在机械、航空航天领域颗粒阻尼技术的研究成果，利用到土木工程中来，也存在着各种各样的问题。首先，激励条件有所不同，机械、航空航天领域外界激励基本上是高频高振幅，而土木工程领域，外界激励大多数是低频低振幅。现有研究成果表明，在一定条件下，随着激励强度的增大，主体结构的响应折减相应增多，这是因为颗粒获得的动能增加，相应的动量交换也增多[173]。显然，相比机械、航空航天领域，土木工程领域中低频低振幅的激励条件在一定程度上约束了现有颗粒阻尼技术的效能，因此新型颗粒阻尼器的研究成为一个焦点。再者，土木工程的应用对象与机械、航空航天的应用对象很不相同，往往吨位和规模都较大，因此，虽然在机械、航空航天领域中可以达到很大的质量比，然而土木工程领域的质量比要进行严格的控制，一般情况下，惯性质量为结构控制振型广义质量的 0.5%~1.5%[174]。

总体来说，虽然近几十年来，许多学者对颗粒阻尼展开了各种理论、数值、试验的研究，但是主要还是集中在基础研究；数值模拟方法正在从简化的基于经验和试验现象的模拟转向比较精细的基于三维离散元法的模拟，但是离散元法也有缺点，比如对具体材料属性参数的取值要求很高且计算量随着颗粒数目的增加而急剧增大等。因此，尽管颗粒阻尼应用于土木工程有良好的前景和发展潜力，但离掌握颗粒阻尼的本质并进而进行规范化的设计与实际应用还有很大的距离。

第3章 颗粒阻尼理论分析与数值模拟

对于颗粒阻尼器在地震、风振等荷载下颗粒行为的数值模拟始终是一个难点。考虑到多颗粒碰撞引起动量的突变，使其动力学行为表现出很强的非线性，系统很难得到解析解，学者们研究出一些简化方法和数值方法。Papalou 和 Masri[87]将多颗粒阻尼器通过一定的等效原则简化为单颗粒阻尼器；Friend 和 Kinra[120]提出一种解析方法，即把多颗粒模拟为一个凝聚的质量块，并将各种机理引起的能量耗散由一个通过试验拟合得到的“有效恢复系数”表示；鲁正和吕西林[175]基于离散单元法，建立了颗粒阻尼器对多自由度结构进行减震控制的数值模拟方法；闫维明等[168]建立了调谐型颗粒阻尼器的数值分析简化模型，并提出了该模型等效阻尼比的能量估算方法。此外，学者们还提出了回归模型法[125]和恢复力曲面法[176]等应用于颗粒阻尼技术的数值模拟方法。

本章将首先采用等效单颗粒法进行多颗粒碰撞的数值模拟，基于等效前后颗粒阻尼器中腔体空隙体积相等以及颗粒质量相等的原则，将多颗粒阻尼器等效为单颗粒阻尼器，建立颗粒阻尼等效模拟的数值模型，并介绍其实现方法。之后，引入更为精细的离散元模拟方法，充分考虑颗粒—颗粒以及颗粒—容器壁的碰撞及运动情况，为颗粒阻尼的精细化分析提供方法。不管是等效简化方法，还是精细化离散元方法，都可以根据实际分析的目的，来灵活选用。

3.1 等效简化模拟

由于多颗粒在碰撞时表现出很强的非线性，因此要进行带有多颗粒阻尼器的动力系统的精确分析是相当困难的。鉴于单颗粒阻尼器的理论分析比较完善，并考虑阻尼器的运动特点，本节采用以单颗粒阻尼器等效替代多颗粒阻尼器的方法来研究其振动响应[175]。在本等效模拟中，忽略了颗粒之间的碰撞，着重抓住颗粒与容器壁的碰撞进行模拟。由于颗粒与容器壁的碰撞力实质上是影响主体结构振动响应的关键控制力，因此在抓住颗粒阻尼减震模拟的主要矛盾的基础上，本简化方法具有一定的精度，可供工程实用设计参考。本节主要以单自由度主体结构为例，介绍其实现方式，更多的算例将在第 6 章和第 7 章介绍。

3.1.1 等效简化原则

1. 等效原则

以单颗粒阻尼器等效替代多颗粒阻尼器的方法研究振动响应，其等效原则如下：

1）等效前后阻尼器腔体中的空隙体积相等。

2）等效前多颗粒总质量与等效后单颗粒质量相等。

3）等效前后颗粒均为球形，且密度均为ρ。

4）等效前的多颗粒阻尼器为长方体，等效后的单颗粒阻尼器为圆柱体，且圆柱体的直径与等效后单颗粒的直径相等。

依据以上原则等效后得到的单颗粒阻尼器示意图如图3.1所示。等效前后颗粒调谐质量阻尼器的参数及符号表示见表3.1。

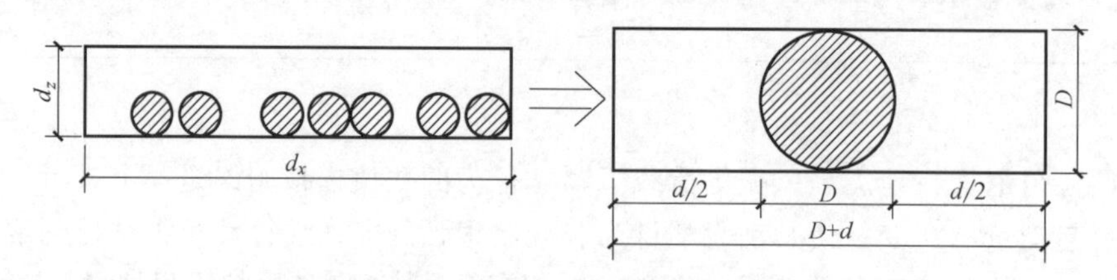

图3.1　多颗粒阻尼器和等效的单颗粒阻尼器

表3.1　多颗粒阻尼器与等效的单颗粒阻尼器的参数及符号表示

	物理意义	符号表示
多颗粒阻尼器	腔体尺寸(长,宽,高)	(d_x, d_y, d_z)
	单个颗粒质量	m_{1p}
	颗粒总质量	m
	颗粒直径	D_p
单颗粒阻尼器	颗粒质量	m_3
	颗粒直径	D
	颗粒自由运动距离	d

简化方法如下：

等效前颗粒在阻尼器中占据的体积V_{spd}由式（3-1）得出，式中N是颗粒的总数，即$N=m/m_{1p}$：

$$V_{spd}=\frac{N\pi D_p^3}{6} \tag{3-1}$$

多颗粒阻尼器中的空隙体积V_{epd}由式（3-2）得出，式中V_{pd}是颗粒阻尼器的体积，并假设盒子颗粒与腔体的体积比，即颗粒填充率$\rho_p=V_{spd}/V_{pd}$：

$$V_{epd}=V_{pd}-V_{spd}=(1/\rho_p-1)V_{spd} \tag{3-2}$$

等效后单颗粒阻尼器的空隙体积V_{eid}为

$$V_{eid}=\frac{\pi D^3}{12}+\frac{\pi D^2 d}{4} \tag{3-3}$$

根据等效原则（1），令式（3-2）和式（3-3）相等，可得

$$\left(\frac{1}{\rho_p}-1\right)\frac{m}{\rho}=\frac{m_3}{2\rho}+\frac{\pi}{4}\left(6\frac{m_3}{\pi\rho}\right)^{\frac{2}{3}}d \tag{3-4}$$

Hales[177]的研究表明，半径相等的球在发生球密堆积时体积比不能超过0.74，即$\rho_p\leqslant 0.74$。根据等效原则（2），$m=m_3$，至此，建立了等效的单颗粒阻尼器中颗粒自由运动长度的表达式，即式（3-4）。

2. 颗粒—容器壁碰撞模拟

等效简化模拟中，最关键的是颗粒—容器壁的碰撞模拟，采用分段线性化的方式，如图 3.2 所示。

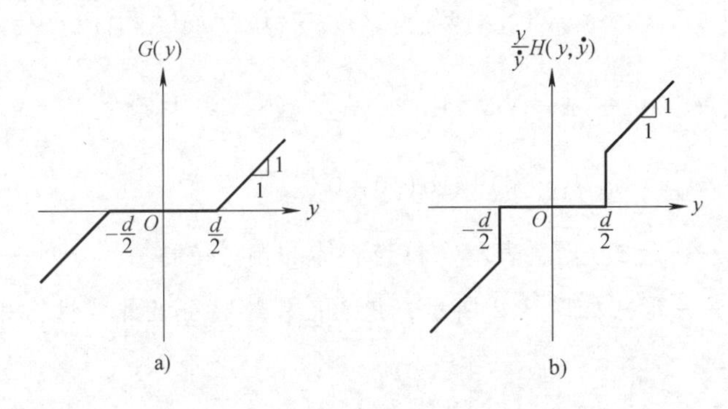

图 3.2　$G(y)$ 和 $H(y, \dot{y})$ 的形式

y 是颗粒与腔体的相对位移，$G(y)$ 和 $H(y, \dot{y})$ 是模拟碰撞时候的弹性力和阻尼力的非线性方程。颗粒在容器长度 d 内运动时，没有碰撞发生，因此 $G(y)$ 和 $H(y, \dot{y})$ 均为零，当颗粒碰到容器壁时（$\pm d/2$），产生了碰撞力，即产生了 $G(y)$ 和 $H(y, \dot{y})$。

3. 运动方程

以单自由度结构附加颗粒阻尼器的振动台试验为例，在结构顶部通过绳索悬挂一个颗粒阻尼器，其系统的计算模型简图如图 3.3 所示。

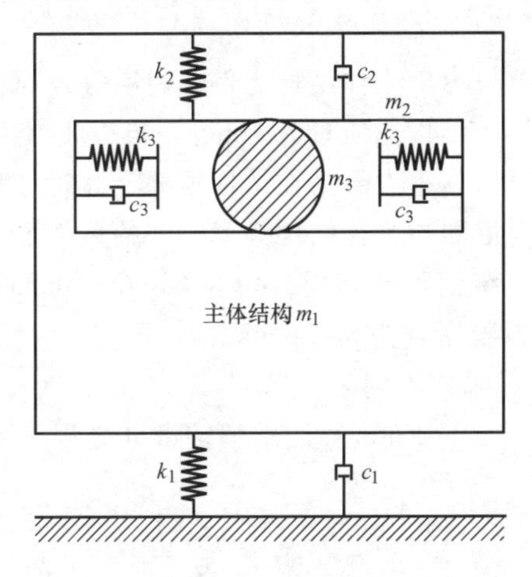

图 3.3　计算模型简图

附加颗粒阻尼器的整个系统的控制方程用矩阵表示为式（3-5）：

$$[M]\{\ddot{X}(t)\}+[C]\{\dot{X}(t)\}+[K]\{X(t)\}=\{F_{\mathrm{p}}(t)\} \tag{3-5}$$

式中　$[M]$、$[C]$、$[K]$——质量、阻尼和刚度矩阵；

$\{\ddot{X}(t)\}$、$\{\dot{X}(t)\}$、$\{X(t)\}$、$\{F_{\mathrm{p}}(t)\}$——加速度、速度、位移和荷载向量。

设振动台的位移为 $x_g(t)$，主体结构的位移为 $x_1(t)$，质量为 m_1；腔体的位移为 $x_2(t)$，质量为 m_2；颗粒的位移为 $x_3(t)$，质量为 m_3。则系统控制方程展开如式（3-6）：

$$
\begin{cases}
m_1(\ddot{x}_1+\ddot{x}_g)+c_1\dot{x}_1+k_1x_1-c_2(\dot{x}_2-\dot{x}_1)-k_2(x_2-x_1)=0 \\
m_2\ddot{x}_2+c_2(\dot{x}_2-\dot{x}_1)+k_2(x_2-x_1)-c_3H(y,\dot{y})-k_3G(y)=0 \\
m_3\ddot{x}_3+c_3H(y,\dot{y})+k_3G(y)=0
\end{cases}
\tag{3-6}
$$

式中　　y——$y=x_3-x_2$，表示颗粒与腔体的相对位移；

$G(y)$、$H(y,\dot{y})$——形式如图 3.2 所示，是表征模型特征的非线性方程。

3.1.2 参数选取

主体结构的质量可以通过测量模型的实际质量得到，其圆频率和阻尼比可以通过白噪声扫频，采用半功率法得到。同理，可得阻尼器腔体的质量，考虑到调谐的因素，其圆频率与主体结构的自振圆频率取值相同。腔体的阻尼比较难测得，在数值模拟时通过试算的方式确定。

根据 Masri[178]的研究，当模拟碰撞的弹簧刚度 k_3 远大于主体结构的刚度时，可以较合适地模拟颗粒与容器壁的相互作用，因此一般取颗粒圆频率 $\omega_3=20\omega_1$。颗粒的阻尼比 ξ_3 与颗粒的恢复系数 e 根据颗粒材料本身的物理性质得到。

3.1.3 程序编制

以某振动台试验所用的单自由度主体结构为例，说明等效简化算法的实现和应用。

主体结构为某单层钢排架，结构总质量为 7.6kg，自振频率为 1.37Hz。

填充颗粒的容器通过四根绳索垂直悬吊在结构顶部，此时考虑到阻尼器的动力性能，将阻尼器简化为单摆。考虑在阻尼器与主体结构频率一致的条件下，根据单摆的绳长计算公式求得绳子的悬吊长度。盒子横截面尺寸相同，均为 60mm×60mm，长度为 80mm。盒子内置 26 颗直径为 10mm 的钢球，颗粒密度为 $\rho=7644\text{kg/m}^3$。

地震波采用 El Centro 波，采样周期为 0.02s。

以下采用 MATLAB 中的 Runge-Kutta 算法求解常微分方程。下标 1、2、3 分别代表主体结构、阻尼器腔体和颗粒。

主程序

```
maincodeel.m
load Felcentro.mat;        %加载 El Centro 地震波
x=zeros(6,1);
[T,Y]=ode45('simulationel',t,x,[],Ft1);
```

子程序

```
simulationel.m
function dx=simulationel (t,x,options,Ft1)
```

```
%结构参数
m1=7.6;
f1=1.37;
omega1=2*pi*f1;
kesi1=0.032;
k1=m1*omega1^2;
c1=2* m1*kesi1*omega1;

%阻尼器参数
m2=0.128;
omega2=omega1;
kesi2=0.05;
k2=m2*omega2^2;
c2=2*m2*kesi2*omega2;

%表征阻尼器运动的非线性关系
gx5=(x(5)-x(3)-d/2)* ((x(5)-x(3))>=d/2)+0* (-d/2<(x(5)-x(3))<d/2)
+(x(5)-x(3)+d/2)* ((x(5)-x(3)<=-d/2));      %模拟碰撞时候的弹性力
hx5x6=(x(6)-x(4))* ((x(5)-x(3))>=d/2)+0* (-d/2<(x(5)-x(3))<d/2)+
(x(6)-x(4))* ((x(5)-x(3))<=-d/2);            %模拟碰撞时候的阻尼力

                                              %颗粒参数
p=7644;
D=0.01;
m0=p* pi/6* D^3;                              %等效前颗粒阻尼器中单个颗粒质量
n=26;
m3=n* m0;
mm=m3;                                        %等效后单颗粒质量
omega3=20* omega1;
kesi3=0.375;
k3=m3* omega3^2* gx5;
c3=2* m3* kesi3* omega3* hx5x6;
v0=0.06* 0.08* 0.01;
v=mm/p;
ratio=v/v0;                                   %颗粒填充率
d=((m3/p* (1/ratio-1)-mm/2/p)* 4/pi)* (p* pi/6/mm)^(2/3);  %等效后
颗粒的自由运动距离
```

```
%系统的控制方程
dx=zeros(6,1);
Ft1=10* Ft1(round(500* t));
dx(1)=x(2);
dx(2)=-c1/m1* x(2)-k1/m1* x(1)+c2/m1* (x(4)-x(2))+k2/m1* (x(3)-x
(1))-Ft1;
dx(3)=x(4);
dx(4)=-c2/m2* (x(4)-x(2))-k2/m2* (x(3)-x(1))+c3/m2+k3/m2;
dx(5)=x(6);
dx(6)=-c3/m3-k3/m3;
end
```

经程序求解，附加颗粒阻尼器的单层钢排架模型顶层在 El Centro 波地震激励下加速度和位移响应的计算值和试验值对比曲线如图 3.4 所示。总体上看，两者吻合较好。

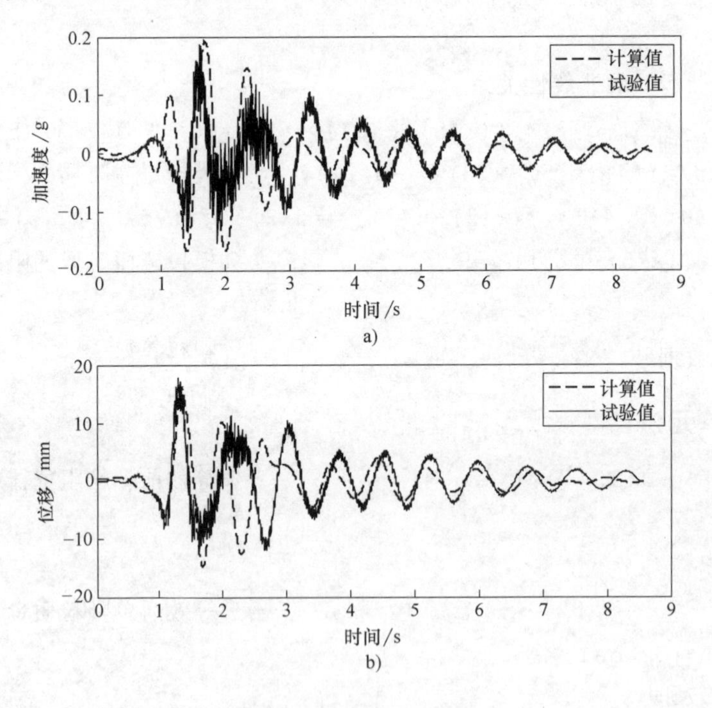

图 3.4　附加颗粒调谐质量阻尼器模型顶层在地震激励（El Centro 波）下的响应

a）加速度响应　b）位移响应

此外，为了验证此简化的等效模拟方法的可行性以及精确性，通过变换颗粒形式，我们得到了附加不同颗粒形式的颗粒阻尼器的结构模型在不同激励下的顶层峰值和均方根加速度响应计算值与试验值的对比，见表 3.2。可以发现，峰值加速度两者吻合较好，而均方根加速度也可以将误差控制在可接受的范围内。

表 3.2　附加颗粒调谐质量阻尼器模型顶层峰值和均方根加速度响应计算值与试验值对比

地震波类型	颗粒形式	峰值加速度			均方根加速度		
		计算值 /(m/s²)	试验值 /(m/s²)	误差 /%	计算值 /(m/s²)	试验值 /(m/s²)	误差 /%
El Centro	4 个 20mm 钢球	2.6024	2.5645	1.46	0.5696	0.5378	5.58
	5 个 20mm 钢球	2.6049	2.6949	-3.46	0.5582	0.5538	0.79
	19 个 10mm 钢球	1.9674	1.9299	1.90	0.5771	0.5494	4.81
	26 个 10mm 钢球	1.8833	1.8259	3.05	0.5763	0.5607	2.71
Kobe	4 个 20mm 钢球	3.5215	3.5518	-0.86	0.5056	0.5377	-6.34
	5 个 20mm 钢球	3.7400	3.7354	0.12	0.5345	0.5799	-8.49
	19 个 10mm 钢球	3.8869	3.8562	0.79	0.5245	0.5751	-9.64
	26 个 10mm 钢球	3.6410	3.7484	-2.95	0.4983	0.5435	-9.07

3.2　球状离散元模拟

离散单元法（Distinct/Discrete Element Method，简称 DEM）是美国学者 Cundall P A 于 1979 年提出来的一种非连续性数值计算方法[179]，最初被用于分析岩石边坡的运动。随着研究的深入和计算机技术的发展，离散单元法除用于边坡、采矿和巷道的稳定性研究以及颗粒介质微观结构的分析外，已扩展到用于研究地震、爆炸等动力过程和地下水渗透、热传导等物理过程[180, 181]。近十多年来，离散单元法已被逐步引入到结构工程领域中[182, 183]。就离散单元法本身而言，它可以细致地模拟各离散单元间的相互作用，是进行仿真计算的有力工具。对于不同的研究对象来说，须建立不同的离散单元模型。常见的离散单元模型有块体单元（二维或三维）、圆盘单元（二维）、椭圆单元（二维）、球体单元（三维）。对于不同的单元模型，DEM 的原理和计算过程都是一致的，只是具体的计算方法和数据结构不同。

3.2.1　离散单元法基本原理

离散单元法的基本原理就是把研究对象划分成一个个离散的块体或球体单元，在受力变形、运动过程中，单元可以与其邻近的单元接触，也可以分离。离散单元法中的单元只需满足本构关系、平衡关系以及边界条件，单元之间没有相互变形协调的约束关系，因此离散单元法特别适用于大变形和不连续结构问题的求解。

与有限单元法中本构关系的意义不同，离散单元法中的本构关系是用来确定单元之间的相对位移与相互作用力的关系，即力-位移关系。根据离散单元模型的不同，单元之间可以通过接触点、接触面或连接弹簧相互作用，相互作用力的大小根据接触本构方程或连接弹簧的本构关系确定。而个别单元的运动则完全根据该单元所受的不平衡力和不平衡力矩的大小按牛顿运动定律确定[184]。

1. 基本假设

1）各颗粒的接触力和颗粒组合体的位移，可以通过各个颗粒的运动轨迹进行一系列的计算而得。这些运动是以颗粒自重、外荷载或边界上的扰动源以动态过程在介质中传播的结果，传播速度是离散介质物理特性的函数，在描述颗粒的运动数值特性时，显式迭代计算的任一时步内假定速度和加速度为常量，且这个时步可以选择得如此之小，以至于在每个时步期间，扰动不能从任一颗粒同时传播到它的相邻颗粒。这样在所有时间内，任一颗粒的合力可由与它接触的颗粒相互作用而唯一确定。此外，显式算法不需要形成结构刚度矩阵，避免了复杂的矩阵运算，因此考虑大位移和非线性时，与有限单元法相比，离散单元法计算十分稳定。

2）颗粒相互作用时在接触点假定存在叠合量，这种叠合特性显示了单个颗粒的变形，叠合量的大小直接与接触力有关。但是这些叠合量相对于颗粒尺寸来说要小得多，颗粒本身的变形相对于颗粒的平动和转动也要小得多，所以把颗粒视为刚体处理。这样不但使计算简化，而且不会引起过大的误差。颗粒的运动特性均由其重心来表示，颗粒之间的接触力遵守作用力与反作用力的法则[185]。

3）颗粒分离后不存在拉力。

2. 本构关系——力与位移关系

各国学者提出了多种散体单元的接触力模型来定量确定法向力和切向力，然而这至今还是一个热议的课题，尤其是切向力的确定[186, 187, 188]。本文采用最简单的力-位移模型：法向采用线性接触力模型，切向采用库伦摩擦力模型。

图 3.5a 是颗粒与容器壁的法向线性接触力模型。k_2 是弹簧刚度，$\omega_2=\sqrt{k_2/m}$ 是角频率，通过合理选择 ω_2 的值（$\omega_2/\omega_n\geqslant 20$[189]）来模拟刚性壁；$c_2$ 是阻尼系数，$\zeta_2=c_2/2m\omega_2$ 是临界阻尼比，能用来模拟非弹性碰撞，所以各种恢复系数（Coefficient of Restitution，两物体碰撞后的相对速度和碰撞前的相对速度的比值的绝对值）可以通过调整 ζ_2 的值来实现。颗粒之间的法向线性接触力模型也类似，用 ω_3、c_3 和 ζ_3 代表颗粒间模拟法向弹簧的刚度、阻尼系数和临界阻尼比，如图 3.5b 所示。从而，法向力表示为

$$F_{ij}^{n}=\begin{cases}k_2\delta_n+2\zeta_2\sqrt{mk_2}\,\dot{\delta}_n,\ \delta_n=r_i-\Delta_i(\text{颗粒—容器壁})\\ k_3\delta_n+2\zeta_3\sqrt{\dfrac{m_im_j}{m_i+m_j}k_3}\,\dot{\delta}_n,\ \delta_n=r_i+r_j-|\boldsymbol{p}_j-\boldsymbol{p}_i|\ (\text{颗粒—颗粒})\end{cases}\tag{3-7}$$

式中 δ_n、$\dot{\delta}_n$——颗粒 i 相对于颗粒 j 的位移和速度；

Δ_i——颗粒与容器壁的距离；

i、j——下角标代表颗粒 i 和颗粒 j。

采用库仑摩擦力模型，切向接触力表示为

$$F_{ij}^{t}=-\mu_s F_{ij}^{n}\dot{\delta}_t/|\dot{\delta}_t|\tag{3-8}$$

式中 μ_s——颗粒间或者颗粒与容器壁之间的摩擦系数；

$\dot{\delta}_t$——颗粒 i 相对于颗粒 j 的切向速度。

3. 运动方程——牛顿第二运动定律

任意选取一个颗粒单元 i，根据单元之间的相互接触关系（相对位移）与接触本构关系（力-位移关系），可以得到作用于颗粒单元上所有的接触力，再加上单元受到的其他作用力（比如重力），可以计算出作用在其上的合力与合力矩。根据牛顿第二运动定律，可以得到单元 i 的运动方程为

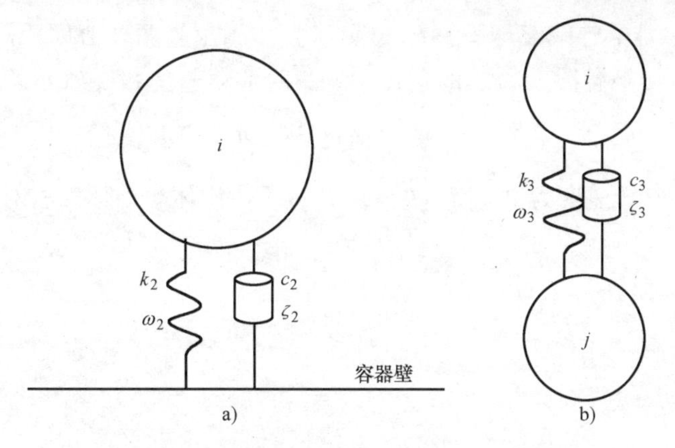

图 3.5　颗粒与容器壁的法向线性接触模型

a）颗粒与容器壁　b）颗粒之间的法向接触力模型

$$m_i \ddot{\boldsymbol{p}}_i = m_i \boldsymbol{g} + \sum_{j=1}^{k_i} (\boldsymbol{F}_{ij}^{\mathrm{n}} + \boldsymbol{F}_{ij}^{\mathrm{t}}), \boldsymbol{I}_i \ddot{\varphi}_i = \sum_{j=1}^{k_i} \boldsymbol{T}_{ij} \tag{3-9}$$

式中　m_i、$\boldsymbol{I}_i$——颗粒的质量和惯性矩；

$\boldsymbol{g}$——重力加速度向量；

$\ddot{\boldsymbol{p}}_i$、$\ddot{\varphi}_i$——颗粒的位置向量和角位移向量；

$\boldsymbol{F}_{ij}^{\mathrm{n}}$、$\boldsymbol{F}_{ij}^{\mathrm{t}}$——颗粒 i 和颗粒 j 之间的法向接触力和切向接触力（若颗粒 i 与容器壁接触，则 j 代表容器壁）；

k_i——与颗粒 i 相接触的颗粒数目。

接触力作用在两个颗粒的接触点，而不是在颗粒的质心，切向接触力会产生扭矩 $\boldsymbol{T}_{ij}$，使颗粒产生旋转。对半径为 r_i 的球形颗粒，$\boldsymbol{T}_{ij} = r_i \boldsymbol{n}_{ij} \times \boldsymbol{F}_{ij}^{\mathrm{t}}$，其中，$\boldsymbol{n}_{ij}$ 是颗粒 i 的质心指向颗粒 j 的质心的单位向量，×表示向量叉积。

3.2.2　球状离散元建模

1. 单元之间的作用力计算

如图 3.6 所示，全局坐标系设为 $oxyz$，局部坐标系设为 $OXYZ$。取点 i—j 的直线为 X 轴，与 X 轴垂直的平面内，过 i 取一平行于 x—y 平面的直线为 Y 轴，Z 轴由右手螺旋定则确定。从而，X 轴沿着两个颗粒的法向，Y 轴和 Z 轴在切平面上，两套坐标系的转换矩阵为

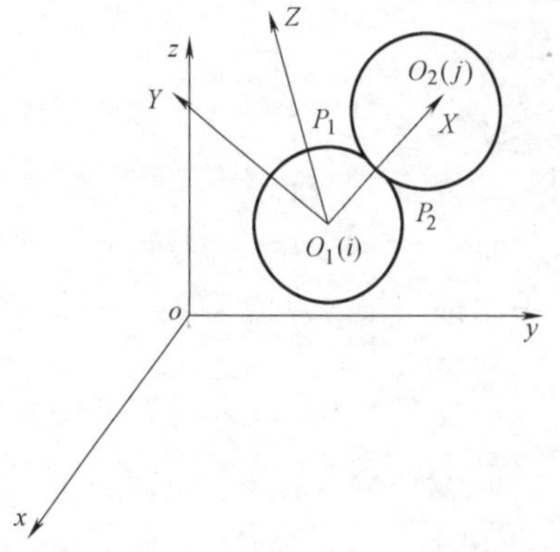

图 3.6　坐标系规定和颗粒相互位置示意图

$$\begin{Bmatrix} X \\ Y \\ Z \end{Bmatrix} = \begin{pmatrix} l_{Xx} & l_{Xy} & l_{Xz} \\ l_{Yx} & l_{Yy} & l_{Yz} \\ l_{Zx} & l_{Zy} & l_{Zz} \end{pmatrix} \begin{Bmatrix} x \\ y \\ z \end{Bmatrix} = [Te] \begin{Bmatrix} x \\ y \\ z \end{Bmatrix} \tag{3-10}$$

式中　l_{Xx}——X 轴和 x 轴的方向余弦；

$[Te]$——坐标变换矩阵。

空间两个球 i 和 j，球心连线交球 i 于 P_1，交球 j 于 P_2。当两球心间距小于两球半径之和时，认为两个球产生接触碰撞。P_1点的速度由球 i 的平动速度和绕球心的旋转速度合成。设球 i 的平动速度为（V_{o_1x}，V_{o_1y}，V_{o_1z}），旋转速度为（$\dot{\theta}_{o_1x}$，$\dot{\theta}_{o_1y}$，$\dot{\theta}_{o_1z}$），球 j 的平动速度为（V_{o_2x}，V_{o_2y}，V_{o_2z}），旋转速度为（$\dot{\theta}_{o_2x}$，$\dot{\theta}_{o_2y}$，$\dot{\theta}_{o_2z}$）。由刚体运动学知，对于球 i，P_1点的速度为

$$\boldsymbol{V}_{p_1}=\boldsymbol{V}_{o_1}+\boldsymbol{\omega}_{o_1}\times\bar{r} \tag{3-11}$$

式中 $\boldsymbol{V}_{o_1}$——O_1点平动的速度；

ω_{o_1}——球的旋转速度；

$\bar{r}$——$\bar{r}=\overline{O_1P_1}$。将速度$\boldsymbol{V}_{p_1}$写成分量形式

$$\begin{cases}V_{p_1x}=V_{o_1x}+(\dot{\theta}_{o_1y}r_1\cos\gamma-\dot{\theta}_{o_1z}r_1\cos\beta)\\V_{p_1y}=V_{o_1y}-(\dot{\theta}_{o_1x}r_1\cos\gamma-\dot{\theta}_{o_1z}r_1\cos\alpha)\\V_{p_1z}=V_{o_1z}+(\dot{\theta}_{o_1x}r_1\cos\beta-\dot{\theta}_{o_1y}r_1\cos\alpha)\end{cases} \tag{3-12}$$

式中 r_1——球 i 的半径；

$\cos\alpha$、$\cos\varphi$、$\cos\gamma$——$e=(e_1,e_2,e_3)=(\cos\alpha,\cos\beta,\cos\gamma)$ 为 O_1P_1的方向余弦，也为接触法向量。

同理，P_2点的速度$\boldsymbol{V}_{\mathrm{p}_2}$为

$$\begin{cases}V_{p_2x}=V_{o_2x}-(\dot{\theta}_{o_2y}r_2\cos\gamma-\dot{\theta}_{o_2z}r_2\cos\beta)\\V_{p_2y}=V_{o_2y}+(\dot{\theta}_{o_2x}r_2\cos\gamma-\dot{\theta}_{o_2z}r_2\cos\alpha)\\V_{p_2z}=V_{o_2z}-(\dot{\theta}_{o_2x}r_2\cos\beta-\dot{\theta}_{o_2y}r_2\cos\alpha)\end{cases} \tag{3-13}$$

式中 r_2——球 j 的半径；

$(-\cos\alpha$、$-\cos\beta$、$-\cos\gamma)$——O_2P_2的方向余弦。

由此得到接触点的速度（ΔV_x，ΔV_y，ΔV_z）为

$$\begin{cases}\Delta V_x=V_{p_1x}-V_{p_2x}\\\Delta V_y=V_{p_1y}-V_{p_2y}\\\Delta V_z=V_{p_1z}-V_{p_2z}\end{cases} \tag{3-14}$$

转换到局部坐标系为

$$\begin{Bmatrix}\Delta V_X\\\Delta V_Y\\\Delta V_Z\end{Bmatrix}=[Te]\begin{Bmatrix}\Delta V_x\\\Delta V_y\\\Delta V_z\end{Bmatrix} \tag{3-15}$$

由此得到法向速度和切向速度，即可根据接触模型来确定法向和切向的接触力。颗粒与容器壁接触时的作用力的计算方法，与球颗粒单元之间的相互作用力的计算方法完全一致，此处不再赘述。

2. 计算时步 dt 的确定

由于DEM是一种迭代求解方法，所以迭代时间步长的选取是一个很关键的问题，直接关系到计算过程的稳定性。一般来说，在保证稳定性和计算精度的前提下，希望尽可能取较大的时步，这样可以减少计算量。DEM中，颗粒单元的基本运动方程为

$$m\ddot{x}(t)+c\dot{x}(t)+kx(t)=F(t) \tag{3-16}$$

式中　m——颗粒单元质量；

x——位移；

t——时间；

c——黏性阻尼系数；

k——刚度系数；

$F(t)$——单元受到的外力。

要使求解稳定，必须满足：

$$dt\leqslant 2\sqrt{\frac{m}{k}}(\sqrt{1+\zeta^2}-\zeta) \tag{3-17}$$

式中　ζ——$\zeta=c/(2\sqrt{mk})$，是系统的阻尼比。

3. 法向阻尼系数的确定

法向阻尼系数可以由球和容器壁碰撞的恢复系数导出，碰撞模型如图3.5a所示。球与容器壁接触后的动力方程为

$$m\ddot{x}(t)+c\dot{x}(t)+kx(t)=0 \tag{3-18}$$

颗粒的初始位置为 $x_0=0$，接触前的入射速度为 $\dot{x}_0^-=\dot{x}_0$，求解得到位移响应和速度响应为

$$x(t)=\exp(-\zeta_2\omega_n t)\frac{\dot{x}_0}{\omega_d}\sin(\omega_d t) \tag{3-19}$$

$$\dot{x}(t)=\exp(-\zeta_2\omega_n t)\left[\dot{x}_0\cos(\omega_d t)-\frac{\zeta_2\dot{x}_0}{\sqrt{1-\zeta_2{}^2}}\sin(\omega_d t)\right] \tag{3-20}$$

式中　ω_d——$\omega_d=\omega_n\sqrt{1-\zeta_2^2}$。

设碰撞过程结束时，$t=t_p$，这时需满足：

$$x(t)=0 \tag{3-21}$$

解得碰撞时间为

$$t_p=\frac{\pi}{\omega_d} \tag{3-22}$$

根据颗粒恢复系数的定义：

$$e=\left|\frac{\dot{x}_0^+}{\dot{x}_0^-}\right|=\left|\frac{\exp(-\zeta_2\omega_n t_p)\left[\dot{x}_0\cos(\omega_d t_p)-\frac{\zeta_2\dot{x}_0}{\sqrt{1-\zeta_2{}^2}}\sin(\omega_d t_p)\right]}{\dot{x}_0^-}\right|=\exp\left(\frac{-\zeta_2\pi}{\sqrt{1-\zeta_2^2}}\right) \tag{3-23}$$

从而可以得到法向阻尼系数和颗粒恢复系数的关系，通过调整 ζ_2 的值就可以模拟各种

材料颗粒的弹性状态，如图3.7所示。

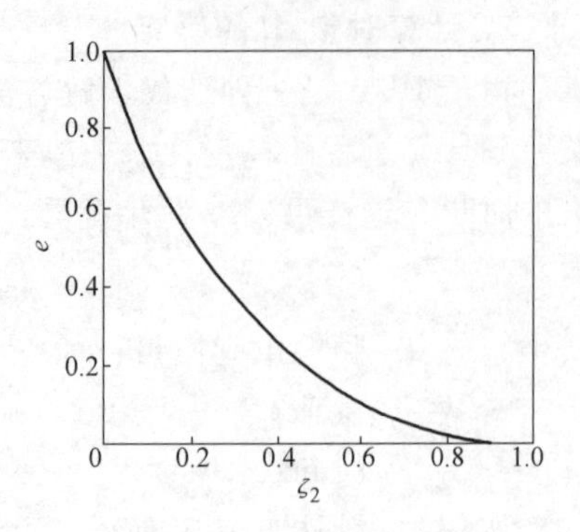

图3.7 法向阻尼系数与恢复系数的关系图

4. 接触检测算法

由于离散单元法假设在1个时步内，1个颗粒的扰动不会传递到与它接触的颗粒之外的其他颗粒上面，因而迭代时步需要很小，而且在每个时步又要判断各个颗粒之间的接触关系，因此是一种计算量极大的研究方法。其中，接触检测的算法尤其关键。

最直观简单的接触检测的算法为遍历判断，检测时间 T_d 的复杂度为 N^2（N 为颗粒数量）。最常用的算法[190, 191, 192, 193, 194]一般为二元搜索，其复杂度为

$$T_d \propto N\ln(N) \tag{3-24}$$

本书的碰撞检测算法采用Munjiza提出的非二元搜索（No Binary Search，NBS）算法[195]，其复杂度仅为

$$T_d \propto N \tag{3-25}$$

NBS算法适用于颗粒半径相差不大的情况，对颗粒的疏密程度没有限制。下面通过二维圆形颗粒的碰撞检测对这一算法作简单介绍。

（1）空间网格划分　设有标号为 $\{0, 1, 2, \cdots, N-1\}$ 的大小相等的颗粒单元位于1个矩形范围之内，该矩形被划分成边长为 $2r$（r 是颗粒半径）的正方形网格，NBS接触检测算法就是基于这种空间网格划分。之所以选择边长为 $2r$，是为了保证每个颗粒可以且仅可以位于1个网格之内。

每一个方形网格用二维坐标（ix, iy）（$ix=0, 1, 2, \cdots, ncelx-1$；$iy=0, 1, 2, \cdots, ncely-1$）来表示，其中 $ncelx$ 和 $ncely$ 分别是沿着 x 和 y 方向的网格的总数量。

$$ncelx=\frac{x_{\max}-x_{\min}}{2r} \tag{3-26}$$

$$ncely=\frac{y_{\max}-y_{\min}}{2r} \tag{3-27}$$

$$ix=\mathrm{Int}\left(\frac{x-x_{\min}}{2r}\right) \tag{3-28}$$

$$iy=\mathrm{Int}\left(\frac{y-y_{\min}}{2r}\right) \tag{3-29}$$

其中，$x_{\min}$、$x_{\max}$、$y_{\min}$、$y_{\max}$ 分别是矩形区域的4个边界。这样，所有颗粒集合 $E_p=\{0, 1, 2, \cdots, N-1\}$ 就可以映射到正方形网格的集合 C，

$$C=\begin{cases}(0,0) & (0,1) & \cdots(0,ncely-1)\\(1,0) & (1,1) & \cdots(1,ncely-1)\\(ncelx-1,0) & (ncelx-1,1) & \cdots(ncelx-1,ncely-1)\end{cases} \tag{3-30}$$

为了节约内存，采用链表结构来存放数据。首先，对所有颗粒循环一次，根据颗粒的 y

坐标，把颗粒映射到链表 Y_{iy}。该链表由两个数组形成，一个是 heady 数组，存放最后一个位于 Y_{iy}行的颗粒标号，故 heady 数组大小为 $ncely$；另一个是 nexty 数组，对于任意一个颗粒，该数组存放位于该颗粒相同行的相邻颗粒标号，故 nexty 数组大小为 N。这两个数组最终都以-1 来标记结束。此外，若网格没有颗粒，也用-1 来标记。比如，若颗粒 0、4、5、6、7 都位于第二行，则 heady[2]=7，nexty[7]=6，nexty[6]=5，nexty[5]=4，nexty[4]=0，nexty[0]=-1，若第 0 行没有颗粒，则 heady[0]=-1。此时，Y_{iy}标记为“新”。

其次，对所有颗粒循环，检测“新”y_{iy}，并标记为“旧”。位于该链的每一个颗粒根据其 x 坐标映射到（X_{ix}，Y_{iy}）链，并标记为“新”。根据同样的方法，建立 headx 和 nextx 数组。至此，所有颗粒被一对一地映射在链表上。

（2）接触检测　对于某一个方形网格，只要检测与其相邻的网格就可确定颗粒的接触情况。比如，有一个颗粒被映射在网格（ix，iy）内，则只需要检测位于网格（ix，iy）、（$ix-1$，iy）、（$ix-1$，$iy-1$）、（ix，$iy-1$）和（$ix+1$，$iy-1$）的颗粒与它的接触情况即可，也就是检测位于（X_{ix}，Y_{iy}）链表的颗粒，以及位于（X_{ix}，Y_{iy}）、（X_{ix-1}，Y_{iy}）、（X_{ix-1}，Y_{iy-1}）、（X_{ix}，Y_{iy-1}）和（X_{ix+1}，Y_{iy-1}）链表的颗粒的接触情况。

因此，为了保证（X_{ix}，Y_{iy}）只与相邻行的颗粒单独对应，建立 headsx 数组，该数组是二维数组，大小为 $2ncelx$。比如，headsx[2][$ncelx$]，其中，数组 headsx[0] 对应于单一链表（X_{ix}，Y_{iy}），而数组 headsx[1] 对应于单一链表（X_{ix}，Y_{iy-1}）.

（3）执行流程　根据以上简述，NBS 的执行流程如下：

1）对所有颗粒循环

{

　　计算各个颗粒的坐标，得到 ix 和 iy

　　把当前颗粒放入 Y_{iy}链表

　　把 Y_{iy}链表标记为“新”

}

2）对所有颗粒循环

{

　　如果颗粒属于“新”链表 Y_{iy}

　　{

　　　　标记 Y_{iy}链表为“旧”

　　　　3）对 Y_{iy}链表的颗粒循环

　　　　{

　　　　　　把当前颗粒放入（X_{ix}，Y_{iy}）链表

　　　　　　标记（X_{ix}，Y_{iy}）链表为“旧”

　　　　}

　　　　4）对 Y_{iy-1}链表的颗粒循环

　　　　{

把当前颗粒放入（X_{ix}，Y_{iy-1}）链表

}

5）对 Y_{iy} 链表的颗粒循环

{

如果颗粒属于“新”链表（X_{ix}，Y_{iy}）

{

标记（X_{ix}，Y_{iy}）链表为“旧”

碰撞检测，位于（X_{ix}，Y_{iy}）链表的颗粒与其他位于（X_{ix}、Y_{iy}）、（X_{ix-1}，Y_{iy}）、（X_{ix-1}，Y_{iy-1}）、（X_{ix}，Y_{iy-1}）和（X_{ix+1}，Y_{iy-1}）链表的颗粒

}

}

6）对 Y_{iy} 链表的颗粒循环

{

移除（X_{ix}，Y_{iy}）链表，比如设定 headsx[0][*ix*]=-1

}

7）对 Y_{iy-1} 链表的颗粒循环

{

移除（X_{ix}，Y_{iy-1}）链表，比如设定 headsx[1][*ix*]=-1

}

}

}

8）对所有颗粒循环

{

移除 Y_{iy} 链表，比如设定 heady[*iy*] = -1

}

3.2.3 程序编制

1. 颗粒组合体的生成

用计算机模拟产生满足一定分布规律（空间几何位置、级配及形状等）、一定边界条件和一定数目的颗粒组合体是进行离散单元法分析的第一步。本文采用同一半径的球形颗粒，假设空间几何位置为随机分布，在容器内产生一定数量的颗粒之后，在仅有重力的作用下自由下落、堆积，从而形成计算的初始状态。程序框图如图 3.8 所示。

2. 球单元离散单元法程序设计

建立了球状散体元模型之后，就可以采用离散单元法进行颗粒阻尼器力学性能的计算机仿真研究。首先，判断颗粒之间、颗粒与容器壁之间的相对位置，若 $\delta_n>0$，作用在颗粒上的接触力可以通过式（3-7）和式（3-8）求得；若 $\delta_n\leqslant 0$，则无接触力。其次，对作用在一

个颗粒上的所有的接触力求和，包括颗粒之间的接触力和颗粒与容器壁的接触力。再次，颗粒的运动可以通过式（3-9）求得。以上过程对所有的颗粒顺次进行。最后，将所有颗粒与容器壁上的接触力累加，就得到容器壁受到的接触力合力，这个合力即每个时步作用在主体系统上的合力。再对主体系统的动力方程求解，就可以得到系统的响应。程序框图如图 3.9 所示。

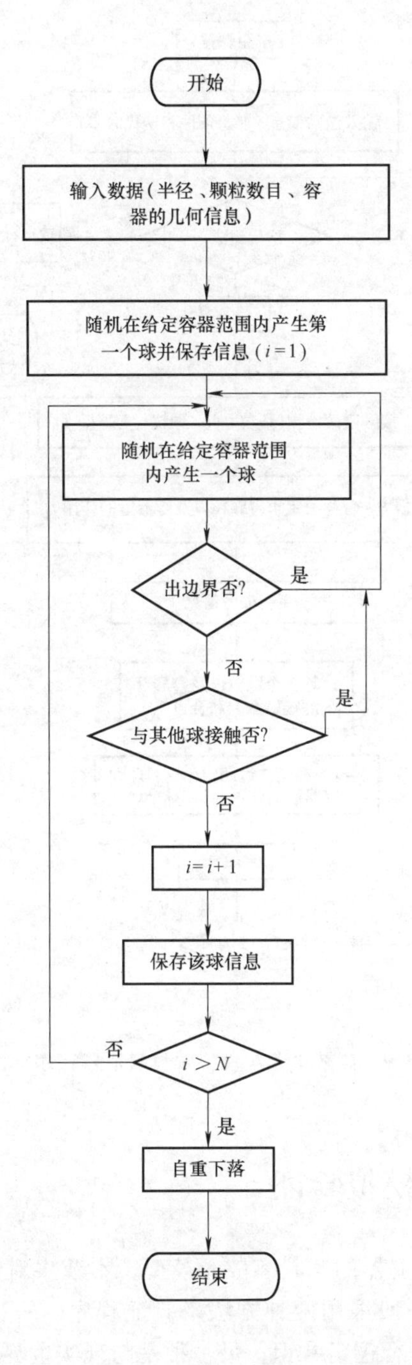

图 3.8　计算机模拟产生颗粒组合体框图

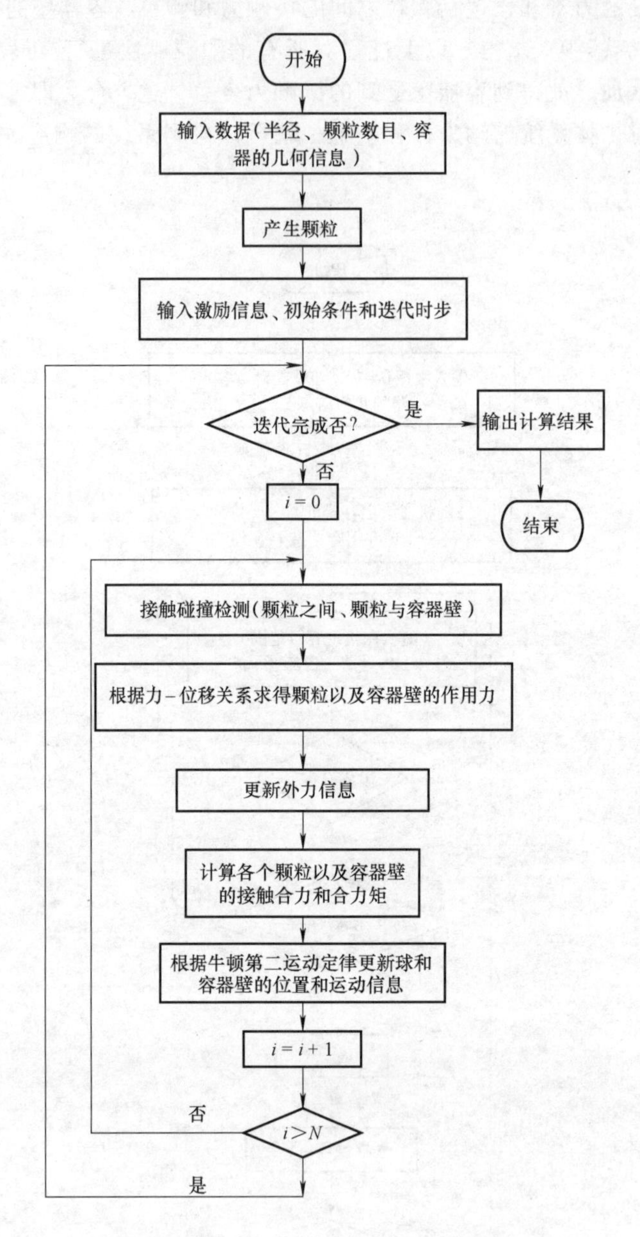

图 3.9　离散单元法模拟颗粒阻尼器程序框图

3.3　球状离散元数值模拟验证

3.2 节建立了模拟颗粒阻尼器的球状离散元模型，本节将对其正确性进行验证，以便为后面几章的分析奠定基础。一般采用两种方法来验证程序，一种是理论上的极限情况的验证，即程序的计算结果应该符合逻辑常识；另一种是与现实世界的模型来比较，通常采用试验方法。

3.3.1　理想试验验证

实施了一系列假想试验，试验情况摘要如下。

1. 试验（1）：竖向法向弹性力

为了测试颗粒与容器壁的碰撞情况，本试验模拟颗粒在重力作用下自由下落，撞击在容器的底面之后反弹的情况，切向力和阻尼均设为零。为了测试颗粒之间作用力的情况，实施同样的试验，只是把一个静止的颗粒放在之前容器底面的位置，如图 3.10a 所示。

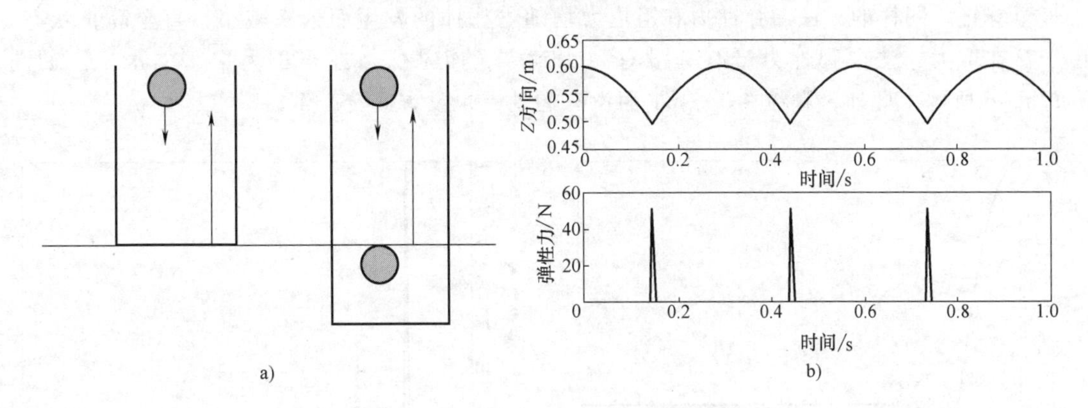

图 3.10　试验（1）：竖向法向弹性力

a）试验示意图　b）颗粒竖向位置和弹性力

由于颗粒从相同高度下落，所以两个情形的计算结果是一致的，如图 3.10b 所示。由该图可见，下落颗粒由于能量守恒，反弹到原来高度，而且法向弹性力在碰撞的时候达到最大。此外，颗粒在 x—y 平面没有运动，也没有旋转产生。

2. 试验（2）：水平法向弹性力

本试验与试验（1）基本相同，颗粒在水平面具有沿 x 向的初始速度，与容器壁来回碰撞，如图 3.11a 所示。重力、切向力和阻尼力均设为零。

从图 3.11b 可见，颗粒在容器壁之间来回运动。因没有能量耗散，来回的运动速度相

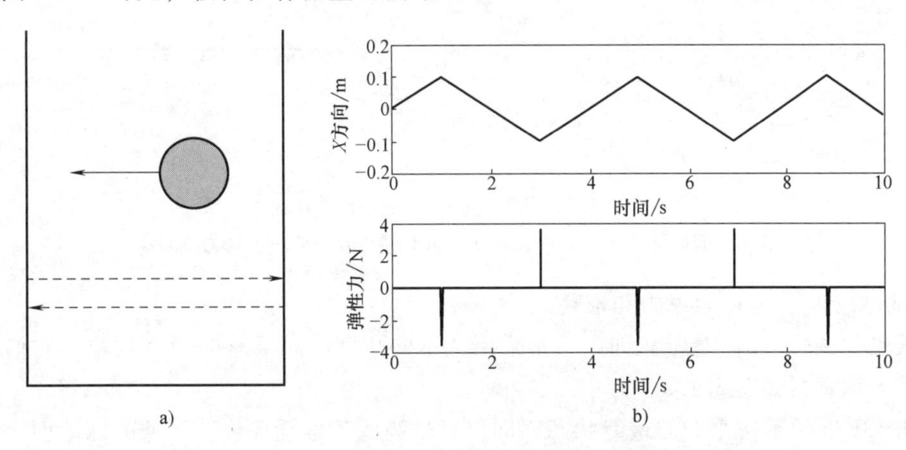

图 3.11　试验（2）：水平法向弹性力

a）试验示意图　b）颗粒水平位置和弹性力

同，碰撞力在接触瞬间达到最大值，且数值保持一定。此外，颗粒在 $y—z$ 平面没有运动，也没有旋转产生。

3. 试验（3）：法向阻尼力

本试验与试验（1）基本相同，只是考虑了法向阻尼力，临界阻尼系数采用0.3。试验示意图如图3.10a所示。

由图3.12a可见，颗粒反弹的时候，由于阻尼的存在，不能达到原来的高度，且逐次递减直到最终达到静力平衡。由图3.12c可见，颗粒碰撞后的速度小于碰撞前的速度，逐次减小直至静止。同样的，法向弹性力和阻尼力均随着碰撞的发生而依次减小，直至静止状态。由于存在重力，法向弹性力最终并没有减小到零，而是保持在与重力平衡的水平，如图3.12b、d所示。此外，颗粒在 $x—y$ 平面没有运动，也没有旋转产生。

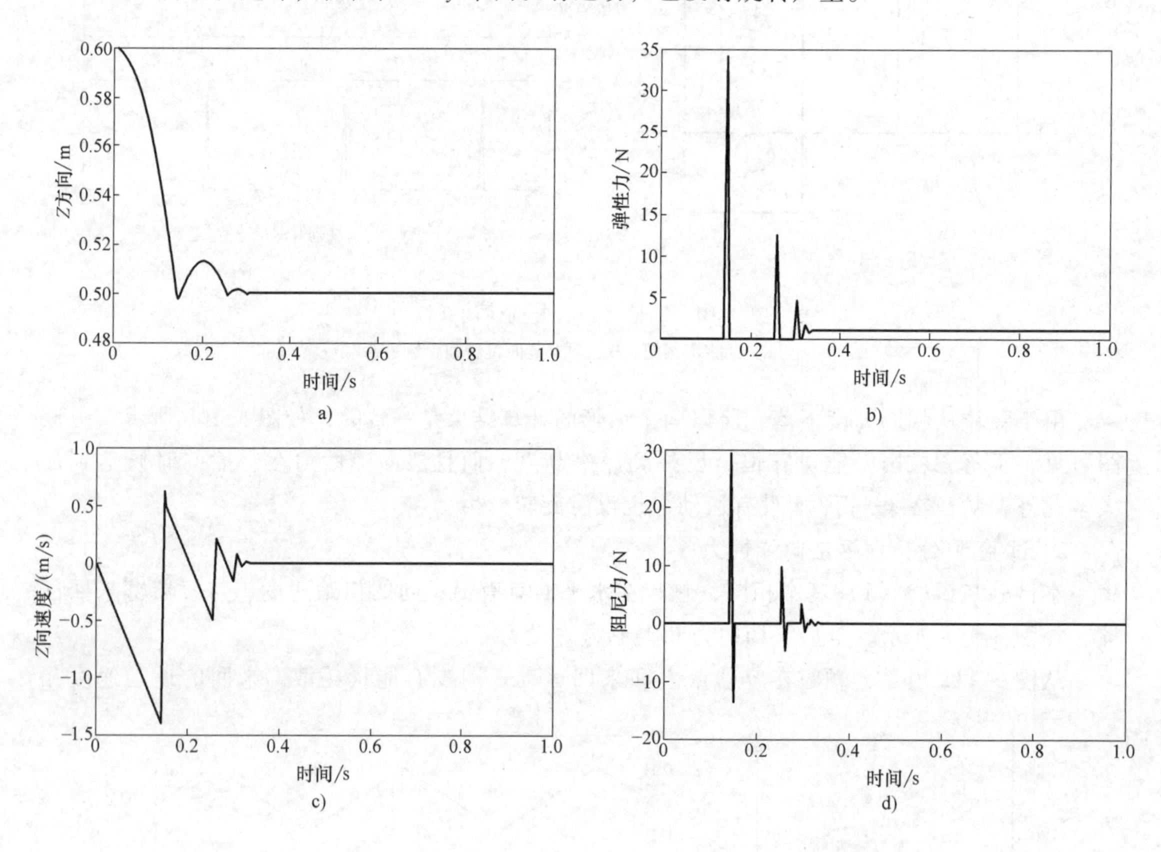

图3.12 试验（3）：法向阻尼力

a）颗粒竖向位置 b）法向弹性力 c）颗粒竖向速度 d）法向阻尼力

4. 试验（4）：法向阻尼力和堆叠

本试验与试验（3）基本相同，只是采用从不同高度同时下落的两个颗粒，它们的初始速度为零，示意图如图3.13a所示。

图3.13b显示了两个球的最终状态，即位置较高的球堆叠在位置较低的球上面，形成柱状。低位置的球与容器底面的间距是颗粒半径，而两个球之间的间距为两个球半径之和，这也可以从图3.13c看到。该图描述了两个颗粒的位置时程曲线，也再一次验证了颗粒之间法

向作用力模型。

5. 试验（5）：颗粒同时碰撞两个颗粒（容器壁）

本试验是为了测试一个颗粒与其他两个静止颗粒（容器壁）同时碰撞的情况。颗粒 1 位于正方形容器的中心，具有同样大小的 x 向和 y 向的初始速度，颗粒 2 和颗粒 3 分别相邻于颗粒 1 的右侧和上侧，如图 3.14a 所示。

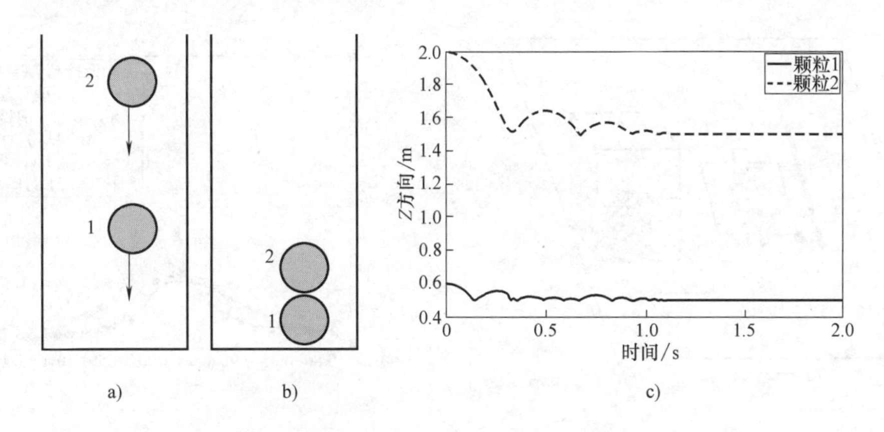

图 3.13　试验（4）：法向阻压力和堆叠

a）试验示意图　b）颗粒堆叠示意图　c）颗粒竖向位置时程曲线

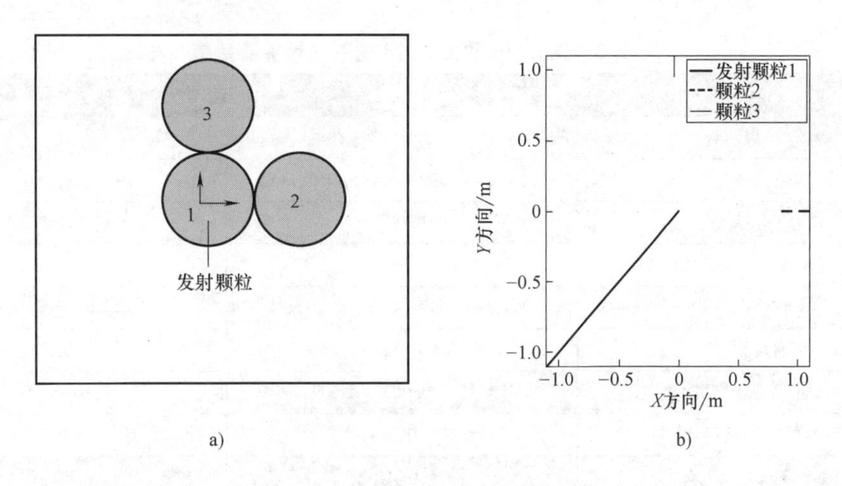

图 3.14　试验（5）：颗粒同时碰撞两个颗粒（容器壁）

a）试验示意图　b）颗粒轨迹图

在运动初始，颗粒 1 与颗粒 2，颗粒 3 同时碰撞，然后反向沿着左下方运动，直到与下边和左边的容器壁同时接触。经过这次和两面壁的同时碰撞以后，该颗粒又反向沿着右上方运动，即原路返回。所以，颗粒 1 的轨迹是一条沿着容器对角方向的直线，如图 3.14b 所示。

3.3.2　振动台试验验证

1. 单单元多颗粒阻尼器的振动台试验验证

Saeki[130] 在 2002 年做了单单元多颗粒阻尼器的振动台试验。上百个球形颗粒放置在一个矩形容器里面，把这个装置附着在一个单自由度主体系统上，对基底施加水平谐波激励，试验计算模型如图 3.15 所示。

图 3.16 画出了试验结果与仿真计算结果的无量纲的曲线，横坐标是频率比，其中 f_n 是主体系统的自振频率，纵坐标是主体系统位移响应的均方根与简谐激励振幅的比值，计算参数见表 3.3。从该图可知，计算结果与试验结果吻合良好。

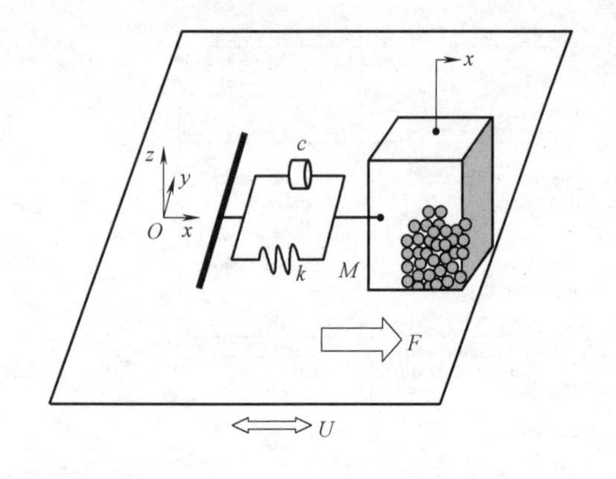

图 3.15　单单元多颗粒阻尼器振动台试验计算模型示意图

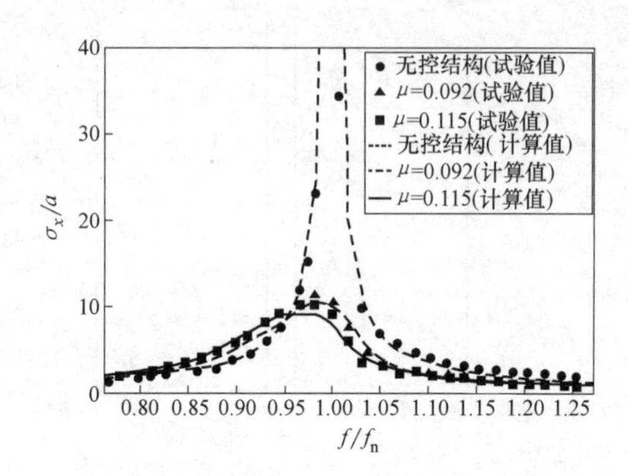

图 3.16　单自由度主体结构附加单单元多颗粒阻尼器的试验与仿真结果对比

表 3.3　图 3.16 和图 3.18 的系统计算参数值

参　　数	图 3.16	图 3.18
容器单元数目	1	5
颗粒总数	200 (μ=0.092)；250 (μ=0.115)	192×5 (μ=0.098)
颗粒直径/m	0.006	0.006
颗粒密度/(kg/m³)	1190	1190
填充率	0.27(μ=0.092)；0.34(μ=0.115)	0.26(μ=0.098)
摩擦系数	0.52	0.52
主体结构临界阻尼比	0.0027	0.0065
阻尼器的临界阻尼比	0.1	0.1
颗粒间弹簧刚度/(N/m)	1.0×10^5	1.0×10^5
颗粒与容器壁弹簧刚度/(N/m)	1.3×10^5	1.3×10^5
正弦激励振幅/m	0.0005	0.0005

2. 多单元多颗粒阻尼器的振动台试验验证

Saeki[89] 在 2005 年又进行了多单元多颗粒阻尼器的振动台试验。上千个球形颗粒分别均匀放置在五个位置对称的完全相同的圆柱体容器内，并把这个装置附着在一个单自由度主体系统上面，同样在基底施加谐波激励，试验计算模型如图 3.17 所示。图 3.18 画出了试验结果和仿真结果的曲线，两者吻合良好。计算参数见表 3.3。

本书第 6 章将详细介绍一个附加长方体多单元多颗粒阻尼器的三层钢框架的模型振动台试验，并进一步验证数值模型。

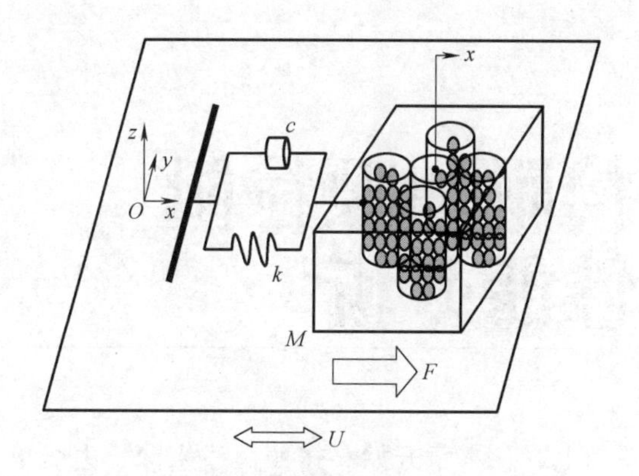

图 3.17　多单元多颗粒阻尼器振动台试验计算模型示意图

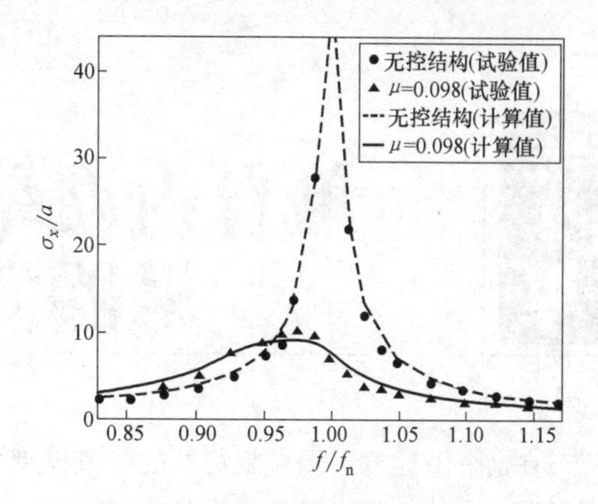

图 3.18　单自由度主体结构附加多单元多颗粒阻尼器的试验与仿真结果对比

第4章 单自由度结构附加颗粒阻尼器的性能分析

在前一章建立的颗粒阻尼器的数值模型的基础上，从本章开始，按照由浅入深、由简单到复杂，主体结构由单自由度到多自由度的顺序，探讨不同结构附加颗粒阻尼器（包括其变体）在不同激励下的性能。本章首先推导单自由度体系附加单颗粒冲击阻尼器在简单激励下的解析解，其次介绍颗粒阻尼器的竖向动力特性，最后系统考察颗粒阻尼器在水平简谐激励下的参数影响。

4.1 单自由度结构附加颗粒阻尼器的解析解

4.1.1 计算模型

根据第2章的讨论，单颗粒阻尼器根据单元数量的多少，分为单单元单颗粒阻尼器和多单元单颗粒阻尼器（计算模型如图4.1所示），这种类型的阻尼器只存在颗粒与容器壁的碰撞，不存在颗粒之间的相互碰撞，分析起来相对简单，因而可以得到其在简单激励下的解析解。

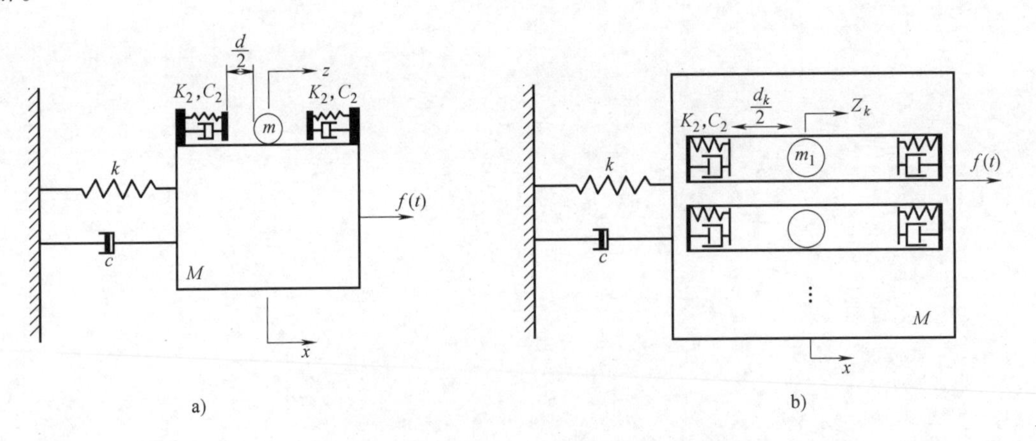

图4.1　单自由度结构附加单颗粒阻尼器的计算模型

a）单单元单颗粒阻尼器　b）多单元单颗粒阻尼器

事实上，单单元单颗粒阻尼器可以看作多单元单颗粒阻尼器的一种特殊形式。下面以多单元单颗粒阻尼器来讨论其控制方程：

$$\begin{aligned}\ddot{x} &= -2\zeta\omega_{\mathrm{n}}\dot{x} - \omega_{\mathrm{n}}^2 x + \frac{f(t)}{M} + \sum_{k=1}^{N}(\mu_k[\omega_2^2 G(z_k) + 2\zeta_2\omega_2 H(z_k,\dot{z}_k) + \mu_{\mathrm{s}} g\,\mathrm{sgn}(\dot{z}_k)]) \\ \ddot{z}_k &= -\ddot{x} - [\omega_2^2 G(z_k) + 2\zeta_2\omega_2 H(z_k,\dot{z}_k) + \mu_{\mathrm{s}} g\,\mathrm{sgn}(\dot{z}_k)],\ k = 1,2,\cdots,N\end{aligned} \tag{4-1}$$

式中　x、$\dot{x}$、$\ddot{x}$——主系统的位移、速度和加速度；

z_k、$\dot{z}_k$、$\ddot{z}_k$——第 k 个颗粒与主系统的相对位移、相对速度和加速度；

$f(t)$——外界激励；

M——主系统的质量；

μ_k——第 k 个颗粒与主系统的质量比；

μ_{s}——摩擦系数；

g——重力加速度；

sgn——符号函数；

$G(z_k)$、$H(z_k,\ \dot{z}_k)$——单颗粒阻尼器的非线性弹簧力和非线性阻尼力的函数，如图 4.2 所，d 为单颗粒阻尼器的尺寸，也即颗粒自由滑动的行程（Gap Clearance）。

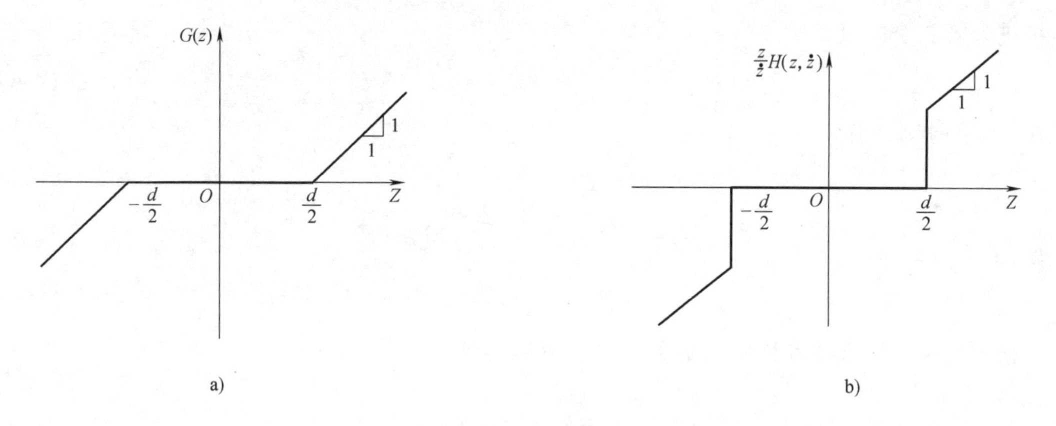

图 4.2　非线性关系

a）非线性弹簧力函数 $G(z)$　b）非线性阻尼力函数 $H(z,\ \dot{z})$

4.1.2　解析解法

由于单颗粒阻尼器的非线性弹簧力和非线性阻尼力函数均分为两个阶段，因此方程式（4-1）也划分为两个阶段来求解。假设外界激励为正弦激励，且忽略摩擦力的影响，在两次相邻碰撞之间的运动方程为

$$\begin{aligned}&M\ddot{x} + c\dot{x} + kx = F_0\sin\Omega t \\ &\dot{y}_k = 0,\ k = 1,2,\cdots,N\end{aligned} \tag{4-2}$$

其中，y 是颗粒的位移，因此相对位移 $z = y - x$。假设在 $t = t_i$ 时刻完成了第 i 次碰撞，此时

$$x(t_i) = x_i,\ \dot{x}(t_{i+}) = \dot{x}_{ia},\ y_k(t_i) = y_{ki},\ \dot{y}_k(t_{i+}) = \dot{y}_k,\ k = 1,2,\cdots,N$$

从而可以求得系统在时间间隔 t_{i+} 到 $t_{(i+1)}$ 的运动：

$$\begin{cases} x(t)=e^{-(\zeta/r)(\Omega t-\alpha_i)}[a_i\sin(\eta/r)(\Omega t-\alpha_i)+b_i\cos(\eta/r)(\Omega t-\alpha_i)]+A\sin(\Omega t-\psi) \\ \dot{x}(t)=\omega e^{-(\zeta/r)(\Omega t-\alpha_i)}[-(\zeta a_i+\eta b_i)\sin(\eta/r)(\Omega t-\alpha_i)+ \\ (\eta a_i-\zeta b_i)\cos(\eta/r)(\Omega t-\alpha_i)]+A\Omega\cos(\Omega t-\psi) \\ y_k(t)=\dot{y}_{ki}(t-t_i)+y_{ki} \\ \dot{y}_k(t)=\dot{y}_{ki},\ k=1,2,\cdots,N;\ t_{i+}\leqslant t\leqslant t_{(i+1)-} \end{cases} \tag{4-3}$$

其中

$$\zeta=c/2\sqrt{kM},\ r=\Omega/\omega,\ \omega=\sqrt{k/M},\alpha_i=\Omega t_i,$$

$$A=\frac{F_0/k}{\sqrt{(1-r^2)^2+(2\zeta r)^2}},\ \psi=\tan^{-1}[2\zeta r/(1-r^2)]$$

$$b_i=x_i-A\sin(\alpha_i-\psi),\ \eta=\sqrt{1-\zeta^2}$$

$$a_i=(1/\eta)[(1/\omega)\dot{x}_{ia}-Ar\cos(\alpha_i-\psi)+\zeta b_i]$$

当某一个颗粒（假设是第 j 个颗粒）碰到容器壁的时候，第（$i+1$）次碰撞产生，此时系统进入第二个阶段，则

$$|z_j|=|y_j-x|=d_j/2 \tag{4-4}$$

即在 $t=t_{i+1}$ 时刻，有

$$\begin{cases} x(t_{(i+1)+})=x(t_{(i+1)-}), \\ y_k(t_{(i+1)+})=y_k(t_{(i+1)-}),\ k=1,2,\cdots,N \\ \dot{y}_k(t_{(i+1)+})=\dot{y}_k(t_{(i+1)-}),\ k=1,2,\cdots,N;\ k\neq j \end{cases} \tag{4-5}$$

根据动量守恒定律和恢复系数的定义，可以得到

$$\begin{cases} \dot{x}_+=k_{1j}\dot{x}_-+k_{2j}\dot{y}_{j-} \\ \dot{y}_{j+}=k_{3j}\dot{x}_-+k_{4j}\dot{y}_{j-} \end{cases} \tag{4-6}$$

其中

$$\mu_j=m_j/M,\ k_{1j}=(1-\mu_j e_j)/(1+\mu_j),\ k_{2j}=\mu_j(1+e_j)/(1+\mu_j)$$

$$k_{3j}=(1+e_j)/(1+\mu_j),\ k_{4j}=(\mu_j-e_j)/(1+\mu_j),\ e_j=\text{颗粒}\ j\ \text{的恢复系数}$$

公式（4-5）和式（4-6）可以作为等式（4-2）在时间间隔 $t_{(i+1)+}$ 和 $t_{(i+2)-}$ 之间的新的初始条件。以上两个过程重复顺次使用，就可以求得颗粒阻尼器系统在全时间历程下的运动形态。

Masri 的研究[86]指出，当系统达到稳态振动时，若各个颗粒在每个周期内与容器碰撞两次，则系统是稳定的，且这时候的减震效果最优。此外，相比单单元单颗粒阻尼器，多单元单颗粒阻尼器能够大大减小颗粒与容器的碰撞力，从而减小容器壁的塑性变形，并降低噪声，如图 4.3 所示。

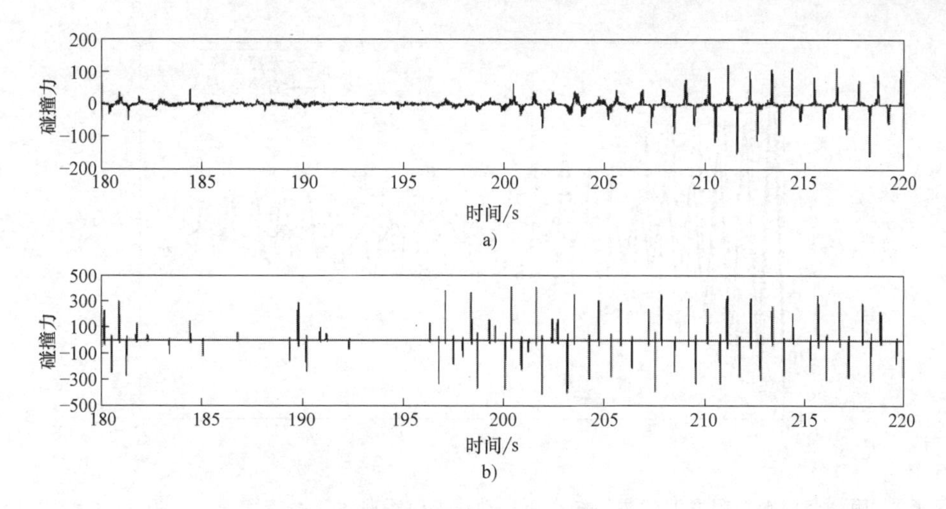

图 4.3　碰撞力对比图

a）多单元单颗粒阻尼器　b）单单元单颗粒阻尼器

4.2　单自由度结构附加颗粒阻尼器的自由振动

竖向颗粒阻尼器与水平颗粒阻尼器的最大区别在于重力作用。竖向颗粒阻尼器有其自身的运动特点，本小节就其自由振动形式来考察该类阻尼器内颗粒的运动特点。Friend[120]在 2000 年把一个装有金属颗粒的盒子固定在一根梁的端部，并做了相应的试验。主系统的自振频率为 17.8Hz，质量为 0.0376kg，临界阻尼比为 0.012，摩擦系数为 0.55，每个颗粒直径为 1.2mm，恢复系数为 0.75，共计 512 个颗粒，总质量为 0.004kg。

图 4.4 画出了主系统在初始位移（A_0）下的自由振动位移曲线，位移（Z）除以其静止状态下的初始变形（Z_{st}）得以无量纲化。从该图可见，由于竖向颗粒阻尼器的存在，主系统的瞬态振动急剧减小，等效阻尼比从 0.012 增大到 0.048，翻了两番。此外，由于质量的增加，主系统的自振频率变小。

图 4.5 给出了整个系统运动过程的快照，示意了自由振动中阻尼产生的过程[129]。第一个阻尼过程大致处于 0.0~0.05s，阻尼器的容器壁碰撞颗粒，并把主系统的动量传递给颗粒；最明显的阻尼作用在第二个过程中产生，不仅来源于颗粒与容器的大量碰撞，也来源于碰撞和摩擦中耗散的机械能量；这之后，进入第三个阶段，颗粒在重力作用下在容器底部堆积，只产生微小的阻尼作用。

除了用图 4.4 的方法示意颗粒阻尼的效果，也可以用附加与未附加阻尼器的主系统位移的均方根响应之比（σ_z/σ_{z0}）来考察振动控制的效果，这是随机过程里面经常用的一种方法，也是颗粒阻尼效果的另一种反应。图 4.6a 和图 4.6b 分别显示了颗粒阻尼受初始振幅和容器尺寸的影响，可见这种阻尼具有高度非线性，且受很多因素的影响。此外，在这两种情况下，也都能够找到一个最优策略，在该策略下，颗粒阻尼作用最大，减震效果最好。由此可见，合理设计的竖向颗粒阻尼器能很好地产生振动控制的效果。当然，除了振幅和容器尺寸两个因素，还有很多其他的参数对阻尼器的性能有影响，这方面内容将在后续章节里面详细讨论。

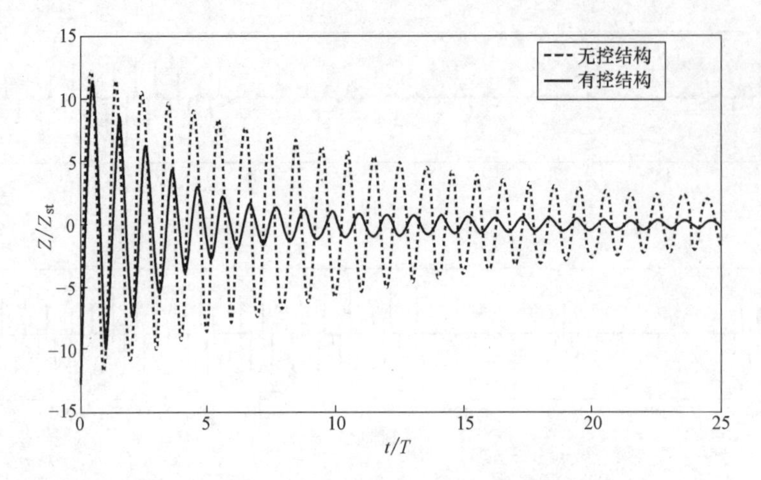

图 4.4 附加竖向颗粒阻尼器的主系统自由振动位移时程曲线（系统参数：$\mu=0.1$，$\zeta=0.012$，$\mu_s=0.55$，$d_x/Z_{st}=9$，$d_y/Z_{st}=9$，$d_z/Z_{st}=32$，$d/Z_{st}=1.5$，$e=0.75$，$A_0/Z_{st}=13$）

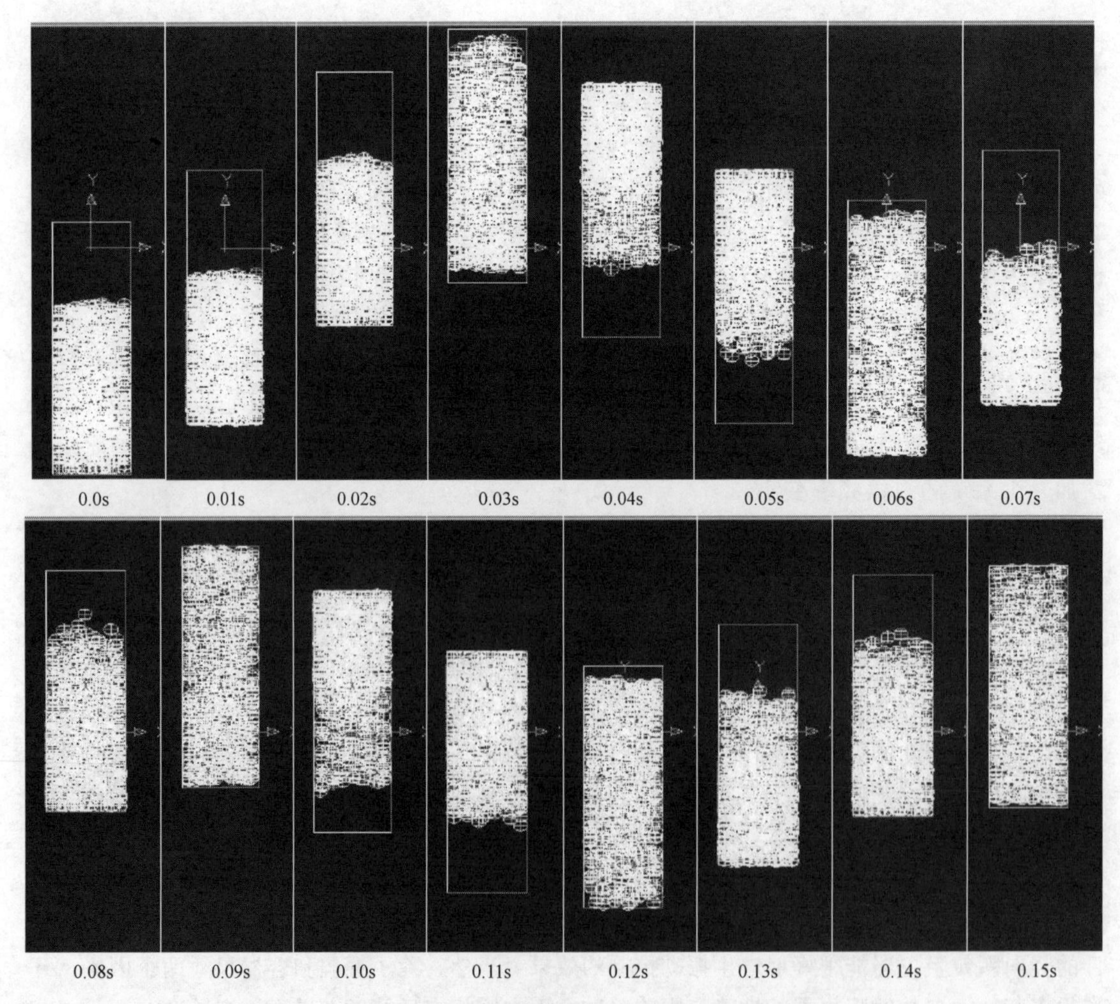

图 4.5 自由振动中颗粒阻尼器的运动快照（系统参数同图 4.4）

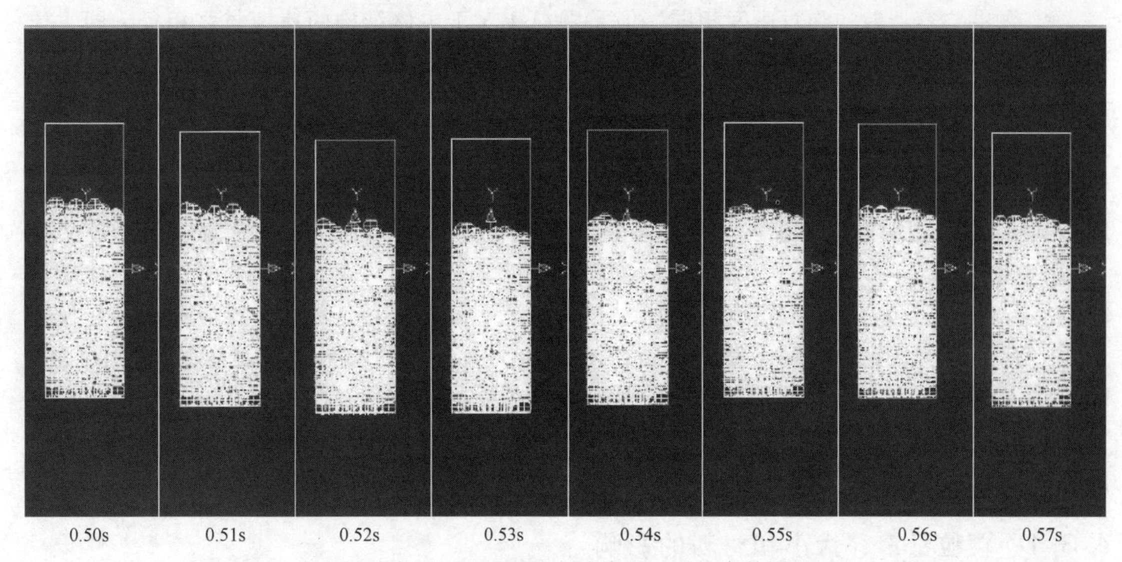

图 4.5　自由振动中颗粒阻尼器的运动快照（系统参数同图 4.4）（续）

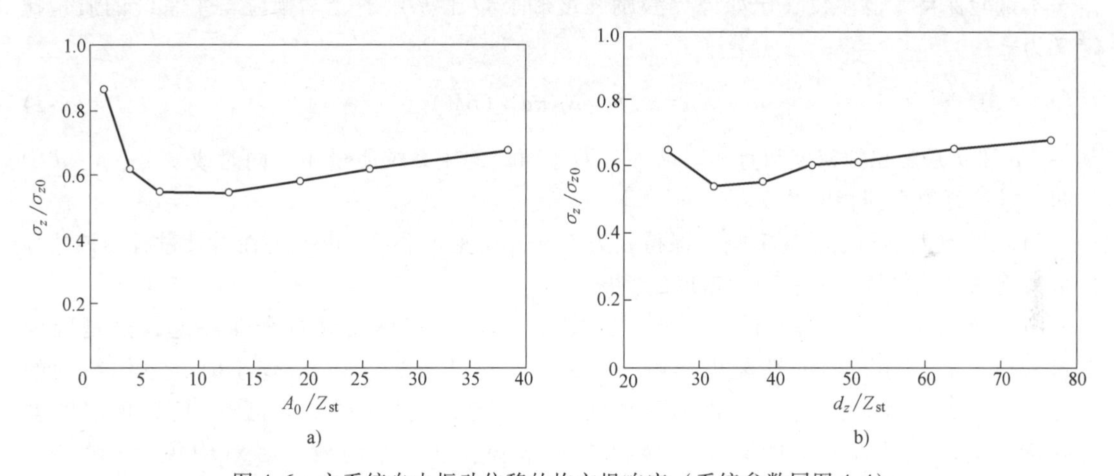

图 4.6　主系统自由振动位移的均方根响应（系统参数同图 4.4）

a）振幅的影响　b）容器尺寸的影响

4.3　单自由度结构附加颗粒阻尼器的简谐振动

本节主要讨论单自由度系统附加颗粒阻尼器在水平简谐激励下的系统响应，研究各个系统参数的影响，包括容器尺寸、颗粒数目（N）、大小（d）和材料、颗粒与主系统的质量比（μ）和外界激励频率等，计算模型示意图如图 4.1 所示。在数值模拟中，主体结构的自振频率为 11.4Hz，质量为 0.573kg，计算时间超过主系统自振周期的 250 倍以消除瞬态振动的影响，颗粒的初始位置正态随机分布。用附加与未附加阻尼器的主系统位移响应的均方根之比（σ_x/σ_{x0}）来衡量减震效果。

颗粒与容器壁的碰撞，依据碰撞前两者的速度方向可以分为三种类型：

① 颗粒与容器壁的绝对速度相反，即正面碰撞。

② 颗粒与容器壁的绝对速度相同，但是颗粒相对于主体结构的速度与之相反，即主体结构追赶上颗粒并与之碰撞。

③ 颗粒与容器壁的绝对速度相同，且颗粒相对于主体结构的速度与之也相同，即颗粒追赶上主体结构并与之碰撞。

碰撞类型①和②能够减小主体结构的响应，因为碰撞力与主体结构的运动方向相反，会阻止其运动，这种碰撞类型是“有用碰撞（Beneficial Impact)”，相应的动量交换定义为“有用动量交换（Beneficial Momentum Exchange)”，另一方面，碰撞类型③会增大主体结构的响应，加速其运动，这种碰撞类型是“有害碰撞（Adverse Impact)”，相应的动量交换定义为“有害动量交换（Adverse Momentum Exchange)”。引入“有效动量交换（Effective Momentum Exchange, EME)”的概念（“有效动量交换”=“有用动量交换”-“有害动量交换”）来表示两者的共同效应。从下文的讨论中将可以看到该量在表征阻尼器的物理本质中的重要作用。

4.3.1 颗粒数量、大小和材料的影响

本试验保持其他参数（比如外界激励强度和质量比等）不变。颗粒与主系统的质量比定义为

$$\mu = m/M = N\rho\pi d^3/(6M) \tag{4-7}$$

其中，ρ 和 d 是颗粒的密度和直径。从而，对于给定的主系统质量 M，同时改变 N、ρ、d 中的两个量，可以得到相同的 μ。

（1）颗粒大小和数量的影响　保持 ρ 为常量，改变 N 和 d，也就是在设计过程中该选择少量大钢球还是数量多一些的小钢球的情况。

图 4.7 画出了一组典型计算结果。在图 4.7a 中，三条曲线重合在一起，这是因为单颗粒时，d_y 对阻尼器的性能无影响。由图 4.7a ~ d 可见，在 d_x 较小时，主体结构的均方根响应都很大，这是因为此时颗粒堆叠在一起，底层颗粒不活跃，只有顶层的颗粒在活跃运动，导致有效的动量交换很少，减小了阻尼器的效率。对中等大小的 d_x，阻尼器性能对颗粒尺寸和数量较敏感。颗粒数目较多，粒径较小时，曲线较光滑，意味着减震效果对容器尺寸变化的灵敏度减小，也即系统的鲁棒性较好。当 d_x 很大时，系统响应又变大，这是因为很多颗粒的能量在颗粒之间的碰撞以及颗粒与 x 轴向的容器壁碰撞过程中，无谓地消耗；此外，颗粒与容器的一端碰撞后，也需要更长的时间从该端运动到另一端产生下一次碰撞，故碰撞次数相对减少。还有一个现象值得注意，在质量比一定的情况下，相比于单颗粒阻尼器，附加较多数量颗粒的阻尼器的减震效果会稍微提高；但是就最佳减震效果而言，附加 16 个颗粒和 128 个颗粒的阻尼器并没有多大差别，也就是说，在一定数量以上，更多地增加颗粒数目并不能继续提高减震效果。Friend 和 Kinra[120] 在他们的试验中也观察到了该现象。

若计算相应的有效动量交换（EME），则以上现象能看得更加清晰，如图 4-7e ~ h。通过除以激振力的动量交换，得到无量纲化的有效动量交换（EME/M_e）。在每一个工况，较大的有效动量交换对应较小的系统响应，16 个颗粒和 128 个颗粒的峰值基本相等，相应的主体结构均方根响应的最大折减也相似。

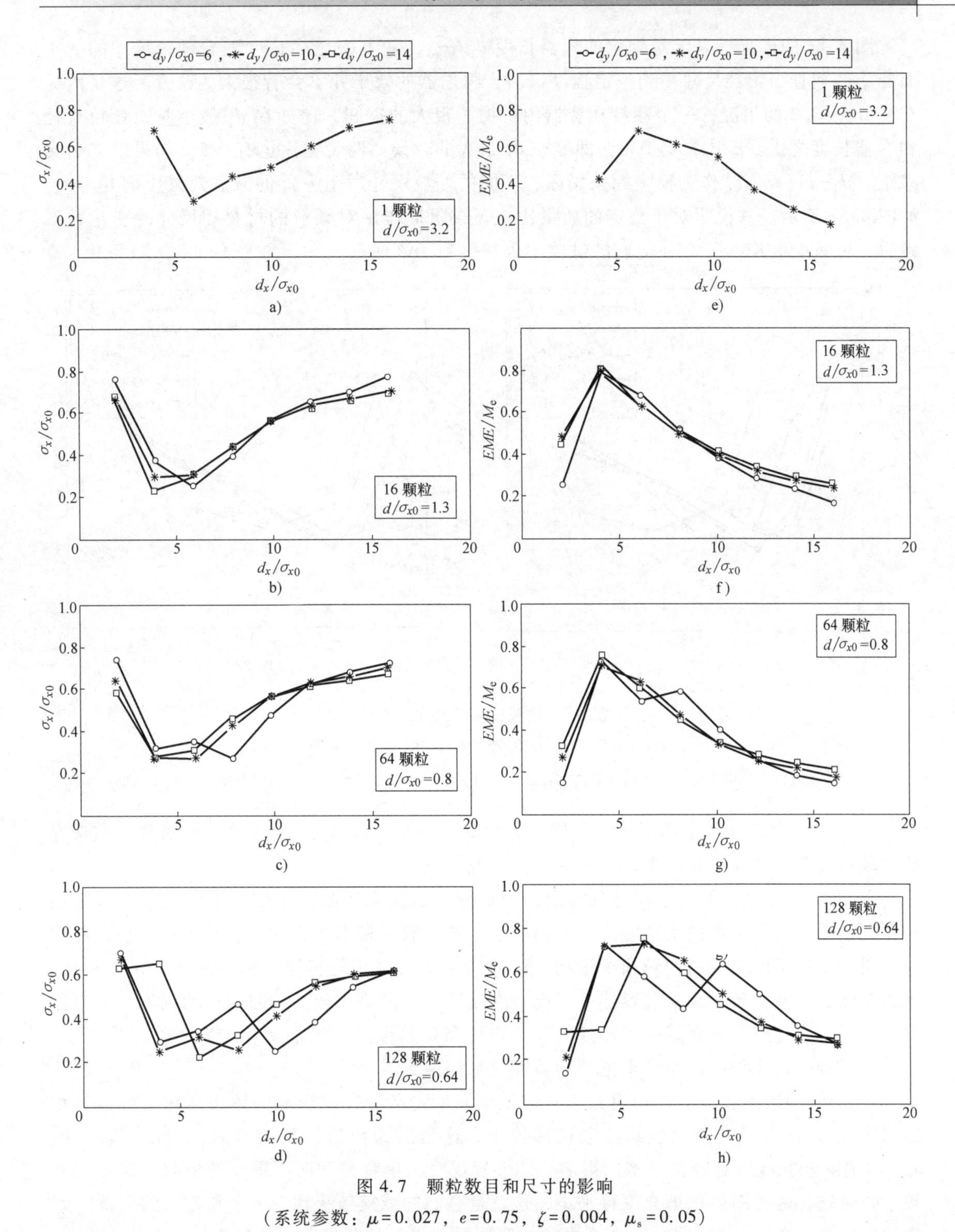

图 4.7　颗粒数目和尺寸的影响

（系统参数：$\mu=0.027$，$e=0.75$，$\zeta=0.004$，$\mu_s=0.05$）

a）~d）主系统位移的均方根响应　e）~h）系统的有效动量交换

（2）颗粒材料和大小的影响　保持 N 为常量，改变 ρ 和 d，也就是在设计过程中该选择尺寸大的塑料颗粒还是同等数量的小钢球的情况。

图 4.8a 的横坐标是无量纲化的容器长度 d_x/σ_{x0}，看上去最优长度随着颗粒尺寸的变小而变小，而且当颗粒尺寸小到一定程度以后，阻尼器的效果并不会有很大的改变。这是因为在 $d/\sigma_{x0}=3.2$ 的工况，一个颗粒在容器内占据了很大的空间，比如在 d_x 最小时，颗粒直径和容器长度之比（d/d_x）是 0.8，即使在 d_x 最大的时候，两者之比也有 0.2。如果以“名义净距（d_x-d）/σ_{x0}”作为横坐标来画图，不同的颗粒尺寸对阻尼器的减震效果影响并不大，如图 4.8b 所示。这说明对于给定的质量比，颗粒阻尼作用对颗粒的材料和尺寸的变化并不敏感。Friend 和 Kinra[120] 在他们的试验中也观察到了该现象。

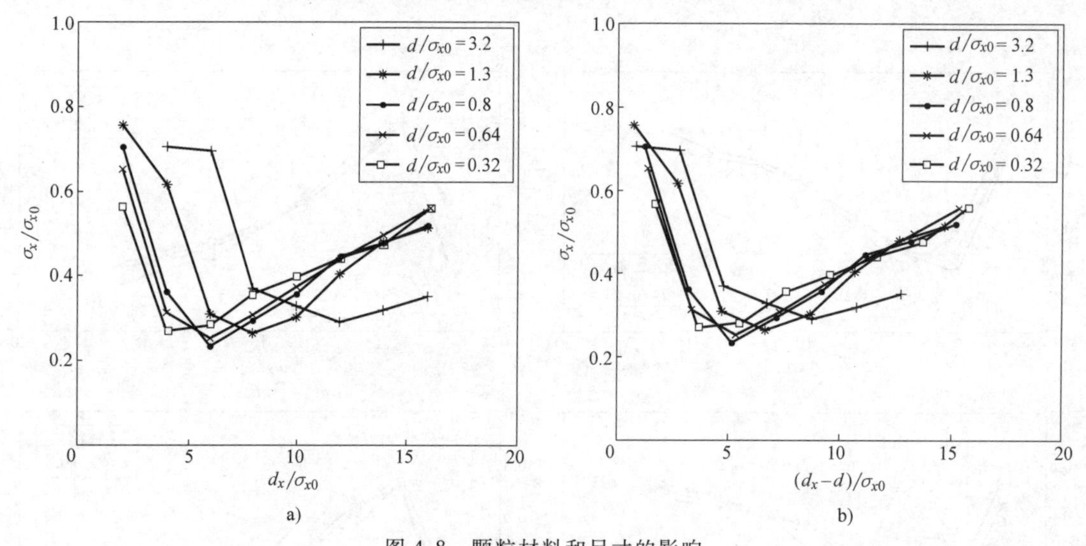

图 4.8 颗粒材料和尺寸的影响

（系统参数：$\mu=0.027$，$e=0.75$，$\zeta=0.004$，$\mu_s=0.05$，$N=16$）

a）主系统位移的均方根响应（横坐标内容器长度） b）主系统位移的均方根响应（横坐标为名义净距）

（3）颗粒材料和数量的影响 保持 d 为常量，改变 ρ 和 N，也就是在设计过程中该选择数量较多的塑料颗粒还是数量较少的钢球的情况。

由图 4.9a 可见，对于小尺寸的容器，附加较多数量颗粒的阻尼器的系统响应大于附加较少数量颗粒的阻尼器的系统响应。原因在于，颗粒数量较多时，它们会堆积在一起，形成好几层，而最下面几层的颗粒很少运动。然而，对于大尺寸的容器，两者的效果正好相反。因为在该工况下，单个颗粒与容器壁完成一次碰撞后，需要用较长的时间运动到另一端容器壁产生下一次碰撞，从而减少了碰撞次数。增加颗粒数量能够增加颗粒与容器的碰撞概率，所以，容器的最优长度区间和阻尼器的减震效果都得到增强。

图 4.9b 画出了相应的体积填充率（体积填充率定义为所有颗粒的体积之和与容器体积的比值）。由图可见，该比值总体来说都较小，这是因为数值模拟的时候，取用了较大的 d_z，以消除颗粒碰撞到容器顶部的影响。能够发现对于单颗粒和两个颗粒的情况，容器尺寸较小的时候，两者的体积填充率特别小，这就是它们的减震效果比 128 个颗粒的阻尼器的减震效果要好的原因。事实上，128 个颗粒在容器尺寸较小的时候，堆积成 3 层。

以上结果清晰说明在质量比不变的情况下，颗粒数量对颗粒阻尼器的性能影响很大。使用更多数量的颗粒，即使最佳减震效果不能提高，最佳容器尺寸的选择范围也能够扩大。另一方面，颗粒的材料和尺寸对主系统响应的影响不是很明显。

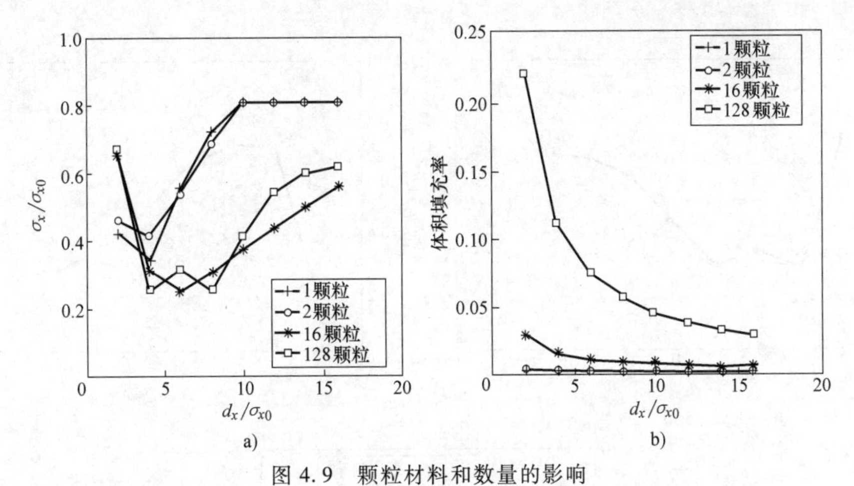

图 4.9　颗粒材料和数量的影响

（系统参数：$\mu=0.027$，$e=0.75$，$\zeta=0.004$，$\mu_s=0.05$，$d/\sigma_{x0}=0.64$）

a）主系统位移的均方根响应　b）体积填充率

4.3.2　容器尺寸的影响

沿着激励方向的容器长度（d_x）对阻尼器的性能影响很大，对于不同的容器尺寸，主系统位移的均方根响应总会存在一个最优值，如图 4.10a 所示，相应的有效动量交换如图 4.10b 所示。图 4.10c 对比了有用碰撞和有害碰撞的情况，两者通过除以总的碰撞次数（包括颗粒—颗粒、颗粒—容器的碰撞）得以无量纲化。可以看到，有用碰撞和有害碰撞都只占总的碰撞次数的小部分，说明颗粒之间的相互碰撞占了很大比例。但是就有用碰撞和有害碰撞次数之间的对比情况看，在 d_x 很小的时候，颗粒与容器壁的碰撞次数很多，伴随着大量的有害碰撞；d_x 很大的时候，虽然有害碰撞减少了，但是总的碰撞次数也大幅减少（因为颗粒无法获得足够的动量且来回碰撞需要更长的运动时间）。这两种情况都导致有效动量交换在很低的水平。

4.3.3　颗粒质量比的影响

如公式（4-7）所示，有三种基本方法能增加颗粒的质量比：

1）保持 ρ 和 d 为常量，改变 N，即保持颗粒材料和尺寸不变，使用更多的颗粒数量的情况。

2）保持 ρ 和 N 为常量，改变 d，即保持颗粒材料和数量不变，采用更大的颗粒的情况。

3）保持 d 和 N 为常量，改变 ρ，即保持颗粒尺寸和数量不变，采用更重的颗粒的情况。

如图 4.11a 所示，增加颗粒质量比能够减小主体系统的响应，但是响应的折减幅度并不是随着质量比线性增加；图 4.11b 画出了系统参数取最优时的最小均方根响应随质量比的变化，可见单位质量的折减率随着质量比的增加是非线性减小的。而且，对于给定的质量比，三种增加质量的基本方法取得的响应折减量基本一致。

另一个有意思的现象是，一味地增加质量比并不能一直减小主系统的响应，尤其是容器尺寸较大的情形，这可以通过颗粒与系统的动量守恒来解释。当颗粒质量增大时，颗粒与容

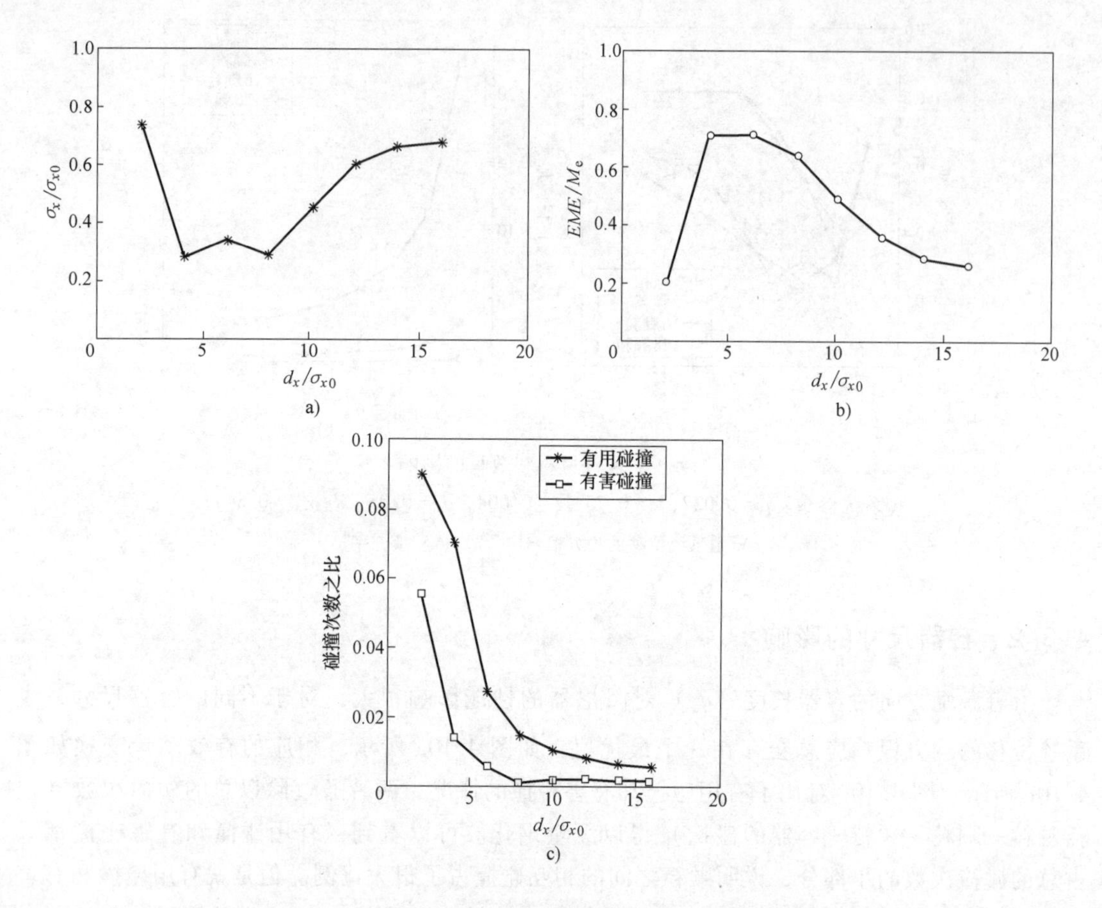

图 4.10　容器尺寸的影响（系统参数：$\mu=0.027$，$e=0.75$，$\zeta=0.004$，$\mu_s=0.05$，$d/\sigma_{x0}=0.64$，$N=128$）

a）主系统位移的均方根响应　b）有效动量交换　c）碰撞次数之比

器壁碰撞后的绝对速度和相对速度都会变小，从容器一端运动到另一端产生下一次碰撞的时间间隔也变长。当颗粒质量大到某一个值，使其碰撞后的速度不足以克服摩擦力而运动到另一端产生下一次碰撞，则颗粒在摩擦力的作用下会反向运动，从而颗粒有可能在容器内来回运动而一直不与容器壁相碰。Butt[196] 在他的试验中也观察到了该现象。从图 4.11c 可见，有效动量交换在大尺寸容器的情况下降到很低的水平。

4.3.4　外界激励频率的影响

在 3.3.2 节数值模型验证部分，图 3.16 和图 3.18 说明了外界激励频率对阻尼器性能的影响。从这两个图都能看到，当外界激励频率接近于和大于主体结构的自振频率时，颗粒阻尼器能够在较宽的频率段上抑制主结构的振动响应，但是当外界激励频率远小于主体结构的自振频率时，阻尼器反而会产生一定的响应放大作用。此外，附加颗粒阻尼器的结构的共振频率比未附加阻尼器的结构要小，这是因为前者的总体质量由于颗粒阻尼器的附加而增加了。

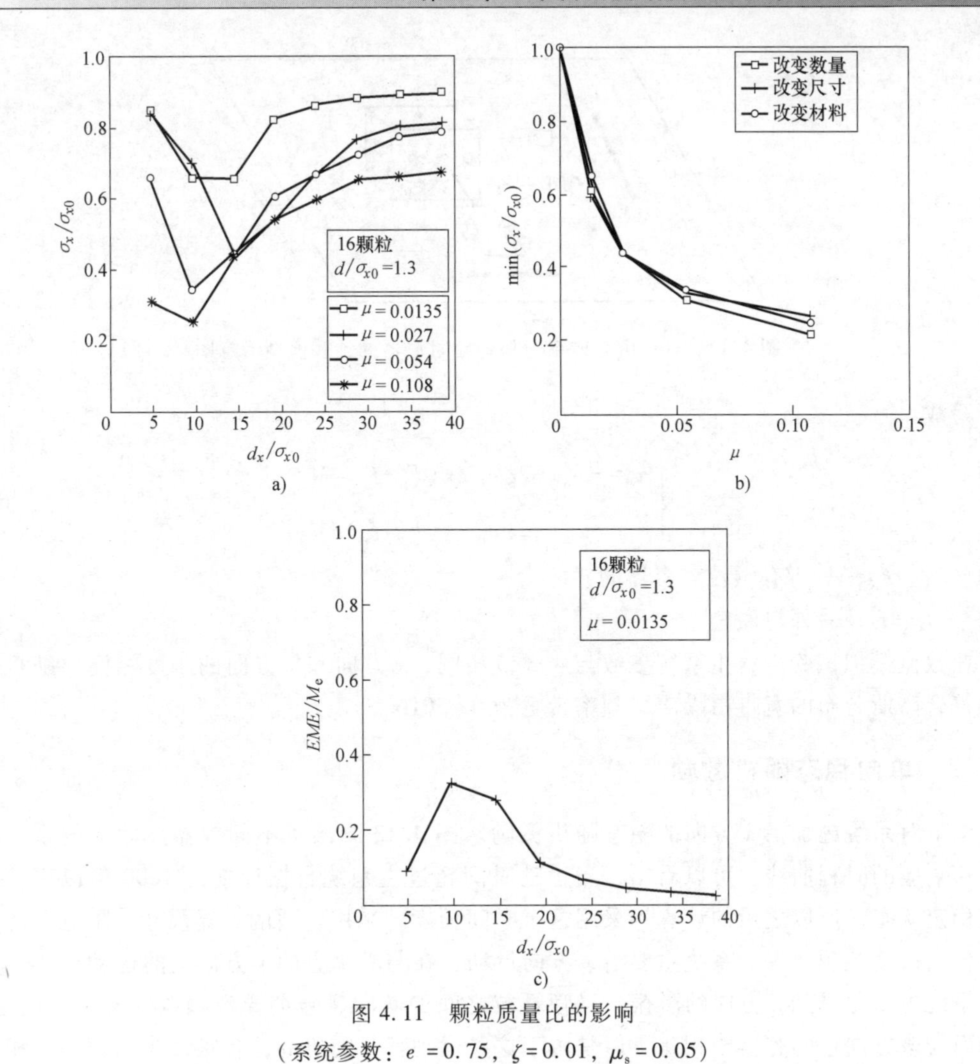

图 4.11　颗粒质量比的影响

（系统参数：$e=0.75$，$\zeta=0.01$，$\mu_s=0.05$）

a）主系统位移的均方根响应　b）最小均方根响应与质量比的关系　c）有效动量交换

4.4　单自由度结构附加颗粒阻尼器的随机振动

前面一节进行了单自由度结构附加颗粒阻尼器的性能分析，着重强调了单方向自由振动和简谐振动的情况，系统在其他方向的刚度设为无穷大。本节将在此基础上，着重分析该系统在双向随机激励作用下的动力性能。内部颗粒的互相碰撞，会使系统在两个方向的运动产生耦合，这部分内容将在本节详细讨论。

4.4.1　不同特性随机激励下的性能分析

双自由度体系附加颗粒阻尼器的计算模型示意图如图 4.12 所示，动力控制方程为

$$\begin{cases} M\ddot{x}+kx+c\dot{x}=F_x+f_x \\ M\ddot{y}+ky+c\dot{y}=F_y+f_y \end{cases} \tag{4-8}$$

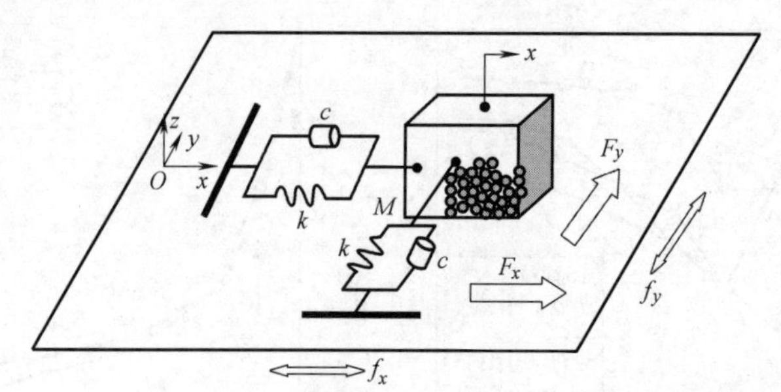

图 4.12　双自由度体系附加颗粒阻尼器的计算模型示意图

或者写成

$$\begin{cases}\ddot{x}=-\omega_{\mathrm{n}}^{2}x-2\zeta\omega_{\mathrm{n}}\dot{x}+(F_x+f_x)/M\\ \ddot{y}=-\omega_{\mathrm{n}}^{2}y-2\zeta\omega_{\mathrm{n}}\dot{y}+(F_y+f_y)/M\end{cases}\tag{4-9}$$

式中　F_x、F_y——所有颗粒对容器的碰撞力；

f_x、f_y——外界激励。

在数值模拟试验中，主系统参数与 4.3 节相同，x 方向和 y 方向的刚度相同，随机激励采用符合高斯分布的宽带白噪声，频率带宽为 0~50Hz。

4.4.2　单向稳态随机激励

本节对系统施加沿 x 方向的稳态随机激励。图 4.13 画出了不同容器尺寸下的系统均方根位移响应的时程曲线。可以看出，当运动时间超过主系统自振周期的 1000 倍以后，系统达到稳定状态，所以之后的计算均采用这个时间长度。采用合适的容器尺寸，阻尼器能够达到最佳的振动控制效果。系统主要沿 x 方向运动，在与其垂直的 y 方向上的运动很小。这是因为系统主要是受到 x 方向的激振，尽管颗粒之间的斜向碰撞会导致颗粒沿着 y 方向运动，并进而与该方向上的容器壁相碰，但是由于这些运动都是随机的，且很多作用效果互相抵消了（部分颗粒朝+y 方向运动，部分颗粒朝-y 方向运动），所以颗粒与该方向的容器壁的有

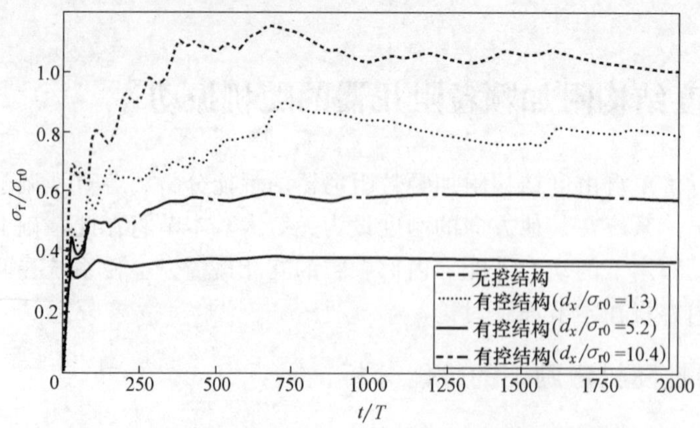

图 4.13　主系统位移幅值（$\sqrt{x^2+y^2}$）的均方根响应时程曲线

（系统参数：$\mu=0.108$，$e=0.75$，$\zeta=0.004$，$\mu_s=0.5$，$d_y/\sigma_{r0}=3.9$，

$d/\sigma_{r0}=0.8$，$N=16$，施加 x 向的稳态随机激励）

效碰撞很少，有效动量交换量也就很低。

颗粒与容器壁的碰撞力 F_x 和 F_y 有不同的性质。图 4.14 示意了一段典型时间内的碰撞力，通过除以该段时间内的碰撞力的最大值得以无量纲化。图 4.14a 中，负向力表示该碰撞力作用在左侧容器壁上，正向力则是作用在右侧容器壁上；类似的，在图 4.14b 中，负向力表示作用在前侧容器壁上，正向力则是作用在后侧容器壁上。通过对比两个图可以看到，F_x 比 F_y 要大，且 F_x 较大值的出现间隔大致相等，说明存在一个控制频率。把两者分别做傅里叶变换，得到图 4.15。从图 4.15a 可见，F_x 的控制频率与主系统的自振频率相同，F_y 则不存在类似现象，其能量在整个频带上都比较小，如图 4.15b 所示。

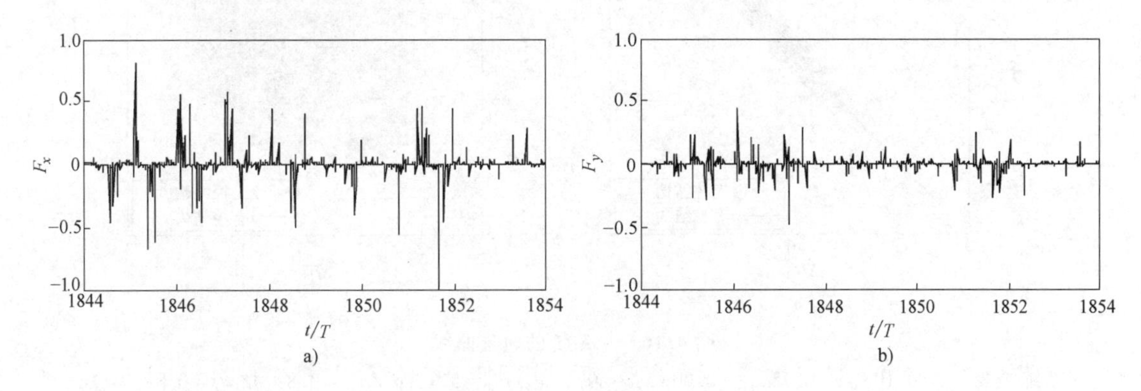

图 4.14　颗粒与主系统的碰撞力时程曲线

（系统参数：$\mu=0.108$，$e=0.75$，$\zeta=0.004$，$\mu_s=0.5$，$d_x/\sigma_{r0}=5.2$，$d_y/\sigma_{r0}=3.9$，$d/\sigma_{r0}=0.8$，$N=16$，施加 x 向的稳态随机激励）

a）x 向碰撞力 F_x　b）y 向碰撞力 F_y

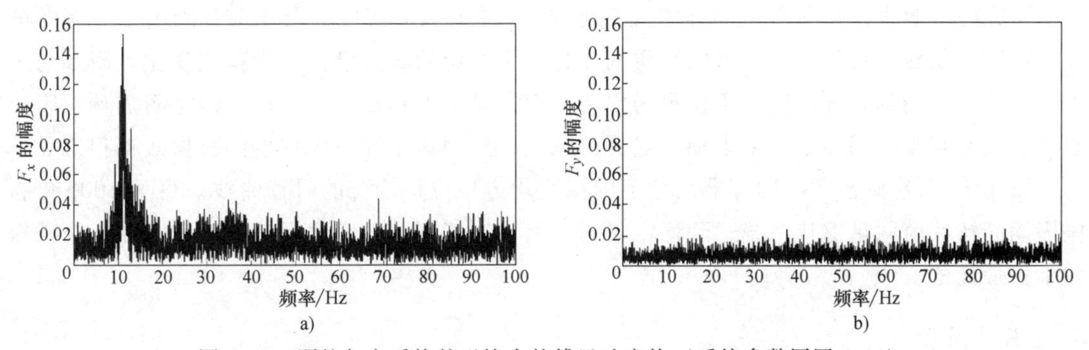

图 4.15　颗粒与主系统的碰撞力的傅里叶变换（系统参数同图 4.14）

a）x 向碰撞力 F_x　b）y 向碰撞力 F_y

4.4.3　双向相关稳态随机激励

本节采用双向相关稳态激励，即把相同的稳态随机激励施加在系统的 x 方向和 y 方向，相当于沿着对角线方向对系统施加激励。从图 4.16a 可见，未附加颗粒阻尼器的主系统沿着对角线方向来回运动；由于颗粒碰撞（包括颗粒—颗粒相碰以及颗粒—容器相碰）的扰动，附加颗粒阻尼器的系统会稍微偏离对角线来回运动，但基本上还是沿着对角线方向，这主要还是受到外界激励性质的影响。此外，在该工况下，主系统的位移响应得到大幅地减小，说明相较于质量调谐阻尼器（TMD），颗粒阻尼器能更有效且更经济地控制振动，因为一般情况下，质量调谐阻尼器只能沿着其安装方向减震，而颗粒阻尼器的减震方向不受其安装方向的影响。

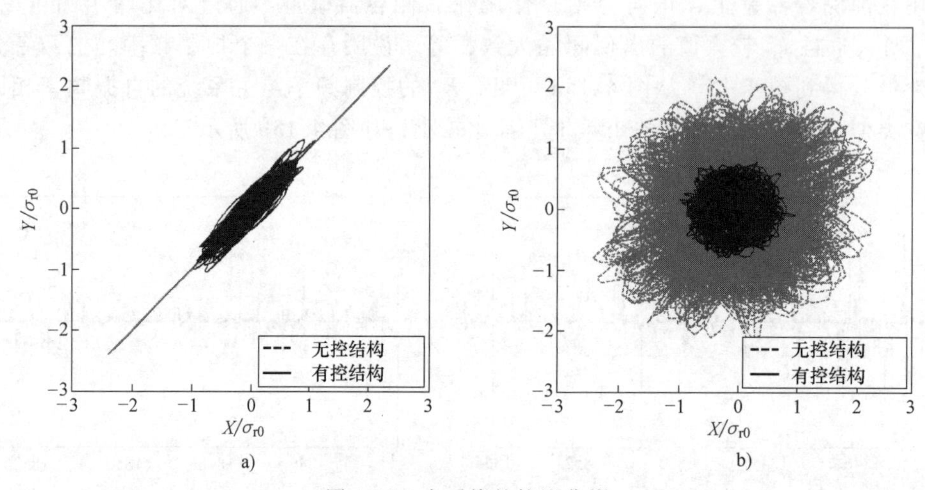

图 4.16　主系统的轨迹曲线

（系统参数：$\mu=0.108$，$e=0.75$，$\zeta=0.004$，$\mu_s=0.5$，$d_x/\sigma_{r0}=5.1$，$d_y/\sigma_{r0}=3.8$，$d/\sigma_{r0}=0.8$，$N=16$）

a）同时施加双向相关的稳态随机激励　b）同时施加双向不相关的稳态随机激励

4.4.4　双向不相关稳态随机激励

本节采用双向不相关稳态激励，即把不相关的两个稳态随机激励分别施加在系统的 x 方向和 y 方向（这两个激励基于同样的概率分布）。与上一节相应，图 4.16b 画出了主系统的轨迹曲线。从该图可见，由于激励性质的变化，主系统的轨迹已经产生很大变化。附加与未附加颗粒阻尼器的系统均以平衡位置为中心，轨迹基本上形成一个圆周，但是附加颗粒阻尼器的系统的圆半径明显小于未附加阻尼器的系统，说明该工况下阻尼器的减振效果很好。

图 4.17 再次画出了不同容器尺寸下的系统均方根位移响应的时程曲线。可见 1000 倍自振周期的持续时间足够让系统达到稳定状态，而且对于不同的容器尺寸，确实存在一个减振效果的最优值。

4.4.5　讨论

颗粒阻尼器在性能最优时候的运动方式与其他情况下的运动方式不同。大体上，在高效减振区域，颗粒会以颗粒流的形式运动，而非随机的布朗运动，这在前面讨论的三种形式的随机激励情况下都能观察到。事实上，这与单颗粒阻尼器的最优条件[86]，即各个颗粒在每个周期与容器碰撞两次的运动形式类似。在颗粒流的运动形式下，颗粒趋向于聚在一起，一块运动，所以采用互相关函数来分析颗粒阻尼器在不同条件下的性能。

图 4.18a 画出了在单向稳态随机激励作用下，任意两个颗粒的 x 向速度的互相关函数。通过除以无控系统 x 向速度的自相关函数值，可以把该互相关函数无量纲化，具体如下式

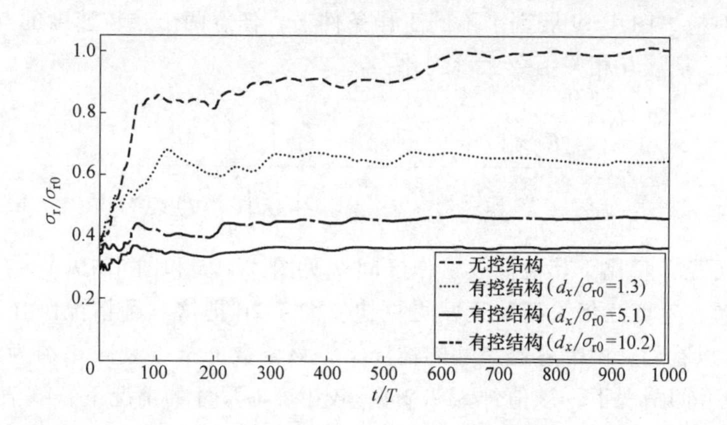

图 4. 17　主系统位移幅值（$\sqrt{x^2+y^2}$）的均方根响应时程曲线

（系统参数：$\mu=0.108$，$e=0.75$，$\zeta=0.004$，$\mu_s=0.5$，$d_y/\sigma_{r0}=3.8$，$d/\sigma_{r0}=0.8$，$N=16$，同时施加双向不相关的稳态随机激励）

$$\overline{R}_{\dot{x}_i\dot{x}_j}(\tau)=\frac{E[\dot{x}_i(t)\dot{x}_j(t-\tau)]}{E[\dot{x}_{np}(t)\dot{x}_{np}(t)]}=\frac{\dfrac{1}{T}\displaystyle\int_0^T\dot{x}_i(t)\dot{x}_j(t-\tau)\mathrm{d}t}{\dfrac{1}{T}\displaystyle\int_0^T\dot{x}_{np}(t)\dot{x}_{np}(t)\mathrm{d}t} \tag{4-10}$$

式中　τ——时滞；

T——激励持时；

$\dot{x}_{np}$——未附加颗粒阻尼器的系统（无控系统）的 x 向速度；

$\dot{x}_i$——随机挑选的任意颗粒 i 的 x 向速度；

E——求期望值的算子。

由图 4. 18a 与图 4. 18b 比较可见，$\overline{R}_{\dot{y}_i\dot{y}_j}$ 比 $\overline{R}_{\dot{x}_i\dot{x}_j}$ 小很多，这是因为颗粒沿着 x 向以颗粒流的形式运动，而在 y 向是随机的布朗运动。

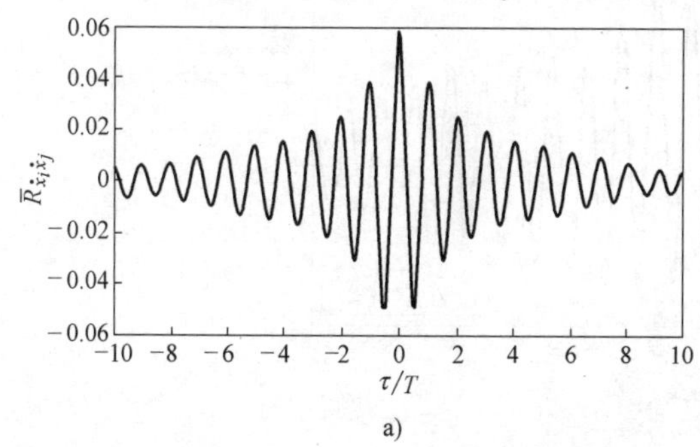

a)

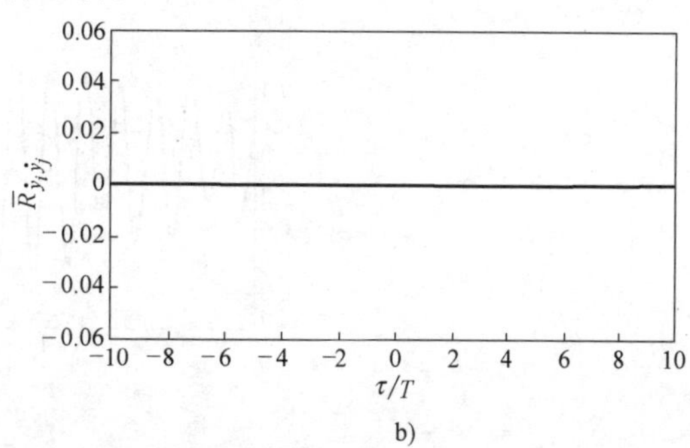

b)

图 4. 18　阻尼器性能最优时，任意两个颗粒速度的互相关函数

（系统参数：$\mu=0.108$，$e=0.75$，$\zeta=0.004$，$\mu_s=0.5$，$d_x/\sigma_{r0}=5.2$，$d_y/\sigma_{r0}=3.9$，$d/\sigma_{r0}=0.8$，$N=16$，施加 x 向的稳态随机激励）

a）沿 x 向　b）沿 y 向

与图 4.17 对应，图 4.19 展现了不同工作条件下，任意两个颗粒速度的互相关函数的大体情况。通过下式把该互相关函数无量纲化：

$$R_{\dot{x}_i\dot{x}_j}(\tau)=\frac{E[\dot{x}_i(t)\dot{x}_j(t-\tau)]}{E[\dot{x}_i(t)\dot{x}_j(t)]}=\frac{\frac{1}{T}\int_0^T\dot{x}_i(t)\dot{x}_j(t-\tau)\mathrm{d}t}{\frac{1}{T}\int_0^T\dot{x}_i(t)\dot{x}_j(t)\mathrm{d}t} \tag{4-11}$$

由图 4.19 可见，相比于其他低效工作区间（见图 4.19a 和图 4.19c），在高效工作区间下（见图 4.19b），速度互相关函数衰减得更快。图 4.20 把这三种情况画在了同一个图上，以方便对比。可以看到，中等容器尺寸的情况下，该函数的指数衰减率约为 4.5%，效果最好；较大容器尺寸的情况下，该值约为 2.2%；较小容器尺寸的情况下，该值仅为 0.7%。

通过以上的讨论，可以看到任意颗粒的速度互相关函数是一个能够反应颗粒阻尼器性能的宏观指标。

除了互相关函数，附加和未附加阻尼器的系统位移的自相关函数也是一个很好的指标。由图 4.21 可见，前者以很快的指数衰减速度变小，说明颗粒阻尼器给主系统提供了很大的附加阻尼，而后者只是在系统内部阻尼的作用下，缓慢衰减。

相关函数并不是唯一有效的表征颗粒阻尼器最优工作性能的指标，其他手段，比如由于碰撞和摩擦产生的能量耗散和有效动量交换也都是有用的工具。

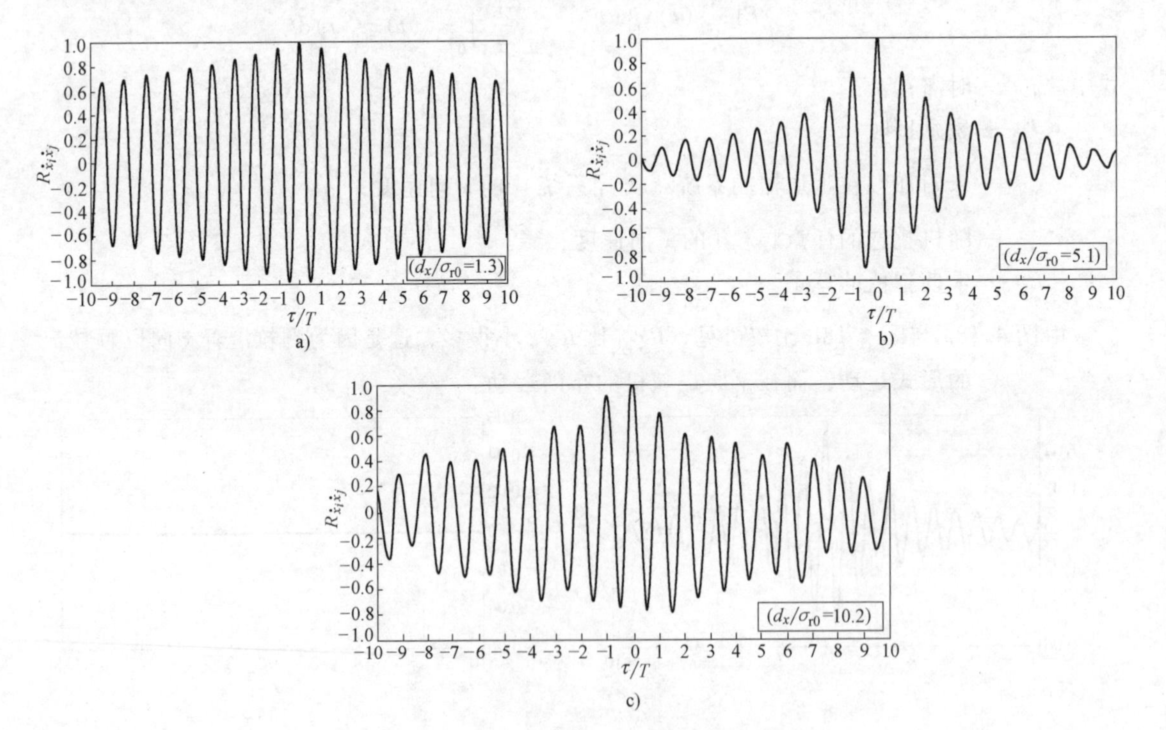

图 4.19 任意两个颗粒 x 向速度的互相关函数

（系统参数：$\mu=0.108$，$e=0.75$，$\zeta=0.004$，$\mu_s=0.5$，$d_y/\sigma_{r0}=3.8$，$d/\sigma_{r0}=0.8$，$N=16$，同时施加双向不相关的稳态随机激励）

a）容器尺寸较小，低效工作 b）容器尺寸适中，高效工作 c）容器尺寸较大，低效工作

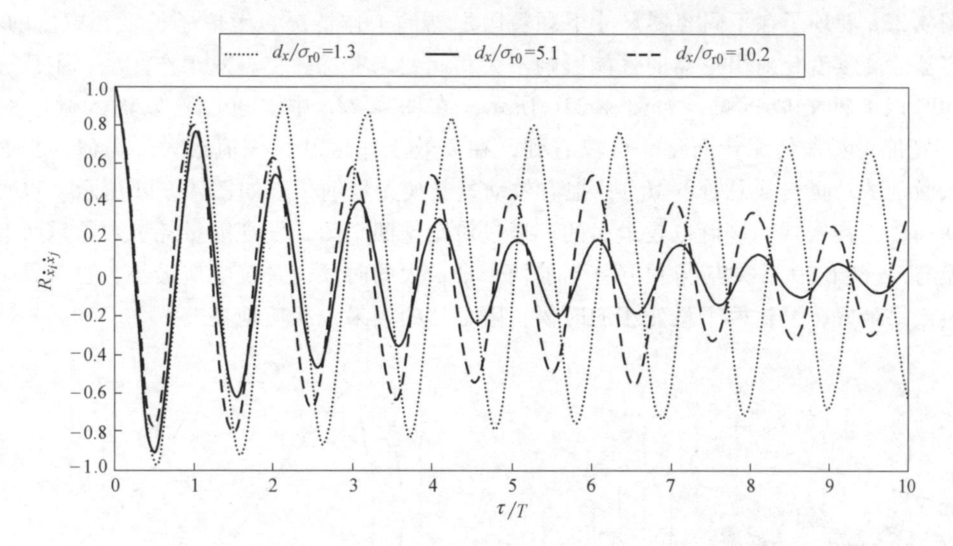

图 4.20　任意两个颗粒 x 向速度的互相关函数（$d_x/\sigma_{r0}=1.3$ 对应较小容器尺寸，低效工作；$d_x/\sigma_{r0}=5.1$ 对应中等容器尺寸，高效工作；$d_x/\sigma_{r0}=10.2$ 对应较大容器尺寸，低效工作。系统参数同图 4.18）

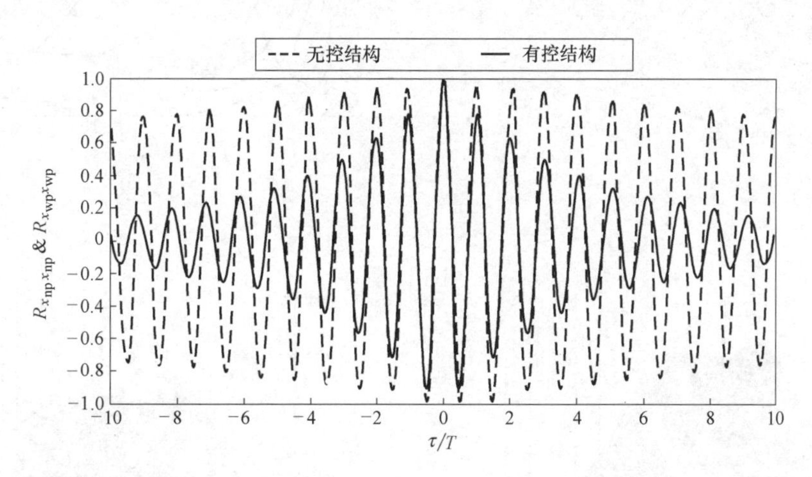

图 4.21　主系统 x 向位移的自相关函数（系统参数：$\mu=0.108$，$e=0.75$，$\zeta=0.004$，$\mu_s=0.5$，$d_x/\sigma_{r0}=5.1$，$d_y/\sigma_{r0}=3.8$，$d/\sigma_{r0}=0.8$，$N=16$，同时施加双向不相关的稳态随机激励）

根据第 2 章介绍的接触力模型，能量耗散主要有两个来源：非弹性碰撞和摩擦，可以用下式计算

$$E=\begin{cases}\sum\left(2\zeta_2\sqrt{mk_2}\,\dot{\delta}_{\mathrm{n}}\dot{\delta}_{\mathrm{n}}\mathrm{d}t+\left|F_{ij}^{\mathrm{t}}\dot{\delta}_{\mathrm{t}}\mathrm{d}t\right|\right)\ (\text{颗粒-容器壁})\\ \sum\left(2\zeta_3\sqrt{\dfrac{m_im_j}{m_i+m_j}k_3}\,\dot{\delta}_{\mathrm{n}}\dot{\delta}_{\mathrm{n}}\mathrm{d}t+\left|F_{ij}^{\mathrm{t}}\dot{\delta}_{\mathrm{t}}\mathrm{d}t\right|\right)\ (\text{颗粒-容器壁})\end{cases}\tag{4-12}$$

式中　$\mathrm{d}t$——接触持时。

通过把所有接触持时内的能量消耗相加就可以得到总的能量耗散数量。

图 4.22a 展现了在不同容器尺寸下颗粒阻尼器的工作情况，考虑了长度和宽度的变化，由于容器的高度变化对阻尼器的性能影响不大，此处未考虑。在高效工作区域，主系统能够获得 60%以上的响应折减，如图 4.22b 所示。在图 4.22c 中，通过除以输入激励的能量（E_e），把能量耗散值无量纲化。可以看到，在高效工作区域，该值最大。类似的，通过除以输入激励的动量交换总量（M_e），把有效动量交换无量纲化，如图 4.22d 所示。也可以看到，在高效工作区域，该值也是最大的。通过对比这四个图，发现能量耗散数量以及有效动量交换与系统响应大小对应得很好：当前两个量最大的时候，系统响应最小，也就是阻尼器的减震效果最好，当这两个量变小的时候，阻尼器的效果也相应地变差。

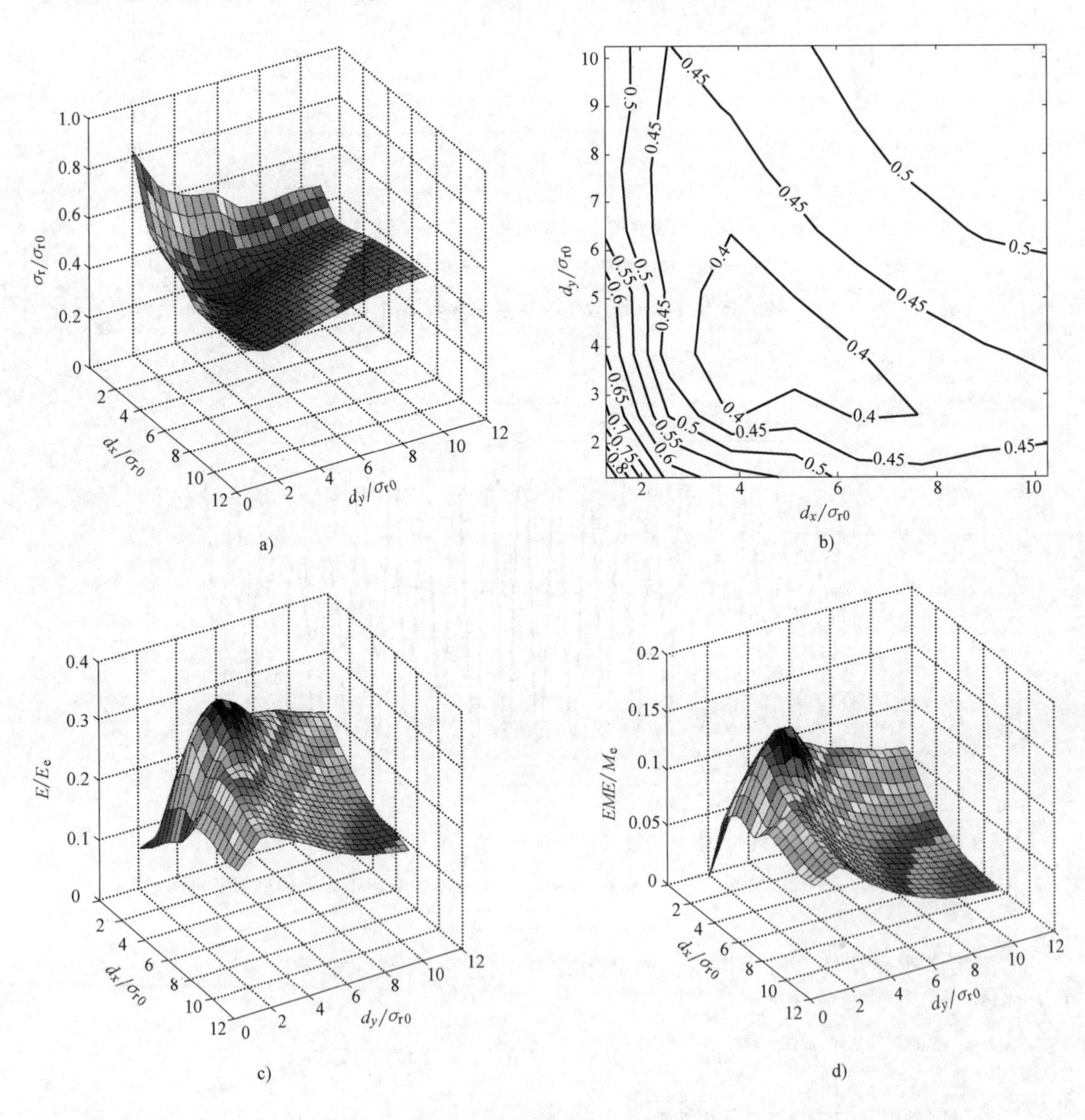

图 4.22　能量耗散和有效动量交换

（系统参数：$\mu=0.108$，$e=0.75$，$\zeta=0.004$，$\mu_s=0.5$，$d/\sigma_{r0}=0.8$，$N=16$，同时施加双向不相关的稳态随机激励）

a）主系统位移幅值（$\sqrt{x^2+y^2}$）的均方根响应　b）σ_r/σ_{r0}的等高线　c）能量耗散　d）有效动量交换

事实上，考虑两种极端情况，一种是容器很小，一种是容器很大的情况。在前者的状态下，颗粒都堆积在一起，只有最上层的颗粒比较活跃，下面几层颗粒的运动都很小；而在后者的状态下，颗粒从容器的一端运动到另一端产生碰撞，需要花费相当长的时间，因此有效碰撞的次数也就很少，这两种情况都会导致阻尼器的效果很差。当容器大小取一个适中值的时候，阻尼器就能发挥最佳的作用，这也就是颗粒阻尼器总是存在一个最优工作区间的原因。

通过以上的讨论，明确揭示了颗粒阻尼器在不同激励作用下最优工作性能的存在性，而且这种性能具有很强的鲁棒性和高效性，这能为实际工程提供很好的参照和借鉴。此外，相关函数、能量耗散和有效动量交换这三个量是反映颗粒阻尼器工作特性的很有用的工具。

4.4.6　参数分析

本节将系统讨论双自由度结构附加颗粒阻尼器在随机激励下的系统响应，研究各个系统参数的影响，包括颗粒恢复系数（e）、外界激励强度、容器形状和摩擦系数（μ_s）等。为了便于分析和演示，之后采用二维图形，横坐标是容器尺寸，纵坐标是系统响应，两者都除以无控系统的响应得以无量纲化。容器的宽度是 $d_y/\sigma_{r0}=3.8$，颗粒直径为 $d/\sigma_{r0}=0.8$，共计 16 个，外界激励是双向不相关的稳态随机激励。

1. 恢复系数的影响

颗粒恢复系数决定了其碰撞后的回弹速度，由颗粒的类型、形状和表面材料等因素决定。

由图 4.23 可见，在容器尺寸小的时候，高恢复系数的颗粒阻尼器减震效果不如低恢复系数的阻尼器，然而当容器尺寸较大的时候，能够得到更好的减震效果。这是因为高恢复系数的颗粒在一次碰撞以后能够获得较大的回弹速度，从而产生很多碰撞。然而在这些碰撞中，伴随着很多有害碰撞和有害动量交换，导致有效动量交换的数量减少。从能量耗散角度看，低恢复系数的颗粒在碰撞时会损失更多的能量，而且这个机理似乎在小容器尺寸的工况下占了主导作用。

此外，还能发现当恢复系数减小时，减震效果对容器长度变化的敏感性升高，导致阻尼器的最优工作区间变窄。所以，在实际设计中，应该采用具有较高恢复系数的颗粒，以增加系统的抗震性能。

2. 外界激励强度的影响

本试验用 5 种不同的随机激励强度来考察其对阻尼器性能的影响。从图 4.24 可见，外界激励的性质对阻尼器的性能影响很大。随着激励强度的增大，容器内的颗粒越来越活跃，其和主系统的动量交换以及能量耗散也增加，所以阻尼器的效率会提高。另一方面，对于给定的容器大小，当激励大到足以激起所有颗粒都运动以后，系统的振幅便不再受激励强度的影响。

3. 容器形状的影响

本试验把长方体容器改为圆柱体容器，来考察容器形状对阻尼器性能的影响。图 4.25 画出了附加圆柱体颗粒阻尼器的主系统的位移均方根响应曲线，颗粒数目分别是 16 个、64

个和 128 个。各个工况都能发现最优工作区间，且 128 个颗粒的最优区间比 16 个颗粒的要宽，但是最大折减效果差不多。

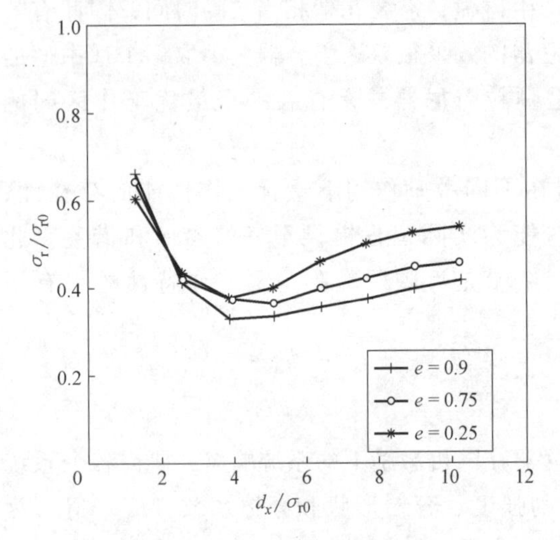

图 4.23　主系统位移幅值的均方根响应（系统参数：$\mu=0.108$，$\zeta=0.004$，$\mu_s=0.5$（恢复系数的影响））

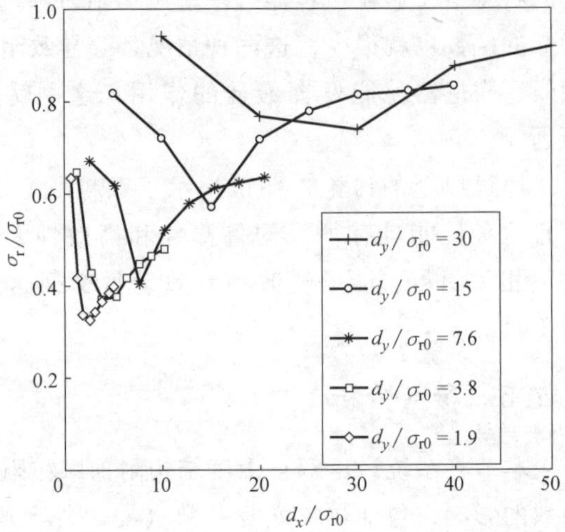

图 4.24　主系统位移幅值的均方根响应（系统参数：$\mu=0.108$，$e=0.75$，$\zeta=0.004$，$\mu_s=0.5$（外界激励强度的影响））

图 4.22a、b 画出的是长方体阻尼器的减震效果，与之相比，可以看到圆柱体阻尼器的效果比长方体的要好，前者能达到 70% 的位移折减，而后者为 64%。原因还是在于圆柱体容器具有很好的对称性，能够在任意方向取得容器和颗粒的有效动量交换，而长方体容器的角部区域的碰撞并不能完全被有效地利用。另外，圆柱体形状的阻尼器的减震效果不会受到外界激励方向的影响。

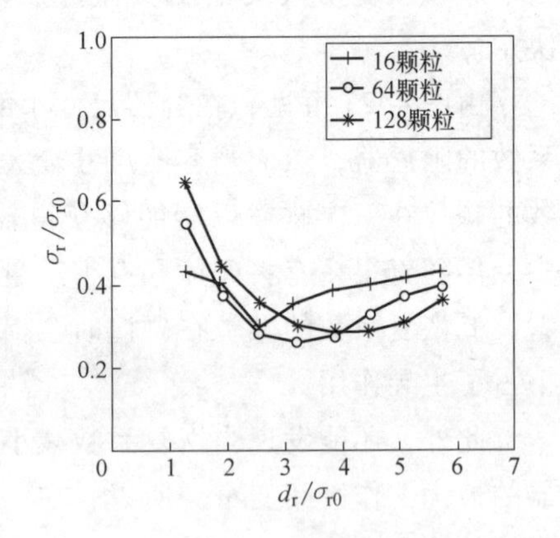

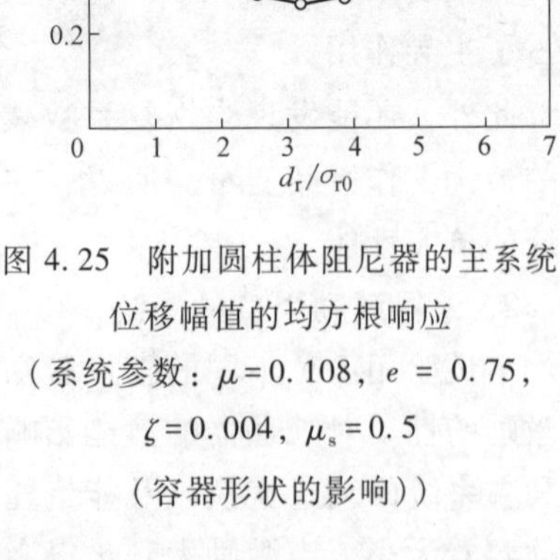

图 4.25　附加圆柱体阻尼器的主系统位移幅值的均方根响应（系统参数：$\mu=0.108$，$e=0.75$，$\zeta=0.004$，$\mu_s=0.5$（容器形状的影响））

4. 摩擦系数的影响

图 4.26 说明滑动摩擦系数小的阻尼器的减震效果会更好。颗粒受到的摩擦力较小，就能获得较多的运动能量，产生较多的碰撞以及动量交换，且正碰时消耗的能量也较多。但是另一方面，较大的摩擦系数在摩擦以及斜向碰撞的过程中会耗散掉较多的能量。所以，摩擦系数对阻尼器性能的影响很复杂。

根据 Bapat[197] 对于多单元单颗粒阻尼器的理论和数值研究，库伦摩擦力对阻尼器的性能大体上来说是不利的，图 4.26b 也说明了该现象。从这两个图中可以看出，容器尺寸较大的时候，小摩擦系数能导致更多的响应折减，这说明颗粒与主系统之间的动量交换以及颗粒的运动活跃度在该类工况下具有很重要的主导作用。

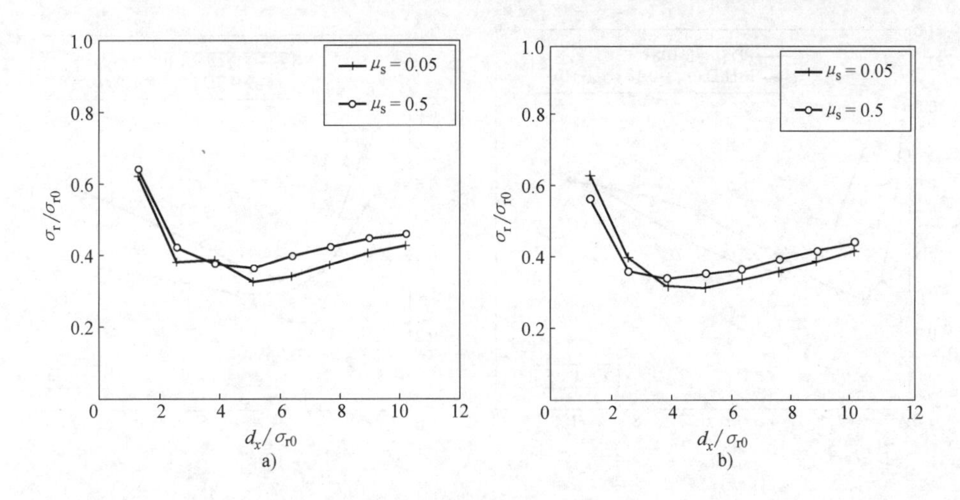

图 4.26　主系统位移幅值的均方根响应（系统参数：$\mu=0.108$，$e=0.75$，$\zeta=0.004$（容器形状的影响））

a）单单元多颗粒阻尼器　b）多单元单颗粒阻尼器

4.4.7　与多单元单颗粒冲击阻尼器的性能比较

多单元单颗粒阻尼器在前面几节已有介绍，主要特点是不存在颗粒之间的彼此碰撞。对于双自由度体系，应用该类装置的方法是把颗粒质量分为两部分，分别放在 x 方向和 y 方向，以此来减小两个方向激励引起的系统响应，如图 4.27 所示。

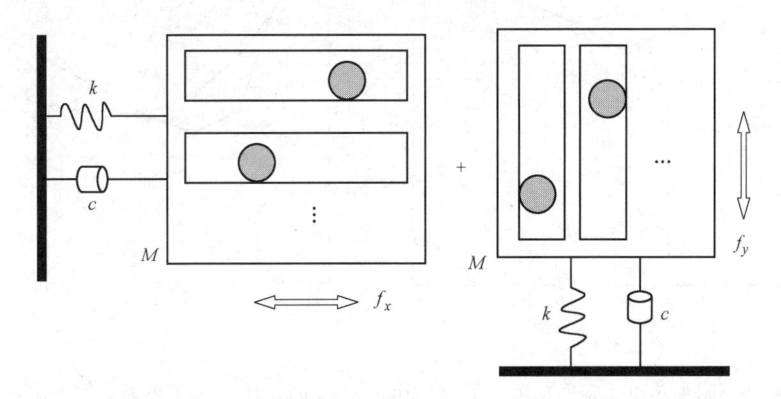

图 4.27　多单元单颗粒阻尼器应用于双自由度系统的示意图，颗粒总质量均分在两个方向

图 4.27 考察具有相同有效质量比的情况，可见，在最佳工作的时候，多单元单颗粒阻尼器的效果要比单单元多颗粒阻尼器好。尤其是在高恢复系数的情况下，前者对容器尺寸的变化很不敏感，说明其能经受更宽的激励强度，具有很好的鲁棒性。

另一方面，考虑到双向减震，为了减小 y 向的振动，需要分一半的质量在该方向，即 $\mu_x=0.054$，$\mu_y=0.054$ 的情况，如图 4.28 所示。比较图 4.28 和图 4.29 可见，不管恢复系数怎样，较小的有效质量比始终只能产生较小的响应折减；对于多单元单颗粒阻尼器，尽管低恢复系数的最大减震幅度稍稍大于高恢复系数的情况，但是它对容器尺寸的变化显得更加敏感，说明其最佳工作的稳定性并不好。

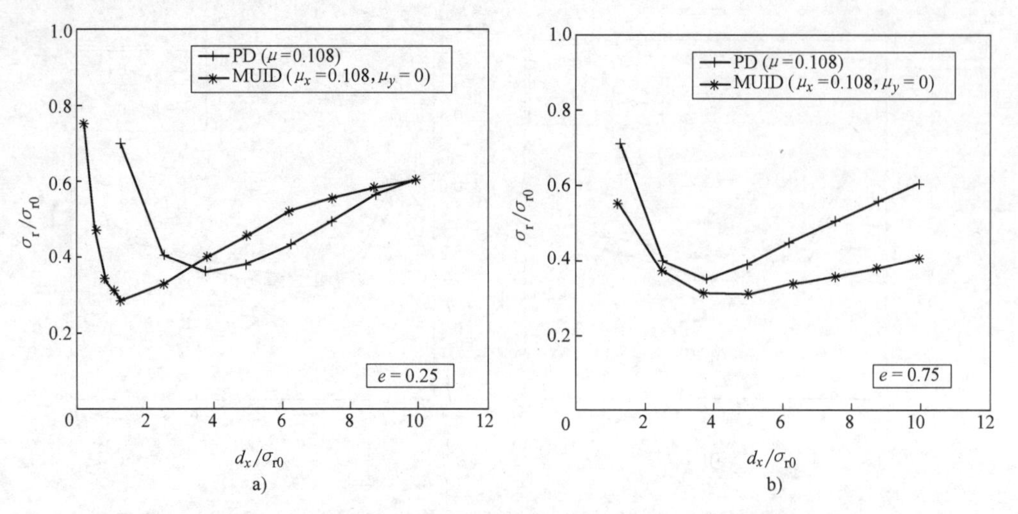

图 4.28　附加单单元多颗粒阻尼器（Particle Damper，PD）和多单元单颗粒阻尼器（Multi Unit Impact Damper，MUID）的主系统位移幅值的均方根响应对比（两个系统采用相同的有效质量比）

a）e=0.25　b）e=0.75

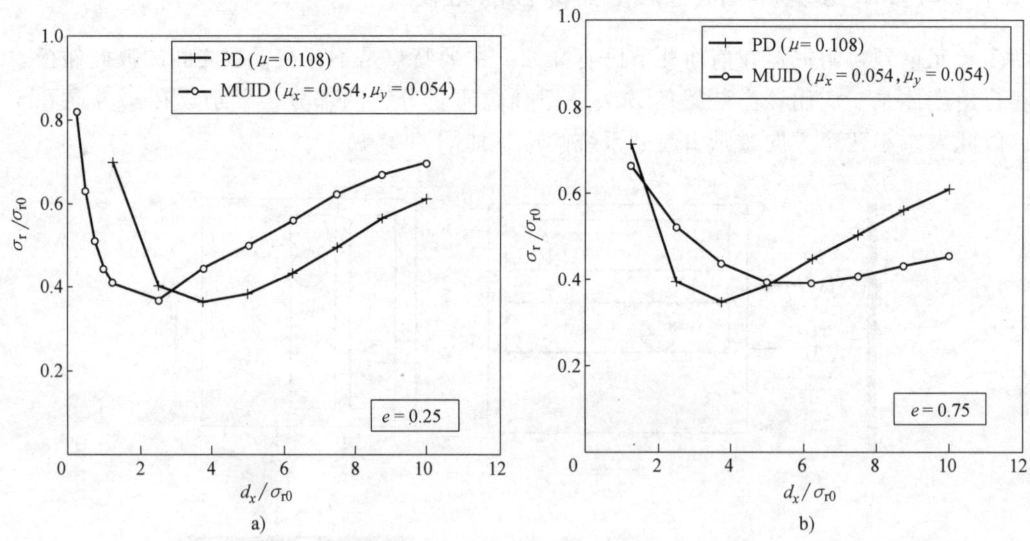

图 4.29　附加单单元多颗粒阻尼器（Particle Damper，PD）和多单元单颗粒阻尼器（Multi Unit Impact Damper，MUID）的主系统位移幅值的均方根响应对比。（后者的有效质量比为前者的一半）

a）e=0.25　b）e=0.75

总之，单单元多颗粒阻尼器和多单元单颗粒阻尼器都有其自身的特性，但是，应用高恢复系数的颗粒减震效果会更好，这一点对两种情况都是一样的。若外界激励的方向与多单元单颗粒阻尼器的设置方向一致，则该装置能取得更好的振动控制效果（基于同样的有效质量比）。然而，实际工程中，主系统往往会受到不同组分不同方向的激励的输入（比如地震），人们并不能提前预知激励的输入方向，因此，多颗粒阻尼器以其对激励方向的无选择性的特点有可能成为更好的振动控制装置。

第5章 多自由度结构附加颗粒阻尼器的性能分析

前面一章进行了单自由度结构附加颗粒阻尼器的性能分析，着重强调了双向稳态随机激励下的系统运动特点。本章将在此基础上，把主体结构推广到多自由度，分析多自由度体系附加颗粒阻尼器在随机激励作用下的动力性能，并把稳态随机激励扩展到非稳态随机激励，使讨论更加趋向于实际[198]。

5.1 多自由度结构附加颗粒阻尼器的解析解

5.1.1 计算模型

图 5.1 示意了多自由度体系附加单颗粒冲击阻尼器的计算模型，假设正弦激励作用在第 k 个质量上，冲击阻尼器附加在第 j 个质量上。考虑系统的稳态振动，在一个振动周期内会发生两次对称的碰撞，且时间间隔相等，分别碰在左侧和右侧的容器壁。这个现象在许多试验中被发现且验证[189]。

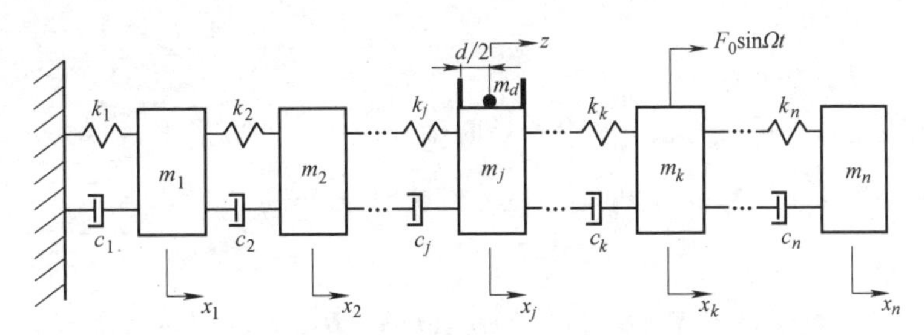

图 5.1 多自由度结构附加单颗粒冲击阻尼器的计算模型

5.1.2 解析解法

未相碰时，系统的运动方程为

$$\boldsymbol{M}\ddot{\boldsymbol{X}}+\boldsymbol{C}\dot{\boldsymbol{X}}+\boldsymbol{K}\boldsymbol{X}=\boldsymbol{F}(t) \tag{5-1}$$

其中，$\boldsymbol{M}$、$\boldsymbol{C}$、$\boldsymbol{K}$ 分别为质量、阻尼和刚度矩阵，$F(t)=(0,0,\cdots,0,F_k(t),0,\cdots,0)'$。假设系统阻尼为比例阻尼，即

$$\boldsymbol{C}=\alpha\boldsymbol{M}+\beta\boldsymbol{K} \tag{5-2}$$

考虑系统的稳态振动，且时间原点设为颗粒与系统发生碰撞的那一时刻，即 $t=t_0$，从而正弦激励变为

$$F_k(t)=F_0\sin(\boldsymbol{\Omega}t+\alpha_0) \tag{5-3}$$

式中，$\alpha_0=\boldsymbol{\Omega}t_0$ 为相位角。

利用振型分解法，式（5-1）可以转化为

$$\boldsymbol{M}_{\mathrm{q}}\ddot{\boldsymbol{q}}+\boldsymbol{C}_{\mathrm{q}}\dot{\boldsymbol{q}}+\boldsymbol{K}_{\mathrm{q}}\boldsymbol{q}=\boldsymbol{Q}_{\mathrm{ex}}(t) \tag{5-4}$$

式中 $\boldsymbol{M}_{\mathrm{q}}$、$\boldsymbol{C}_{\mathrm{q}}$、$\boldsymbol{K}_{\mathrm{q}}$——广义质量、阻尼和刚度矩阵，均为对角阵；

$\boldsymbol{q}$——广义坐标向量；

$\boldsymbol{Q}_{\mathrm{ex}}(t)$——$Q_{\mathrm{ex}}=[\varphi]^{\mathrm{T}}\boldsymbol{F}(t)$；

$[\varphi]$——模态矩阵。

式（5-4）的第 i 个等式为

$$M_i\ddot{q}_i+C_i\dot{q}_i+K_iq_i=Q_{\mathrm{ex},i}=\varphi_{ki}F_0\sin(\Omega t+\alpha_0) \tag{5-5}$$

其解为

$$\begin{aligned}q_i(t)=&\exp\left(-\frac{\zeta_i}{r_i}\Omega t\right)\left\{\frac{1}{\eta_i}\left(\zeta_i\sin\frac{\eta_i}{r_i}\Omega t+\eta_i\cos\frac{\eta_i}{r_i}\Omega t\right)q_{0i}+\frac{1}{\omega_i\eta_i}\left(\sin\frac{\eta_i}{r_i}\Omega t\right)\dot{q}_{0i}-\right.\\&\left.\frac{A_i}{\eta_i}\left(\zeta_i\sin\frac{\eta_i}{r_i}\Omega t+\eta_i\cos\frac{\eta_i}{r_i}\Omega t\right)\sin\tau_i-\frac{A_i}{\eta_i}r_i\left(\sin\frac{\eta_i}{r_i}\Omega t\right)\cos\tau_i\right\}+\\&A_i\sin(\Omega t+\tau_i),i=1,2,\cdots,n\end{aligned} \tag{5-6}$$

其中

$$\omega_i=\sqrt{\frac{K_i}{M_i}},\zeta_i=\frac{C_i}{\sqrt{2K_iM_i}},\eta_i=\sqrt{1-\zeta_i^2},r_i=\frac{\Omega}{\omega_i},f_i=\varphi_{ki}F_0$$

$$A_i=\frac{f_i/K_i}{\sqrt{(1-r_i^2)^2+(2\zeta_ir_i)^2}},\psi_i=\tan^{-1}\frac{2\zeta_ir_i}{1-r_i^2},\tau_i=\alpha_0-\psi_i$$

$$q_{0i}=q_i(0),\dot{q}_{ai}=\dot{q}_i(0_+)$$

角标+代表碰撞后一瞬间的状态。令初始时刻（$t=0_+$）的位移和速度为

$$\boldsymbol{X}(0)=\boldsymbol{X}_0=[\varphi]\boldsymbol{q}_0,\dot{\boldsymbol{X}}(0_+)=\dot{\boldsymbol{X}}_{\mathrm{a}}=[\varphi]\dot{\boldsymbol{q}}_{\mathrm{a}} \tag{5-7}$$

从而解得

$$\boldsymbol{X}(t)=\boldsymbol{B}_{21}(t)\dot{\boldsymbol{X}}_{\mathrm{a}}+\boldsymbol{B}_{22}(t)\boldsymbol{X}_0+\boldsymbol{B}_{23}(t)\boldsymbol{S}_1+\boldsymbol{B}_{24}(t)\boldsymbol{S}_2+[\varphi]\boldsymbol{S}_3(t) \tag{5-8}$$

$$\dot{\boldsymbol{X}}(t)=\boldsymbol{B}_{31}(t)\dot{\boldsymbol{X}}_{\mathrm{a}}+\boldsymbol{B}_{32}(t)\boldsymbol{X}_0+\boldsymbol{B}_{33}(t)\boldsymbol{S}_1+\boldsymbol{B}_{34}(t)\boldsymbol{S}_2+[\varphi]\boldsymbol{S}_4(t) \tag{5-9}$$

其中未定义的矩阵和向量均为系统参数的函数。

令 $z(t)$ 为颗粒 m_d 相对于第 j 个质量 m_j 的相对位移，有

$$z(t)=y(t)-X_j(t) \tag{5-10}$$

由于设定时间原点为碰撞的时刻，则

$$z(0)=z_0=y(0)-X_j(0)=\pm\frac{d}{2} \tag{5-11}$$

在碰撞过程中，除了颗粒和第 j 个质量的速度外，其他系统的状态都不会改变。根据动量守恒和碰撞恢复系数的定义，考虑到稳态振动时：

$$\dot{y}(0)_+=-\frac{2\Omega}{\pi}(X_{0j}+z_0) \tag{5-12}$$

从而碰撞前和碰撞后的速度向量有如下关系：

$$\dot{\boldsymbol{X}}_{\mathrm{b}}=\boldsymbol{B}_{6\mathrm{q}}\dot{\boldsymbol{X}}_{\mathrm{a}} \tag{5-13}$$

其中，B_{6q}是包含常数的对角矩阵，除了第 j 个元素为（$1-e-2\mu)/(1-e-2\mu e$）外，其他元素均为 1。

在稳态振动时，颗粒与容器壁的碰撞每个周期对称发生两次，分别撞在左侧和右侧的容器壁，于是有

$$\boldsymbol{X}(t)\mid_{\Omega t=\pi}=-\boldsymbol{X}(0)=-\boldsymbol{X}_0 \tag{5-14}$$

$$\dot{\boldsymbol{X}}(t)\mid_{\Omega t=\pi_-}=-\dot{\boldsymbol{X}}(0)_-=-\dot{\boldsymbol{X}}_{\mathrm{b}}=-\boldsymbol{B}_{6\mathrm{q}}\dot{\boldsymbol{X}}_{\mathrm{a}} \tag{5-15}$$

联立式（5-14）、式（5-15）以及式（5-8）、式（5-9），得到

$$\boldsymbol{X}_0=\boldsymbol{S}_7\sin\boldsymbol{\beta}_0+\boldsymbol{S}_8\cos\boldsymbol{\beta}_0 \tag{5-16}$$

$$\dot{\boldsymbol{X}}_{\mathrm{a}}=\boldsymbol{S}_9\sin\boldsymbol{\beta}_0+\boldsymbol{S}_{10}\cos\boldsymbol{\beta}_0 \tag{5-17}$$

由式（5-16）、式（5-17）以及式（5-13），求得

$$\beta_0^{\pm}=\tan^{-1}[(h_1h_3\pm h_2h_4)/(h_2h_3\mp h_1h_4)] \tag{5-18}$$

其中，h_1、h_2、h_3、h_4是$\boldsymbol{S}_7$、$\boldsymbol{S}_8$、$\boldsymbol{S}_9$、$\boldsymbol{S}_{10}$的函数，β_0 由式（5-18）求得。

以上两个过程重复顺次使用，就可以求得颗粒阻尼器系统在全时间历程下的运动形态。

5.2　多自由度结构附加颗粒阻尼器的自由振动

图 5.2 示意了 N 层剪切框架在顶层附加一个非线性的颗粒阻尼器，通过考察加阻尼器前后的系统的加速度和速度来了解颗粒阻尼器对多自由度体系的振动控制效果。

主系统的动力方程为

$$\boldsymbol{M}\ddot{\boldsymbol{X}}+\boldsymbol{C}\dot{\boldsymbol{X}}+\boldsymbol{K}\boldsymbol{X}=\boldsymbol{F}+\boldsymbol{E}\ddot{\boldsymbol{x}}_{\mathrm{g}} \tag{5-19}$$

$$\boldsymbol{M}=\mathrm{diag}[M_1\ M_2,\cdots,M_N] \tag{5-20}$$

$$\boldsymbol{C}=\begin{bmatrix} C_1+C_2 & -C_2 & & \\ -C_2 & C_2+C_3 & -C_3 & \\ & & \ddots & \\ & -C_3 & -C_N & \\ & \ddots & & \\ & -C_N & C_N & \end{bmatrix} \tag{5-21}$$

$$\boldsymbol{K}=\begin{bmatrix} K_1+K_2 & -K_2 & & \\ -K_2 & K_2+K_3 & -K_3 & \\ & & \ddots & \\ & -K_3 & \ddots & -K_N \\ & \ddots & & \\ & & -K_N & K_N \end{bmatrix} \tag{5-22}$$

$$\boldsymbol{X}=(X_1\quad X_2\quad\cdots\quad X_N)^{\mathrm{T}} \tag{5-23}$$

m
N
N-1
⋮
2
1

图 5.2　多自由度体系附加颗粒阻尼器的计算模型示意图

$$\boldsymbol{F}=(0 \quad 0 \quad \cdots \quad F_N)^{\mathrm{T}} \tag{5-24}$$

$$\boldsymbol{E}=(-M_1 \quad -M_2 \quad \cdots \quad -M_N)^{\mathrm{T}} \tag{5-25}$$

式中，$\boldsymbol{F}$、$\boldsymbol{E}$、$\ddot{x}_{\mathrm{g}}$ 分别是接触力向量、地面加速度引起的矩阵和地面加速度。

下面以三层框架为例，考察多自由度结构附加颗粒阻尼器在不同动力荷载下的性能。该主系统的临界阻尼比 $\zeta=0.01$，自振频率为 $f_1=1.58\mathrm{Hz}$，$f_2=4.44\mathrm{Hz}$，$f_3=6.41\mathrm{Hz}$。本章首先讨论自由振动的情况，在不同的楼层施加冲击荷载来考察激励输入位置的影响。采用一个钢颗粒，质量比（颗粒质量和主系统的质量之比）$\mu=0.03$，直径 25mm，净距 60mm。

附加阻尼器的主系统的动力响应比未附加阻尼器的系统衰减得更快。图 5.3 和图 5.4 分别画出了各个楼层的一段典型的加速度和速度的时程曲线，冲击激励施加在第一层。可以看到，在顶层颗粒与容器壁的碰撞发生的时刻，加速度会突然变大，此后该冲击迅速地减小了各个楼层的动力响应。当顶层的运动变小，不足以让颗粒产生碰撞以后（这依赖于净距、振动幅度和其他一些参数），结构仅在自身阻尼的作用下逐步衰减自由振动。若没有安装阻尼器，系统响应就不会在初始阶段迅速减小，振动仅以很慢的指数形式衰减，一直会延续很长时间，如图虚线所示。此外，需要指出，第三层，也就是安装阻尼器的那一层的加速度响应在颗粒碰撞的时候会很大，尽管在其他楼层并不显著。对于速度响应，在颗粒碰撞的时候，并不存在速度的突变，这是因为速度是加速度的积分结果。

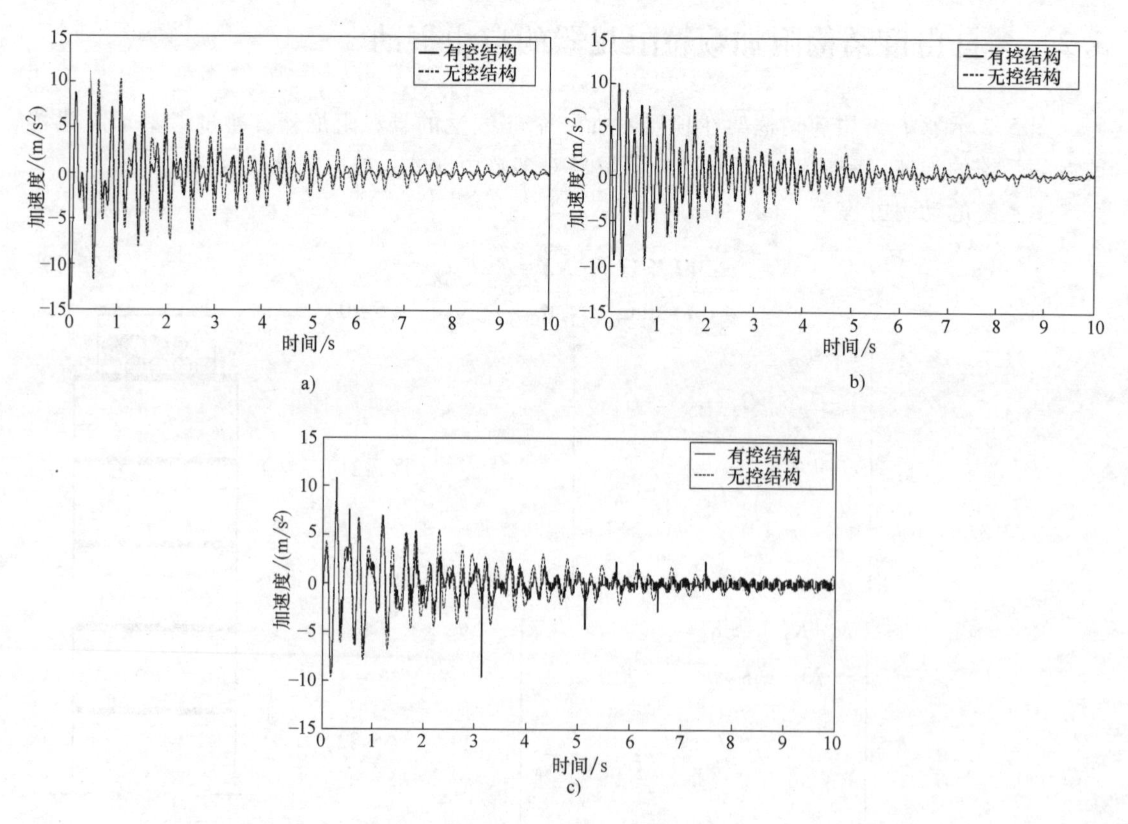

图 5.3　主系统的加速度时程响应（激励施加在第一层）

a）第一层　b）第二层　c）第三层

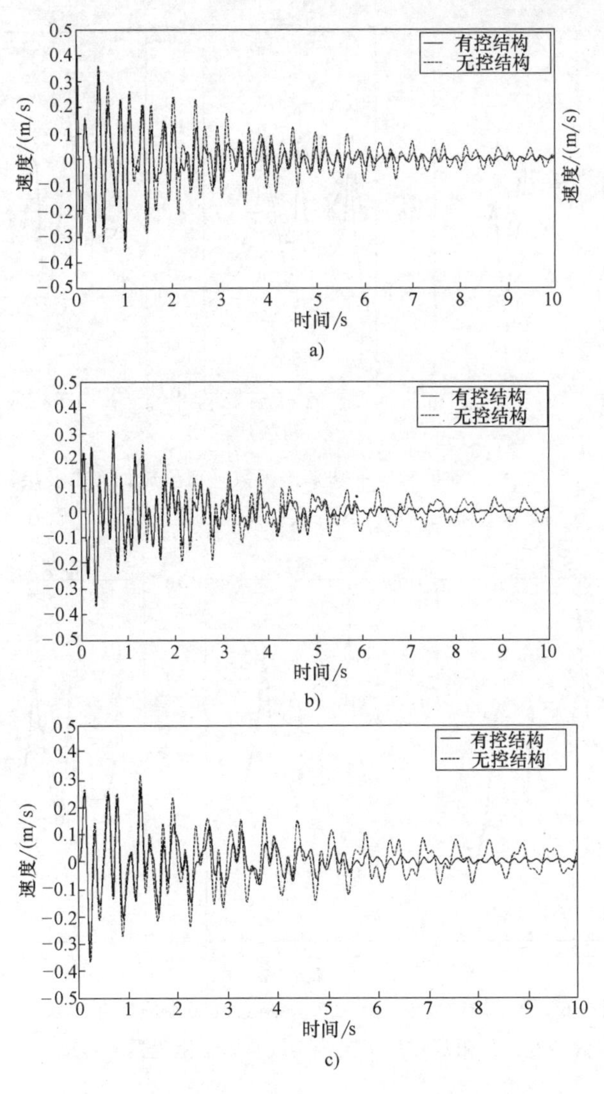

图 5.4　主系统的速度时程响应（激励施加在第一层）
a）第一层　b）第二层　c）第三层

图 5.5、图 5.6 和图 5.7 示意了速度响应的功率谱函数，激励分别施加在第一层、第二层和第三层，为了便于比较，功率谱以对数坐标画出。可以看到，无论激励施加在哪一个楼层，附加阻尼器的结构的第一振型响应都有明显的减小；然而，高阶模态的振动控制效果受到激励施加位置的影响。特别的，比较图 5.6 和图 5.7，各个楼层第三阶模态的振动控制效果在激励施加于第三层的时候要好于激励施加在第二层的情况。

此外，某一振型被激起的程度依赖于激励施加的位置，若该振型被显著地激发，则相应的控制效果就明显。以第二阶模态为例说明：该模态在第一层和第三层输入激励的时候被显著激发，如图 5.5 和图 5.7 所示，阻尼器的减震效果就明显；在第二层输入激励的时候基本未被激发，则相应的减震效果就差，如图 5.6 所示，这是因为此时该层正好位于二阶模态振动反弯点的位置。以上现象在 Li 的试验当中也被观察到[199]。

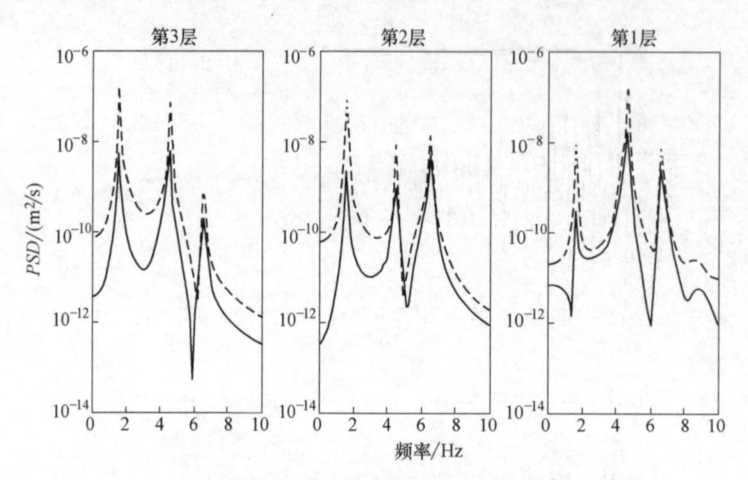

图 5.5　主系统速度响应的功率谱函数（激励施加在第一层，虚线是未加阻尼器的工况，实线是附加阻尼器的工况）

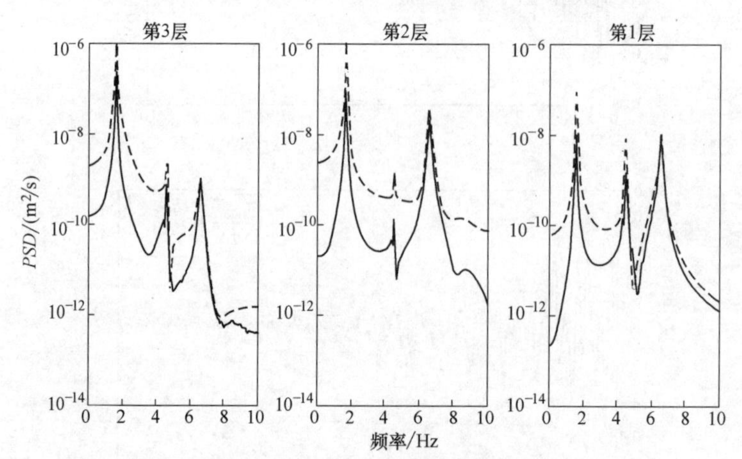

图 5.6　主系统速度响应的功率谱函数（激励施加在第二层，虚线是未加阻尼器的工况，实线是附加阻尼器的工况）

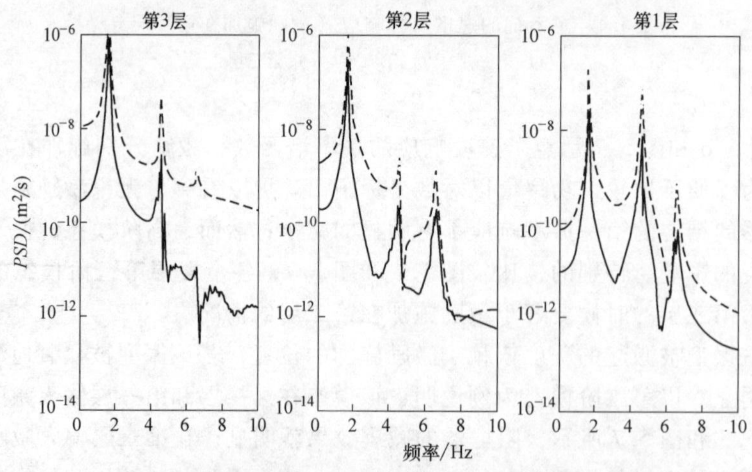

图 5.7　主系统速度响应的功率谱函数（激励施加在第三层，虚线是未加阻尼器的工况，实线是附加阻尼器的工况）

5.3　多自由度结构附加颗粒阻尼器的随机振动

本节讨论附加颗粒阻尼器的三自由度系统在稳态随机激励下的动力特性，考察不同的系统参数，分析其对阻尼器性能的影响。由于各个楼层的减震效果相差不大，为了便于演示，接下来的讨论仅以第一层结构的响应为例，其他参数为恢复系数 $e=0.75$，摩擦系数 $\mu_s=0.5$，容器宽度 $d_y/\sigma_{x0,1}=7.5$，颗粒直径 $d/\sigma_{x0,1}=1.4$。

5.3.1　参数分析

1. 阻尼器位置的影响

图 5.8 可见，阻尼器的效果随着其位置相对于地面的高度变高而变好，这是因为越高的楼层产生的位移越大，主系统在碰撞颗粒的时候，能够把更多的动能传输给颗粒，这也提高了有效动量交换和能量耗散的效率。

2. 主结构阻尼的影响

由图 5.9a 可见，随着主体结构阻尼的减小，阻尼器的减震效果会变好，这主要是因为主结构的阻尼很小时，无控结构的响应会很大，相应地，加了阻尼器的系统的响应的折减也就增大了。因此，阻尼器的效果对于仅有微小阻尼的系统最好。

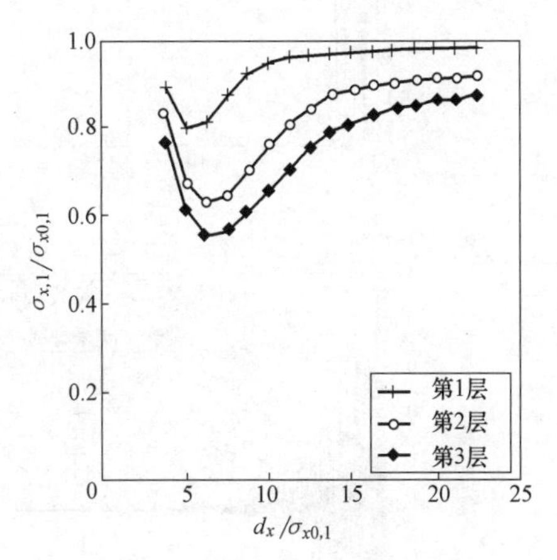

图 5.8　主系统第一楼层的均方根响应（系统参数：$\zeta=0.01$，$\mu=0.05$（阻尼器位置的影响））

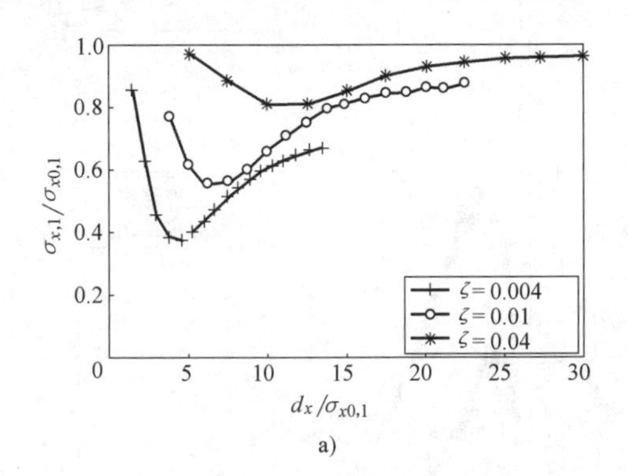

a)

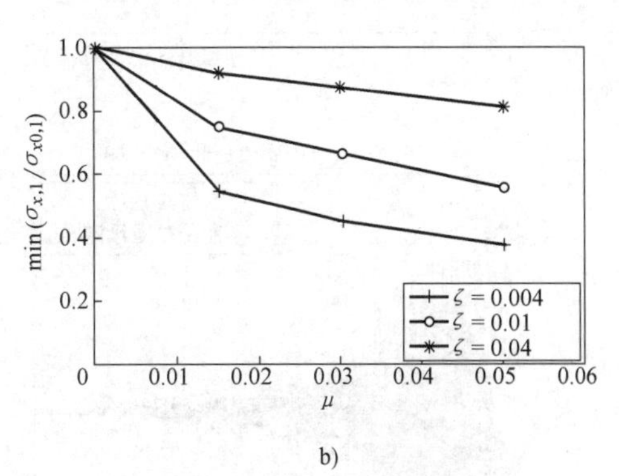

b)

图 5.9　主结构阻尼的影响（系统参数：$\mu=0.05$（主系统阻尼的影响））

a）在第三层附加颗粒阻尼器的主系统第一楼层的均方根响应　b）主系统阻尼和颗粒质量比对阻尼器性能的影响

图 5.9b 总结了颗粒质量比和主系统阻尼对于颗粒阻尼器最佳性能的影响。显然，对于给定的阻尼比，最佳减震量并不是质量比的线性函数。而且可以看到，只要设计合理，哪怕是很小的附加质量比都可以很大程度地减小主系统的均方根振动响应。

5.3.2　多自由度体系附加颗粒阻尼器的非平稳随机振动

在上一节考虑稳态随机振动的基础上，本节考察非平稳振动的情况。在平稳激励 $n(t)$

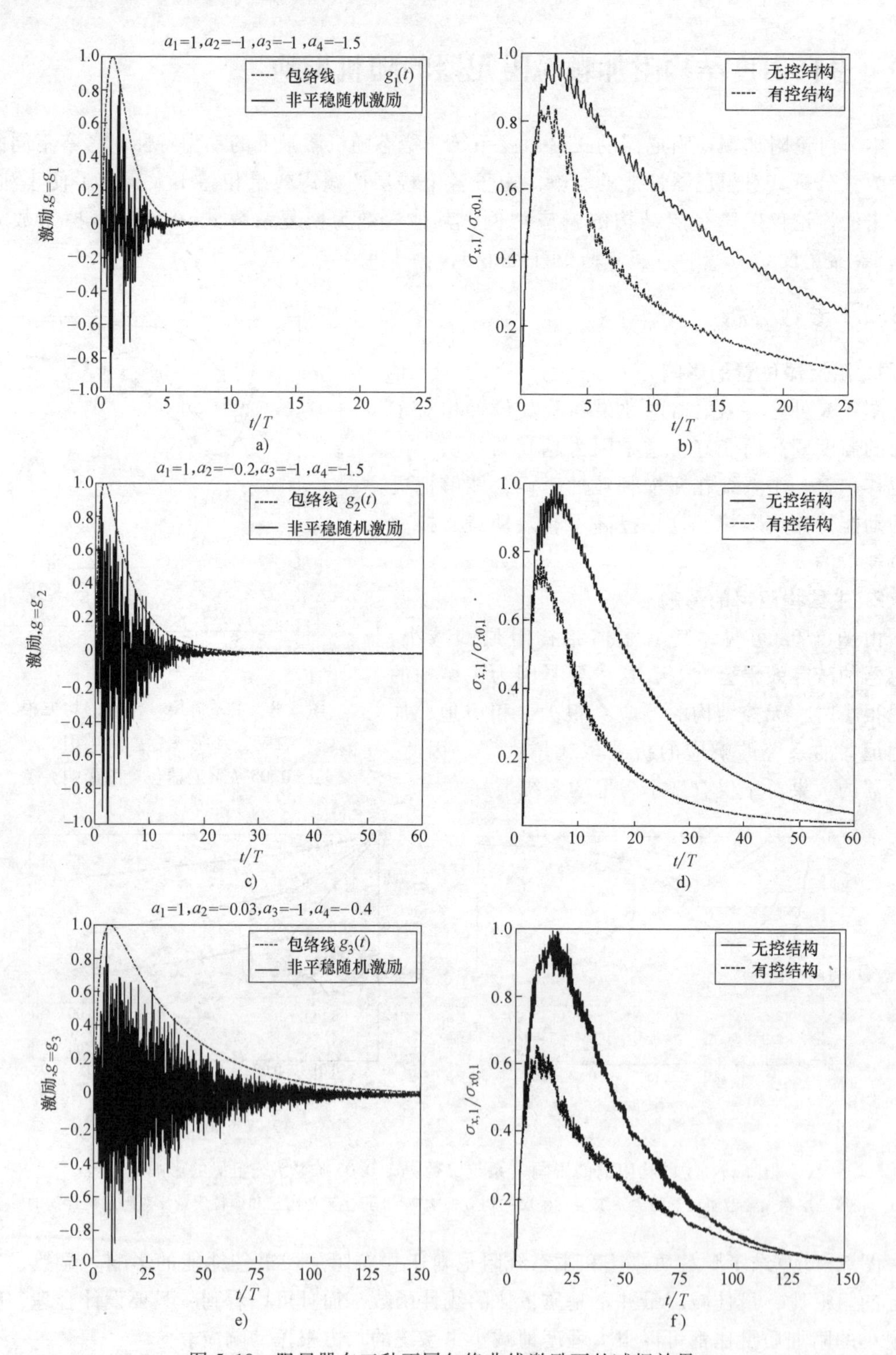

图 5.10　阻尼器在三种不同包络曲线激励下的减振效果

（系统参数：$\zeta=0.01$，$\mu=0.05$，$d_x=d_{\mathrm{opt}}$。a）、b）包络曲线 $g_1(t)=\exp(-t)-\exp(-1.5t)$　c）、d）包络曲线 $g_2(t)=\exp(-0.2t)-\exp(-1.5t)$　e）、f）包络曲线 $g_1(t)=\exp(-0.03t)-\exp(-0.4t)$）

a）、c）、e）包络曲线和相应的非平稳随机激励　b）、d）、f）主系统第一楼层的瞬态均方根位移响应

的基础上，通过乘以一个包络曲线 $g(t)$，便可以得到一个非平稳随机过程 $s(t)$[200]

$$s(t)=g(t)n(t) \tag{5-26}$$

$$g(t)=a_1\exp(a_2t)+a_3\exp(a_4t) \tag{5-27}$$

通过合理选择 a_1、a_2、a_3、a_4，可以产生多种不同类型的非平稳过程，包括类似地震波的非平稳激励。

非各态历经过程的均方根通过把许多响应记录的值取平均得到，在本节讨论的情况下，当统计的记录超过 200 个时，均方根响应基本不会再变化。采用三种不同的包络曲线，分别对应“快速衰减”“中速衰减”以及“慢速衰减”。

图 5.10 示意了阻尼器在三种不同包络曲线激励下的减震效果。在这几种工况的数值模拟中，均方根采用了至少 200 条记录的平均值，且最佳容器长度基于均方根响应峰值的最大折减而求得。

表 5.1 列出了三种不同工况下，主系统第一楼层的均方根位移峰值之比（$\sigma_{\max,1}/\sigma_{0\max,1}$），以及均方根位移时程曲线所包围的面积之比$\left(\int\sigma_{x,1}\mathrm{d}t/\int\sigma_{x0,1}\mathrm{d}t\right)$。从该表可以看到，颗粒阻尼器能有效减小均方根位移时程曲线包围的面积（事实上，这是响应能量的一个度量），然而，阻尼器对于位移响应峰值的折减效果并不明显，尤其是包络曲线持时很短的工况。这个现象发生的原因还是在于阻尼器产生作用的物理本质：颗粒需要经过一定的时间，才能完成与主系统的动量传递，从而获得足够的动量来产生有效的减震作用。当包络曲线持时增加的时候，阻尼器的性能得到提高并慢慢接近于平稳振动的情况。

表 5.1　主系统第一楼层非平稳振动数值模拟的结果汇总

包络曲线 $g(t)$	均方根位移峰值比率（$\sigma_{\max,1}/\sigma_{0\max,1}$）	均方根位移时程曲线包围面积之比（$\int\sigma_{x,1}\mathrm{d}t/\int\sigma_{x0,1}\mathrm{d}t$）
$g_1(t)$	0.85	0.54
$g_2(t)$	0.79	0.47
$g_3(t)$	0.66	0.61

比如：对于 $g(t)=g_3(t)$ 的工况，非平稳激励持时大约是系统周期的 150 倍，均方根响应峰值的折减为 34%，这与相应的平稳激励下的折减接近（图 5.10b 显示同样的系统参数下，相应的稳态振动折减约为 42%）。

图 5.11 考察了不同颗粒质量比的情况下，阻尼器在减小振动响应和能量方面的效果，可见随着质量比的增大，效果会变好，但并非是线性增加，且抑制振动能量的效果要好于抑制振动位移的效果。

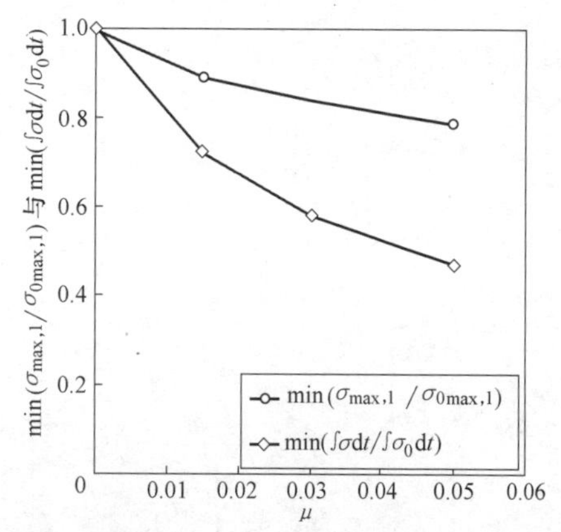

图 5.11　颗粒质量比对阻尼器在非平稳振动下性能的影响，激励包络曲线 $g(t)=g_2(t)$（系统参数：$\zeta=0.01$，$d_x=d_{\mathrm{opt}}$）

另一方面，瞬态振动的均方根位移峰值（$\sigma_{\max}$）也一定程度上反映了实际位移峰值（x_{peak}）的大小。图 5.12 统计了超过 200 条记录的实际位移峰值的概率密度函数和累积分布函数，可见：实际峰值响应小于瞬态均方根响应峰值的三倍的可靠度至少有 98%（$P(x_{1,\mathrm{peak}}<3\sigma_{x1,\max})>98\%$）。因此，实际位移峰值响应的统计信息事实上已经包含在瞬态位移均方根响应的曲线里面了。

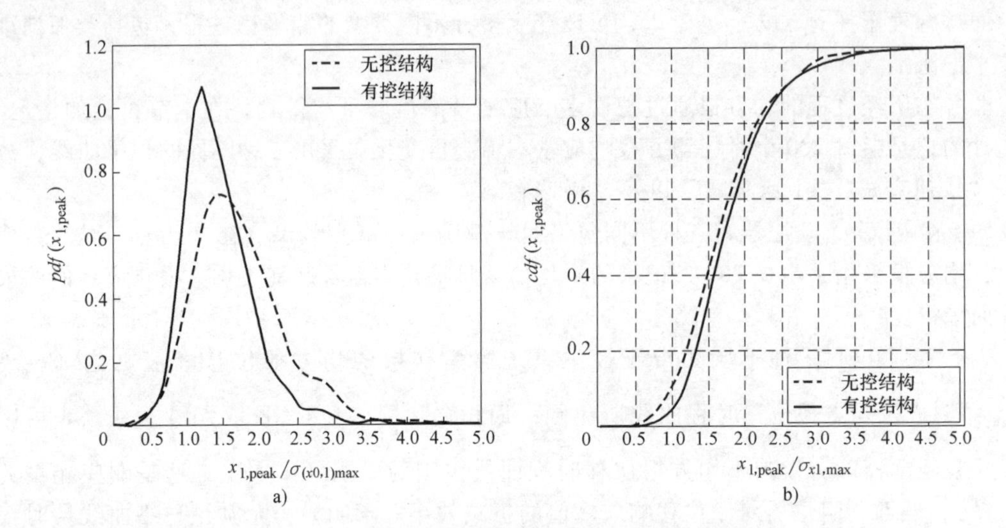

图 5.12　主系统第一楼层实际位移峰值响应的

（系统参数：$\zeta=0.01$，$\mu=0.05$，$d_x=d_{\mathrm{opt}}$。从累积分布函数曲线可见，$P(x_{1,\mathrm{peak}}<3\sigma_{x1,\max})>98\%$）

a）概率密度函数　b）累积分布函数（阻尼器设置在顶层，施加非平稳随机激励且包络曲线为 $g(t)=g_2(t)$）

第6章 颗粒阻尼技术振动台试验研究

前面5章由浅入深、由简单到复杂地对单自由度结构、双自由度结构以及多自由度结构附加颗粒阻尼器的性能作了详尽的理论分析，探讨了不同参数对系统性能的影响，并发现了一些表征颗粒阻尼器最优工作的状态参量和运动特点，得到了一些有意义的结果。由于颗粒阻尼器减震技术是一项较新的结构控制技术，尤其是对其在土木工程领域中的应用所做的研究工作并不多；而且其组成结构的特点使得整个系统成为一个高度非线性的系统，从而该系统结构模型的振动台试验显得非常重要。本章在前5章理论研究的基础上，分别在三层单跨钢框架和五层单跨钢框架模型中安装了颗粒阻尼器（多单元多颗粒阻尼器），并对其进行了振动台试验，以进一步研究该装置的减震性能，并与数值分析结果作比较，进一步验证第3章提出的颗粒阻尼器数值分析模型的准确性。

6.1 三层框架附加颗粒阻尼器的振动台试验

6.1.1 试验设计

试验采用的结构模型是一个三层钢框架模型，其平面和立面如图6.1所示。框架层高2m，平面尺寸为1.95m×1.9m，框架柱采用10号工字钢，框架主梁采用12.6号槽钢，次梁采用10号槽钢，各结构构件采用焊接连接。

为了使框架的基频在1.0Hz左右，（一般高层结构的基频），在结构各层上放置了质量块，质量块通过螺栓连接在次梁上或顶层的钢板上。试验时，一层到三层的实际质量（包含结构自重）分别为1915kg、1915kg和2124kg。该框架的阻尼比为0.013，前三阶自振频率分别为1.07Hz、3.2Hz和4.8 Hz。

多单元多颗粒阻尼器由钢板组成，分为4个相同并且沿着振动方向对称的立方体铁盒，尺寸为：长0.49m×宽0.49m×高0.5m。每个铁盒子内分别放置63个钢球，直径为50.8mm，总计质量135kg，占系统总体质量的2.25%。

为了研究颗粒阻尼器体系的减震效果，分别对附加和不附加阻尼器的框架模型进行了模型震动台试验。为了检验该体系在不同频谱特性地震波作用下的减震效果，采用了四种地震波，它们分别是Kobe波（1995，SN）、El Centro波（1940，SN）、Wenchuan波（2008，SN）和上海人工波（1996，SHW2）。地震波的加速度变化范围为0.05g~0.2g，时间步长为0.02s，各地震波的时域和频域特性如图6.2所示。整个试验中，振动台仅沿框架柱刚度较弱方向振动。在框架模型的各层布置了加速度计和位移计，以监控其振动响应。

Kobe波是1995年1月17日日本阪神地震（M7.2）中，神户海洋气象台在震中附近的

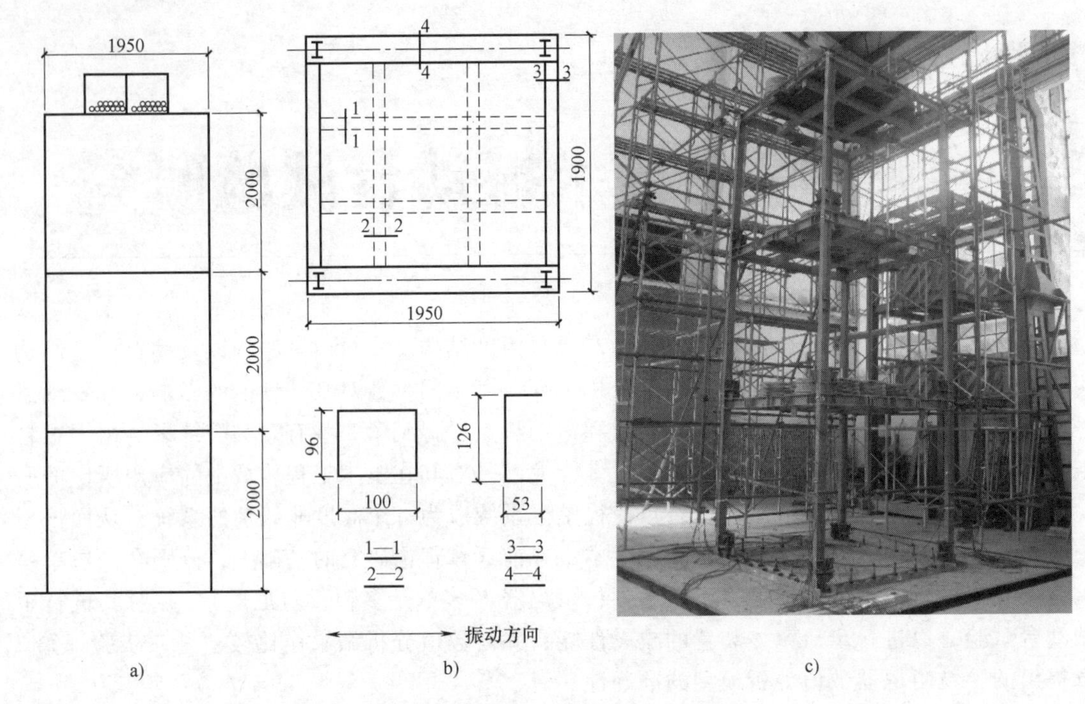

图 6.1　附加多单元多颗粒阻尼器的试验框架模型（单位：mm）

a）立面图　b）平面图　c）模型照片

加速度时程记录。这次地震是典型的城市直下型地震，记录所在的神户海洋气象台的震中距为 0.4km。原始记录离散加速度时间间隔为 0.02s，N-S 分量、E-W 分量和 U-D 分量加速度峰值分别为 818.02gal、617.29gal 和 332.24gal。试验中选用 N-S 分量作为 X 向输入。

El Centro 波是 1940 年 5 月 18 日美国 IMPERIAL 山谷地震（M7.1）在 El Centro 台站记录的加速度时程，它是广泛应用于结构试验及地震反应分析的经典地震记录。原始记录离散加速度时间间隔为 0.02s，N-S 分量、E-W 分量和 U-D 分量加速度峰值分别为 341.7gal、210.1gal 和 206.3gal。试验中选用 N-S 分量作为 X 向输入。

Wenchuan 波是 2008 年 5 月 12 日中国四川省汶川县（M8.0）在卧龙镇台站记录的加速度时程。原始记录离散加速度时间间隔为 0.005s，N-S 和 U-D 分量加速度峰值分别为 652.851gal 和 948.103gal。试验中选用 N-S 分量作为 X 向输入。

上海人工波（SHW2）的主要强震部分持续时间为 50s 左右，全部波形长为 78s，加速度波形离散时间间隔为 0.02s。

6.1.2　振动台试验结果

1. 模型顶层位移反应

框架顶层最大位移在抗震设计中是一个重要的参数，而在评估结构的损伤时，仅给出结构位移的峰值是不够的，还需要研究该反应在整个时间历程上的特性，在随机振动中通常用均方根响应来表示随机变量的能量水平，均方根的表达式为

$$rms = sqrt\left(\frac{1}{n}\sum_{i=1}^{n} x_i^2\right) \tag{6-1}$$

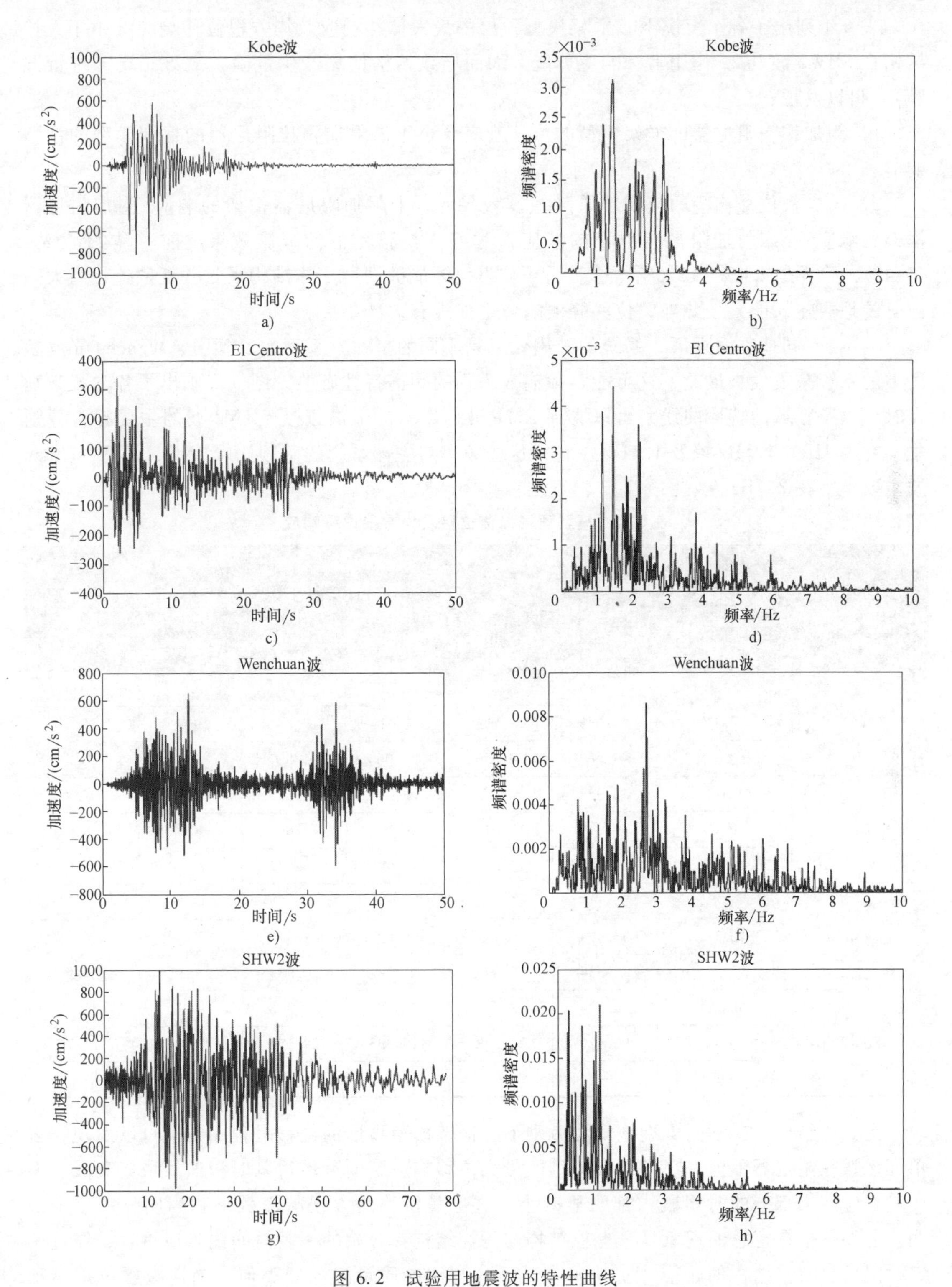

图 6.2　试验用地震波的特性曲线

（a、c、e、g 是时程曲线，b、d、f、h 是频谱特性曲线）

a)、b) Kobe 波　c)、d) El Centro 波　e)、f) Wenchuan 波　g)、h) SHW2 波

表6.1列出了各个工况下，框架模型顶层的最大位移响应及均方根位移响应（由于无控结构在SHW2波0.2g作用下，响应可能太大而导致结构倒塌产生危险，故该工况未进行试验）。可以发现：

1）附加颗粒阻尼器的框架模型的位移响应要小于未附加颗粒阻尼器的框架模型的位移响应。

2）均方根位移响应的减震效果（减震效果=（未附加阻尼器框架的响应-附加阻尼器框架的响应）/未附加阻尼器框架的响应）远好于位移峰值的减震效果。前者是11.7%~40.4%，后者是4.4%~18.6%。这说明颗粒阻尼器能够帮助主体结构吸收并耗散掉相当大一部分的地震输入能量。此外，位移峰值响应也能被有效减小。

3）在不同地震输入下，系统的减震效果是不同的。在本系列的试验中，Wenchuan波激励下的系统减震效果最差，这可能是和输入激励的频谱特性有关。图6.2画出了各输入激励在时域以及频域的特性曲线，可以看到Kobe波、El Centro波以及SHW2波的主要频率分别集中在1.4Hz、1.5Hz以及1.1Hz左右，这些频率与主体系统的基频比较接近，而Wenchuan波主要集中在2.7Hz左右。

表6.1　模型顶层峰值位移及均方根位移响应

地震波类型	加速度峰值/g	附加阻尼器框架		不附加阻尼器框架		减震效果/(%)	
		峰值位移/mm	均方根位移/mm	峰值位移/mm	均方根位移/mm	峰值位移	均方根位移
Kobe	0.05	38.335	7.385	42.727	12.401	10.3	40.4
	0.1	66.665	12.899	73.984	19.882	9.9	35.1
	0.2	110.979	17.356	116.063	21.807	4.4	20.4
El Centro	0.05	30.366	6.552	33.131	10.525	8.3	37.7
	0.1	49.319	11.044	53.936	18.095	8.6	39.0
	0.2	81.416	15.308	92.143	24.672	11.6	38.0
Wenchuan	0.05	23.118	5.915	26.073	6.699	11.3	11.7
	0.1	43.994	10.991	47.435	12.470	7.3	11.9
	0.2	73.354	18.063	78.938	20.889	4.5	13.5
SHW2	0.05	70.774	18.337	83.027	29.306	14.8	37.4
	0.1	96.420	23.228	118.393	29.656	18.6	21.7
	0.2	—	—	—	—	—	—

图6.3给出了在不同类型地震波激励下，框架模型顶层的位移时程曲线。可以发现，多单元多颗粒阻尼器不但减小了框架模型的最大位移响应，而且使得其时程曲线快速衰减，因而其响应在大部分的时间段内都明显减小。这也是位移均方根减震效果相当明显的一个证明。另外一个有意思的现象是，有控结构与无控结构在开始的一段时间内响应重合，经过一定时间后，有控结构的响应才更快地衰减。这与调谐质量阻尼器类似，前期减震效果不理想，后期效果变好。其原因是颗粒与容器壁的碰撞的产生需要一定的时间，经过一定的碰撞后，颗粒阻尼器通过动量交换的方式，开始消耗地震波输入的能量。

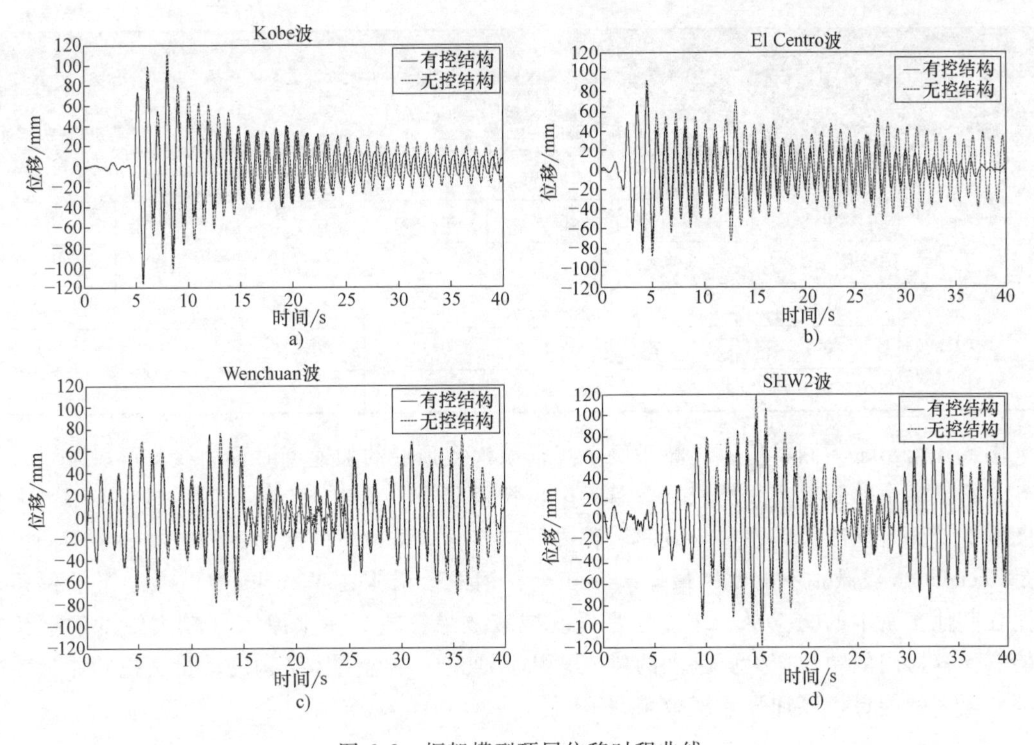

图 6.3　框架模型顶层位移时程曲线

a) Kobe 波（0.2g）　b) El Centro 波（0.2g）　c) Wenchuan 波（0.2g）　d) SHW2 波（0.1g）

2. 模型顶层最大加速度反应和一层层间位移反应

颗粒阻尼器不仅能够减小主体结构的位移响应，而且能减小其层间位移和加速度响应。表 6.2 列出了模型顶层最大加速度反应和一层层间位移反应。可以发现，在除 Wenchuan 0.2g 工况以外的所有工况下，有控结构的加速度和层间位移响应均小于无控结构，但是一层层间位移的减震效果（0.1%～6.4%）没有顶层加速度减震效果好（2.3%～19.1%），这可能是因为阻尼器的安装位置在顶层的缘故。和表 6.1 一样，在表 6.2 中也可以发现附加颗粒阻尼器的钢框架在 Wenchuan 波激励下的减震效果最差，尤其是顶层加速度在 0.2g 工况下还有放大现象。这也从另一个方面说明颗粒阻尼器系统的性能与输入激励相关的复杂性。

表 6.2　模型顶层最大加速度响应和一层层间位移响应

地震波类型	加速度峰值/g	附加阻尼器框架		不附加阻尼器框架		减震效果/(%)	
		顶层加速度/g	一层层间位移/mm	顶层加速度/g	一层层间位移/mm	顶层加速度	一层层间位移
Kobe	0.05	0.213	19.185	0.240	20.498	11.3	6.4
	0.1	0.366	33.713	0.398	33.749	8.0	0.1
	0.2	0.591	58.178	0.637	59.025	7.2	1.4
El Centro	0.05	0.178	18.080	0.198	18.419	10.1	1.8
	0.1	0.296	29.627	0.311	30.703	4.8	3.5
	0.2	0.501	52.471	0.567	55.743	11.6	5.9

（续）

地震波类型	加速度峰值/g	附加阻尼器框架		不附加阻尼器框架		减震效果(%)	
		顶层加速度/g	一层层间位移/mm	顶层加速度/g	一层层间位移/mm	顶层加速度	一层层间位移
Wen chuan	0.05	0.168	14.335	0.172	14.757	2.3	2.9
	0.1	0.318	26.947	0.345	28.479	7.8	5.4
	0.2	0.474	60.269	0.452	60.833	-4.9	0.9
SHW2	0.05	0.362	35.587	0.430	37.155	15.8	4.2
	0.1	0.473	58.534	0.586	60.075	19.1	2.6
	0.2	—	—	—	—	—	—

图6.4给出了不同类型地震波激励下，框架模型顶层的加速度时程曲线。可以发现，与图6.3给出的位移时程曲线类似，多单元多颗粒阻尼器在大部分工况下，不但减小了最大加速度响应，而且能减小其在整个时间历程内的响应，但是在不同激励下的减震效果不同，尤其是Wenchuan波激励下的效果最差。事实上，钢框架结构在Wenchuan波激励下的位移响应比在其他激励下的响应要小，这也是系统减震效果较差的一个原因（较大幅度的框架响应能够使容器内的颗粒产生更剧烈的碰撞，从而通过颗粒与主体结构的动量交换和能量耗散来消耗更多的能量，以加强减震效果）。

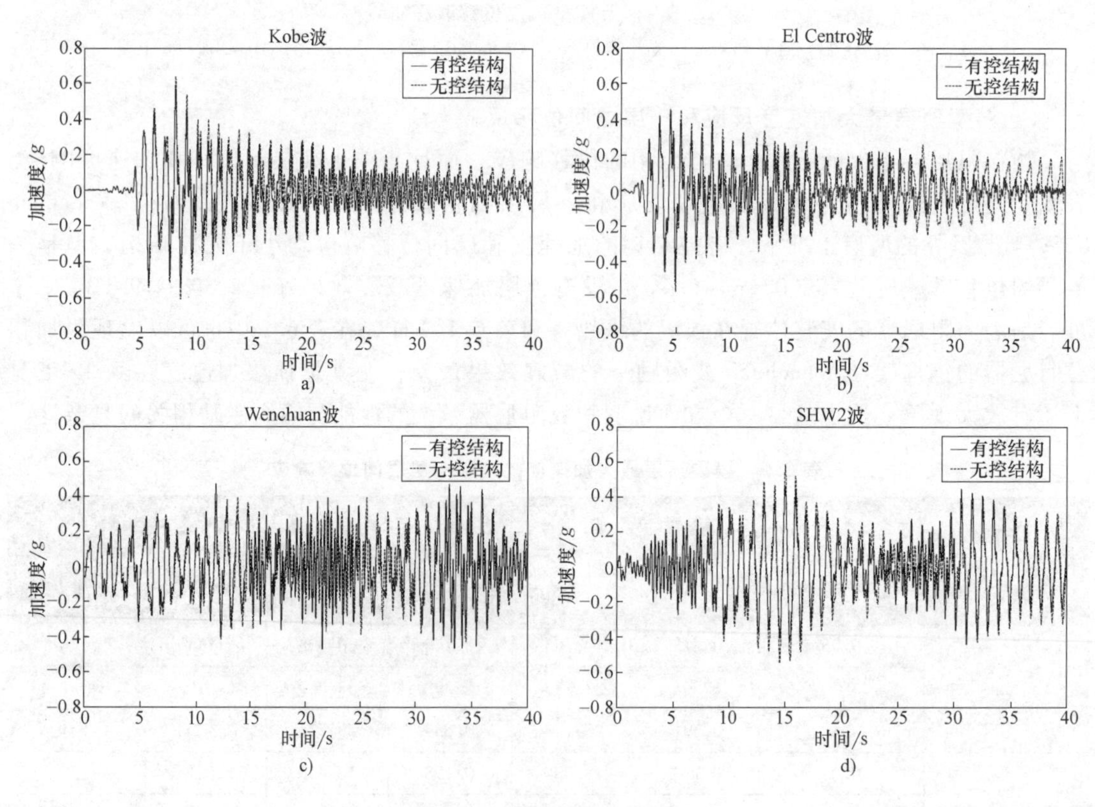

图6.4　框架模型顶层加速度时程曲线

a）Kobe波（0.2g）　b）El Centro波（0.2g）　c）Wenchuan波（0.2g）　d）SHW2波（0.1g）

3. 模型各层最大位移和最大加速度反应曲线

图6.5画出了在不同地震激励下，试验模型各层的最大位移和最大加速度响应曲线。可以看到，基本上框架每一层的振动响应都能被减小，尽管减小的程度不太一样。由于结构体系类似于频率过滤器，在地震波向上传递的过程中，高频部分逐渐被过滤掉，振动的频率逐渐以基频为主。但在结构底层反应中，高频部分占的比重有可能较大。由于加速度与频率的二次方成正比，既然底层的加速度反应含有高频分量，因此，尽管底层位移较小，也有可能底层的加速度会大于顶层[50]，这在图6.5c中可以看到。

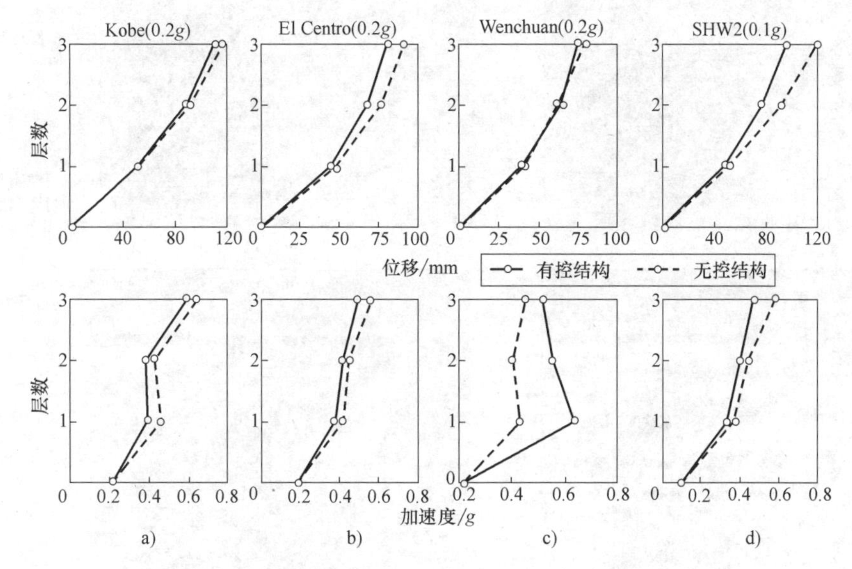

图6.5 框架模型各层的最大位移和最大加速度响应曲线

a) Kobe波（0.2g） b) El Centro波（0.2g） c) Wenchuan波（0.2g） d) SHW2波（0.1g）

4. 典型试验反应过程

图6.6从试验模型响应的录像中截屏了一系列图片，反映了多单元多颗粒阻尼器在一定时间段内的典型运动过程。可以看到，在一定的时间历程中，颗粒团以颗粒流的形式运动，即这些颗粒团聚在一起，基本朝一个方向共同运动，待完成与容器壁的碰撞以后，再一起朝相反的方向运动，而不是各个方向杂乱无章的随机运动。这与第4章的理论分析结果是一致的，也与单颗粒阻尼器的最优控制条件（即颗粒在一个周期内与容器壁产生两次碰撞）类似[86]。

5. 试验结果讨论

通过以上试验结果的分析可以看到：附加多单元多颗粒阻尼器的钢框架在Kobe波、El Centro波和SHW2波输入下，都能够得到较好的振动控制效果（包括顶层位移响应、均方根位移响应和顶层最大加速度响应等），其中尤以反映振动能量的均方根响应的减震效果最好，这从响应的时程曲线上面也能看到。在Wenchuan波输入下的减震效果最差，尤其是0.2g工况的时候，加速度反应还有所放大。这一方面和输入激励的特性有关（Wenchuan波的频谱特性说明其主要频率集中在2.7Hz左右，而其他波的主要频率比较接近于主体框架的自振频率，即1Hz）；另一方面也和钢框架在Wenchuan波输入下的位移响应较小有关。钢框架的响应较小，导致颗粒与主体结构的碰撞不够剧烈，从而两者之间的动量交换和能量耗散也就相对较少，减震效果也较差。

与调谐质量阻尼器类似，多单元多颗粒阻尼器的前期减震效果不理想，后期的减震效果较好。这是由于颗粒与容器壁的碰撞以及这些碰撞的颗粒形成颗粒流的运动形式，需要一定的时间。

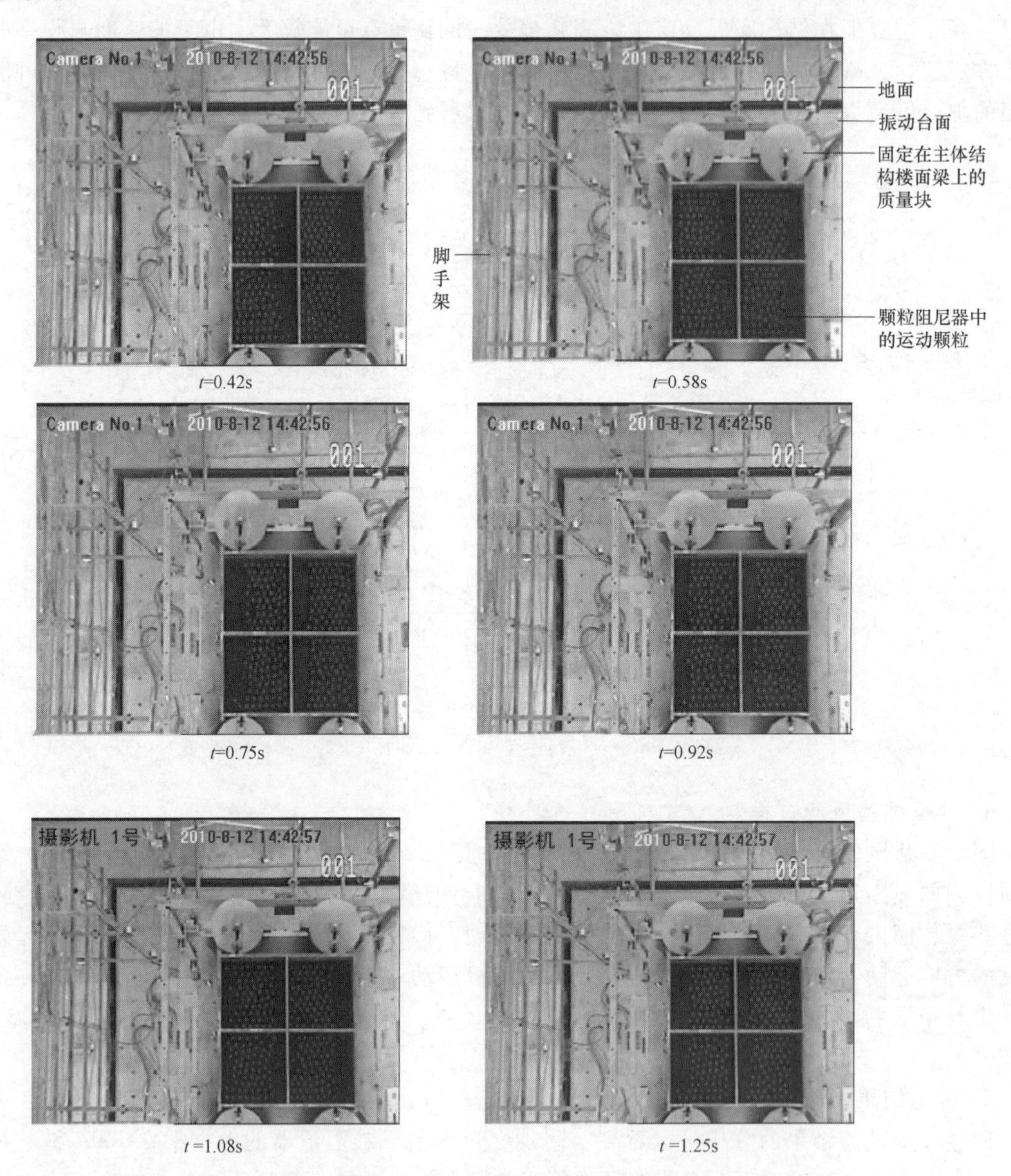

图 6.6　附加多单元多颗粒阻尼器的试验框架模型在 El Centro 波（0.2g）激励下的典型试验反应过程

6.1.3　离散元数值模型验证

为了验证第 3 章提出的颗粒阻尼器球状离散元数值模型的可行性和正确性，将试验模型的一些结构参数输入到编制的程序中，以观察计算结果是否与试验结果吻合良好。

根据试验记录，从采集的台面加速度时程曲线中截取一个完整波作为计算输入波，将依据此波计算出来的结果与同时采集的模型顶层位移时程曲线相比较，通过理论与实测曲线的符合程度来验证所提的数值模型和算法的正确性。在进行数值模拟时，为方便起见，将各质点的位移和速度初值赋为零。因此，计算结果与试验记录相比较，在起始段会有一定出入。随着计算过程的逐步进行，初值选取对结构体系反应的影响将逐步减小。

数值模型和算法以及计算模型可详见本文第 3 章。

试验框架模型的质量、刚度和阻尼比如下，用于计算的系统参数见表 6.3。

$$\boldsymbol{M}=\begin{pmatrix}1915 & 0 & 0\\ 0 & 1915 & 0\\ 0 & 0 & 2124\end{pmatrix}\text{kg},\boldsymbol{K}=\begin{pmatrix}933000 & -466500 & 0\\ -466500 & 933000 & -466500\\ 0 & -466500 & 466500\end{pmatrix}\text{N/m},\zeta_1=0.013$$

表 6.3　系统参数取值

系统参数	数　值
容器单元数目	4
颗粒总数	63×4(μ=2.25%)
颗粒直径/mm	50.4
颗粒密度/(kg/m^3)	7800
摩擦系数	0.5
阻尼器的临界阻尼比	0.1
颗粒与容器壁弹簧刚度/(N/m)	100000
颗粒间弹簧刚度/(N/m)	100000

图 6.7、图 6.8、图 6.9 和图 6.10 分别画出了附加多单元多颗粒阻尼器的框架模型顶层在 0.1g 和 0.2g 各个地震激励下的位移和加速度时程的计算值和试验值的对比曲线，可以发现两者符合得较好。表 6.4 列出了模型顶层位移峰值在不同地震激励下的计算值与试验值的对比，发现两者也基本符合。这些都说明本文提出的数值模型和分析方法能够一定程度上比较准确地计算出附加颗粒阻尼器系统在实际地震激励下的响应。

表 6.4　模型顶层最大位移响应计算值与试验值对比

地震波类型	加速度峰值/g	计算值/mm	试验值/mm	误差(%)
Kobe	0.05	37.726	38.335	-1.6
	0.1	67.638	66.665	1.5
	0.2	114.519	110.979	3.2
El Centro	0.05	29.713	30.366	-2.2
	0.1	49.472	49.319	0.3
	0.2	84.206	81.416	3.4
Wenchuan	0.05	22.418	23.118	-3.0
	0.1	42.113	43.994	-4.3
	0.2	77.174	75.354	2.4
SHW2	0.05	69.821	70.774	-1.3
	0.1	98.465	96.420	2.1
	0.2	—	—	—

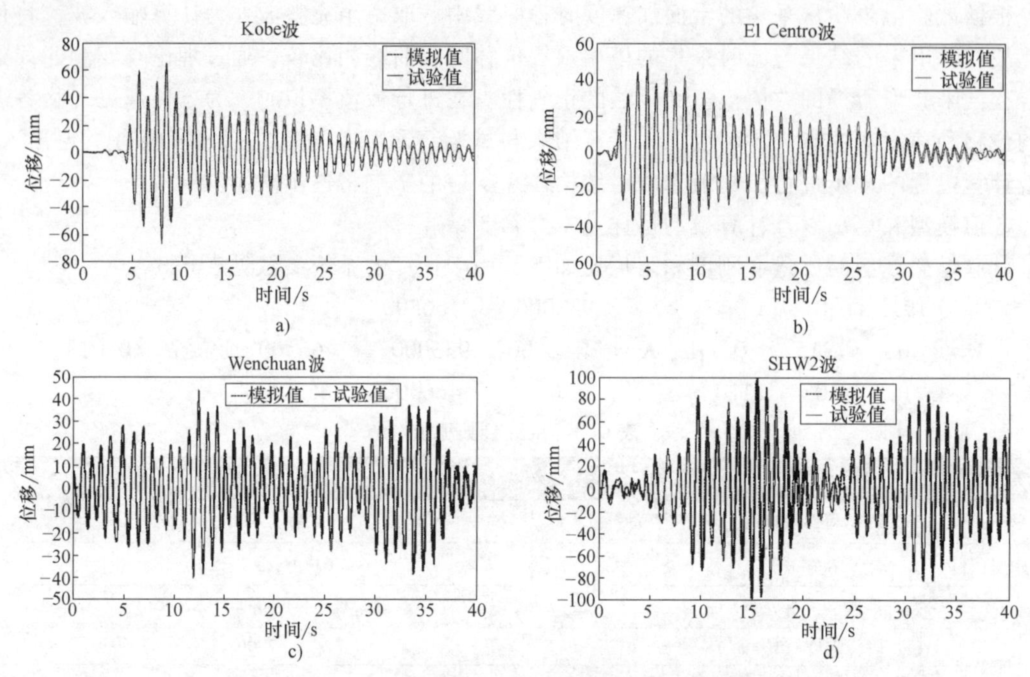

图 6.7 附加多单元多颗粒阻尼器的试验框架模型在 0.1g 地震激励下的顶层位移时程曲线

a）Kobe 波 b）El Centro 波 c）Wenchuan 波 d）SHW2 波

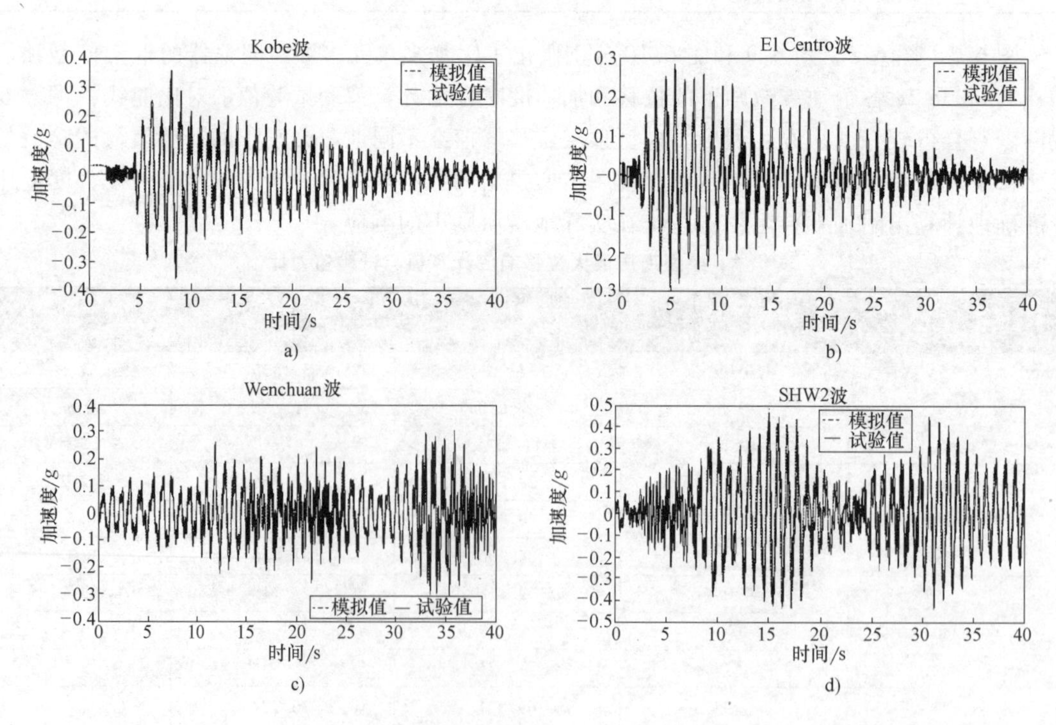

图 6.8 附加多单元多颗粒阻尼器的试验框架模型在 0.1g 地震激励下的顶层加速度时程曲线

a）Kobe 波 b）El Centro 波 c）Wenchuan 波 d）SHW2 波

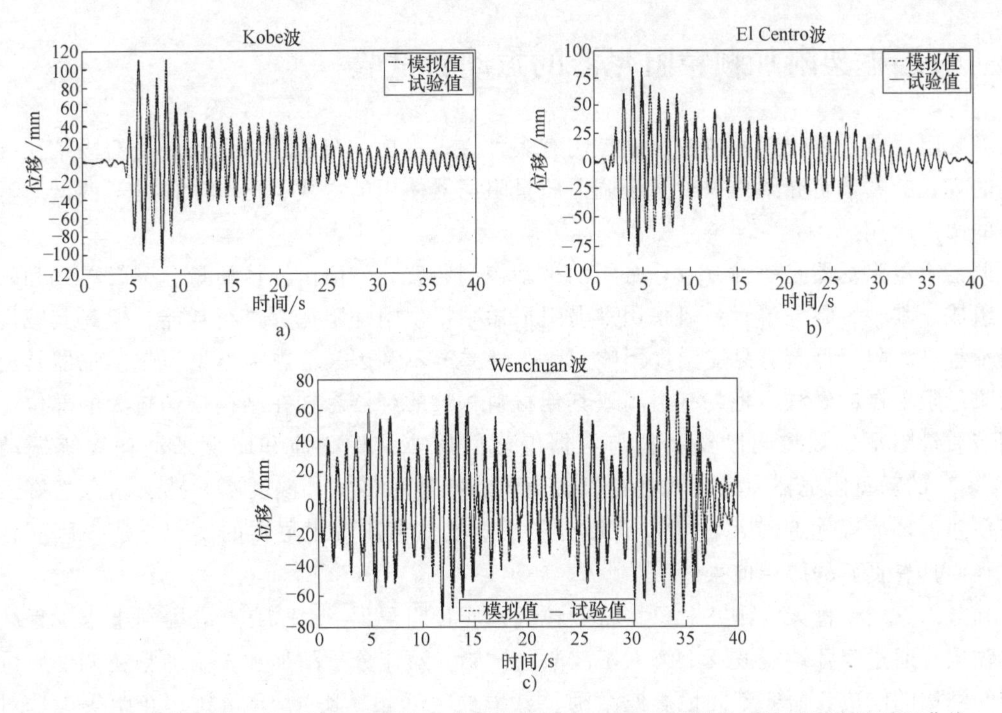

图 6.9　附加多单元多颗粒阻尼器的试验框架模型在 0.2g 地震激励下的顶层位移时程曲线

a）Kobe 波　b）El Centro 波　c）Wenchuan 波

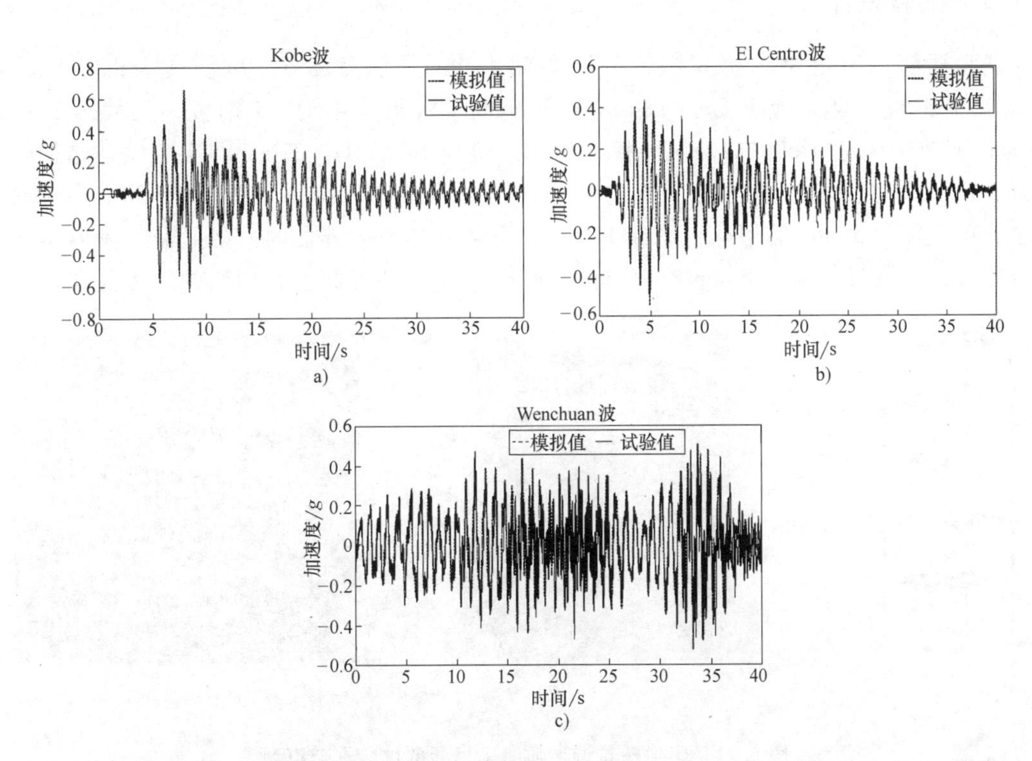

图 6.10　附加多单元多颗粒阻尼器的试验框架模型在 0.2g 地震激励下的顶层加速度时程曲线

a）Kobe 波　b）El Centro 波　c）Wenchuan 波

6.2 五层框架附加颗粒阻尼器的振动台试验

颗粒阻尼器应用于工程结构振动控制有多种方式：前一节采用将颗粒阻尼器固结在结构顶层的方式，本节将介绍另一种基于调谐质量阻尼器使用的方式，可以看作是对调谐质量阻尼器的改进应用。

调谐质量阻尼器是一种有效且常用的被动控制装置，一般由固体质量、弹簧单元和阻尼单元组成，其中，阻尼单元一般采用黏滞阻尼器来提供附加阻尼并进行耗能，但是其减震频带较窄且黏滞阻尼器具有易受温度影响、耐久性差等不利因素。颗粒调谐质量阻尼器是利用调谐质量阻尼器的做法，将装有金属或其他材料颗粒的容器悬挂在结构振动较大的部位，利用调谐质量阻尼、颗粒间以及颗粒与容器壁之间的非弹性碰撞和摩擦来消耗系统振动能量[88,90,91]的新型阻尼器。该技术具有概念简单、减震频带宽、温度不敏感、耐久性好、易于用在恶劣环境等优点[201,202,203]，且结合了成熟的调谐质量阻尼器的实现方法，因而在土木工程中具有良好的应用前景[152,161,204]。

本节以五层钢框架为研究对象，将颗粒调谐质量阻尼器（PTMD）应用到土木工程减震控制领域，通过实际地震波及上海人工波激励试验，对比分析附加和未附加颗粒调谐质量阻尼器的结构的响应，研究不同地震波激励、悬吊长度（频率比）、质量比、净距等参数对阻尼器减震性能的影响规律，为颗粒阻尼技术的进一步研究和应用提供依据。

6.2.1 试验设计

试验框架为五层钢结构模型，单层高度 1.06m，总高度 5.30m。其中框架柱采用 Q690 高强钢板，尺寸为 15mm×180mm×1060mm；楼板采用 Q345 钢板，尺寸为 2.0m×2.0m；框架结构总重 6000kg。试验模型的前三阶频率为 1Hz、3Hz 和 4Hz，主体结构阻尼比为 2%。试验过程中，阻尼器用钢绞线悬挂于主体结构顶层，如图 6.11 所示。阻尼器颗粒选用直径为 51mm 的钢球，总计 180 个，并被均匀放入容器内。阻尼器腔体用 4cm 厚木板钉成，外围尺寸为 1000mm×640mm×300mm，用三块互相卡住固结的木板隔在长方体

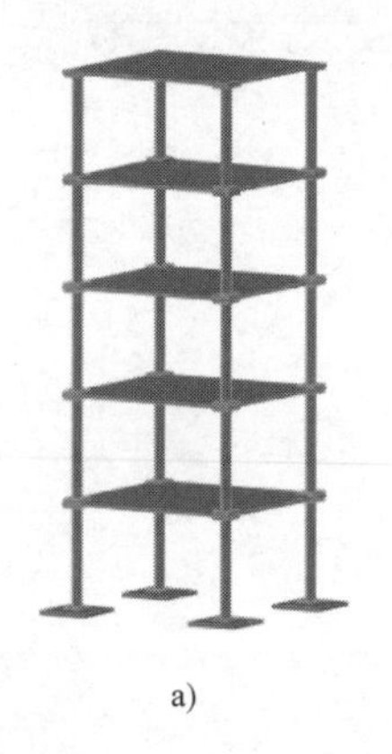
a)

b)

c)

图 6.11 附加颗粒调谐质量阻尼器的试验框架模型

a）主体框架立面图 b）模型照片 c）颗粒调谐质量阻尼器照片

容器的正中，形成上下两层共 12 个内围尺寸为 288mm×283mm×120mm 的容器，木质腔体质量为 39.345kg。阻尼器顶部覆防护网。整个颗粒调谐质量阻尼器的质量占模型总质量比为 2.26%。

为了研究颗粒调谐质量阻尼器的减震效果，分别对附加和不附加颗粒调谐质量阻尼器的钢框架模型（分别称为有控结构和无控结构）进行了实际地震波输入以及上海人工波输入下的振动台试验。为了检验该体系在不同频谱特性地震波作用下的减震效果，采用四种波，它们分别是：El Centro 波（1940，SN），汶川波（Wenchuan2008，SN），日本 311 地震波（2011，SN）和上海人工波（SHW2，1996）。从调谐质量阻尼器与颗粒阻尼器角度设计悬吊长度、质量比、净距等参数来考察新型阻尼器的减震性能与各关键参数的关系，为进一步的应用提供设计依据。

6.2.2　振动台试验结果

1. PTMD 的减震效果

（1）稳态随机激励与非稳态随机激励下的响应　振动台试验与稳态随机激励试验经常用来研究 PTMD 的振动控制效果。图 6.12 和图 6.13 分别是有控和无控结构在振动台试验下位移和加速度响应的对比。通过图形可以看出，在短暂的时间内，PTMD 能够快速地降低主体结构的位移和加速度反应。

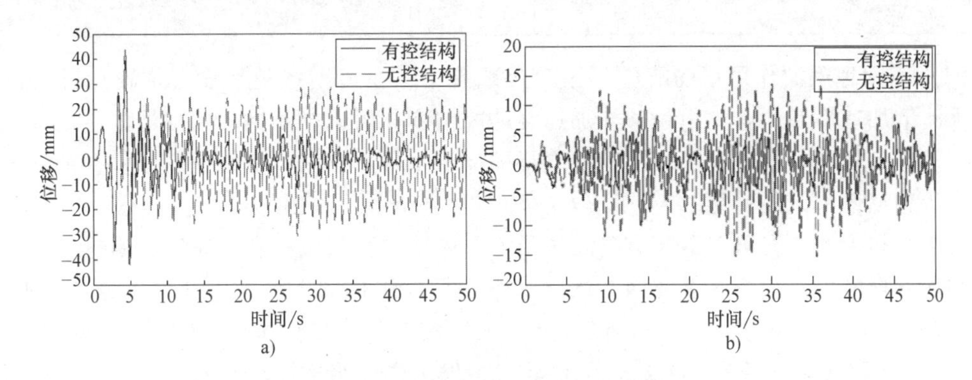

图 6.12　钢框架结构顶层位移时程曲线

a）El Centro 波（0.05g）　b）白噪声

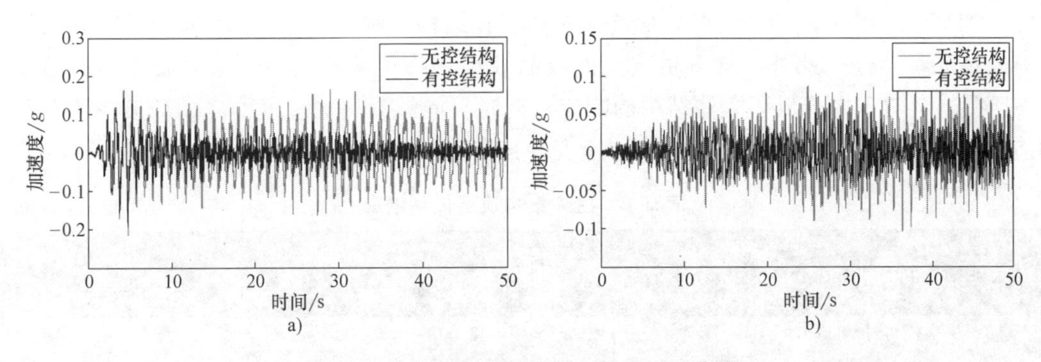

图 6.13　钢框架结构顶层加速度时程曲线

a）El Centro 波（0.05g）　b）白噪声

此外，表 6.5 列出了在 El Centro 波（0.05g）与白噪声作用下，主体结构顶层的峰值位移和加速度与均方根位移和加速度在 PTMD 作用下的减震效果。减震率定义如下：减震率=(无控结构的反应-有控结构的反应)/无控结构的反应×100%。通过表格发现，不仅峰值位移与峰值加速度响应降低，而且均方根位移与均方根加速度响应明显地减少，均方根响应减震率最佳能达到 54.06%。同时，这也表明 PTMD 在整个地震周期内能够减轻主体结构的响应。总之，PTMD 在稳态与非稳态随机激励下均能够有较好的减震效果。

表 6.5　钢框架结构顶层位移与加速度减震率

地震波输入	El Centro 波			
	最大位移/mm	最大加速度/g	均方根位移 mm	均方根加速/g
无控结构	44.02	0.2467	15.78	0.0674
有控结构	39.29	0.2243	7.25	0.0491
减震率(%)	10.75	9.08	54.06	27.15
地震波输入	白噪声			
	最大位移/mm	最大加速度/g	均方根位移/mm	均方根加速/g
无控结构	16.52	0.1294	6.22	0.0406
有控结构	10.12	0.0740	3.14	0.0224
减震率(%)	38.74	42.81	49.52	44.83

（2）不同地震波作用下的响应　振动台试验中，在模型楼板上设置加速度计及激光位移计来测量加速度和位移，由位移与加速度的峰值变化可以初步判断阻尼器的减震效果。在随机振动中常用均方根响应来表示随机变量的能量水平，通过计算加速度和位移的均方根响应来衡量阻尼器的减震性能。

表 6.6 和表 6.7 列出在不同地震波作用下主体结构顶层位移和加速度的响应，响应包括峰值和均方根响应。出于安全原因，试验未进行无控结构的上海人工波（0.1g）、El Centro 波（0.2g）、Wenchuan 波（0.2g）以及上海人工波 2（0.2g）试验。这是因为在上海人工波（0.05g）和其他三条波（0.1g）下试验时，发现主体结构振动剧烈，主体结构有可能倒塌。但是，在有控结构下，我们进行了较高震级（0.2g）的地震波输入试验，并以此来检验 PTMD 的减震效果。

附加 PTMD 的主体结构的响应比绝大多数无控结构的响应要小，这说明 PTMD 减震性能的有效性和稳定性。此外，均方根响应的控制效果比峰值响应的控制效果要明显，这说明 PTMD 在整个时程内降低了主体结构的响应。同时，能够看出加速度响应的减震率不如位移响应的减震率好，这是因为碰撞引起加速度的突变。

表 6.6　主体结构顶层位移响应　　（单位：mm）

地震波输入		El Centro		Wenchuan		Japan 311		SHW2	
		峰值	均方根	峰值	均方根	峰值	均方根	峰值	均方根
0.05g	无控结构	44.04	13.42	10.16	2.00	7.00	1.40	91.73	41.97
	有控结构	39.29	5.07	9.67	1.78	5.83	0.90	55.94	11.68
	减震率(%)	10.79	62.22	4.82	11.00	16.71	35.71	39.01	72.17

（续）

地震波输入		El Centro		Wenchuan		Japan 311		SHW2	
		峰值	均方根	峰值	均方根	峰值	均方根	峰值	均方根
0.1g	无控结构	102.13	30.49	26.00	6.56	13.81	4.19	—	—
	有控结构	79.00	11.16	20.07	4.12	13.51	2.48	112.04	19.08
	减震率(%)	22.65	63.40	22.82	37.20	2.20	40.81	—	—
0.2g	无控结构	—	—	—	—	31.92	12.47	—	—
	有控结构	148.16	19.94	35.00	7.36	25.60	4.57	147.60	26.30
	减震率(%)	—	—	—	—	18.56	63.35	—	—

表 6.7　主体结构顶层的加速度响应　（单位：g）

地震波输入		El Centro		Wenchuan		Japan311		SHW2	
		峰值	均方根	峰值	均方根	峰值	均方根	峰值	均方根
0.05g	无控结构	0.2447	0.0577	0.2140	0.0555	0.1146	0.0285	0.4142	0.1741
	有控结构	0.2253	0.0253	0.2015	0.0471	0.1034	0.0250	0.2752	0.0505
	减震率(%)	7.93	56.15	5.84	15.14	9.77	12.28	33.56	70.99
0.1g	无控结构	0.5542	0.1302	0.4540	0.1240	0.2782	0.0720	—	—
	有控结构	0.4796	0.0600	0.4457	0.1148	0.2662	0.0665	0.6312	0.0775
	减震率(%)	13.46	53.92	1.83	7.42	4.31	7.64	—	—
0.2g	无控结构	—	—	—	—	0.5722	0.1442	—	—
	有控结构	0.9935	0.1367	0.8340	0.1937	0.5446	0.1324	1.5493	0.1593
	减震率(%)	—	—	—	—	4.78	8.11	—	—

从表中看出，在各个工况下，减震效果均不错，在上海人工波和 El Centro 波下减震率最好。最佳峰值和均方根位移减震率分别为 39.01%和 72.17%；最佳峰值和均方根加速度减震率分别为 33.56%和 70.99%。这说明颗粒调谐质量阻尼器能够帮助主体结构吸收并耗散掉很大一部分的地震输入能量。

在 4 种不同的地震输入下，阻尼器的减震效果是不同的，这和输入激励的频谱特性有关。其中，上海人工波的均方根位移的减震效果高于所有的地震波激励的工况，这说明颗粒调谐质量阻尼器在上海人工波激励下的工作性能要好于实际地震波激励，这一方面与上海人工波的主要频率（约 1.1Hz）与主体结构频率相近有关，另一方面，上海人工波本身的能量比较大，在地震输入较小的情况下，主体结构仍可以带动阻尼器充分晃动进行耗能，从而减小主体结构振动。因为地震波的震级和特性不同，所以不同地震波下，PTMD 的减震率不同。

图 6.14 为实际地震波与人工波作用下钢结构框架顶层测得的加速度时程和位移时程曲线，可以发现，附加阻尼器的框架结构不但使响应峰值明显降低，而且使得响应时程曲线在整个时间段上快速衰减。此外，正如图 6.14b 位移时程曲线观察到的，在响应初期，减震效果并不明显，这与调谐质量阻尼器类似。这是因为阻尼器晃动较小，颗粒并未充分碰撞耗能；但随着时间的推移，颗粒与容器壁产生了持续的碰撞以及能量耗散，减震效果开始显现。

图 6.15 为一、三、五楼层位移响应的功率谱密度曲线。由图可知，随着楼层的变高，减震效果变好。此外，一阶模态响应均能被有效减小，但是对高阶模态的控制效果不太稳定，这与阻尼器的悬吊位置有关。附加阻尼器悬挂于顶层楼板，是一阶模态对应的位移最大

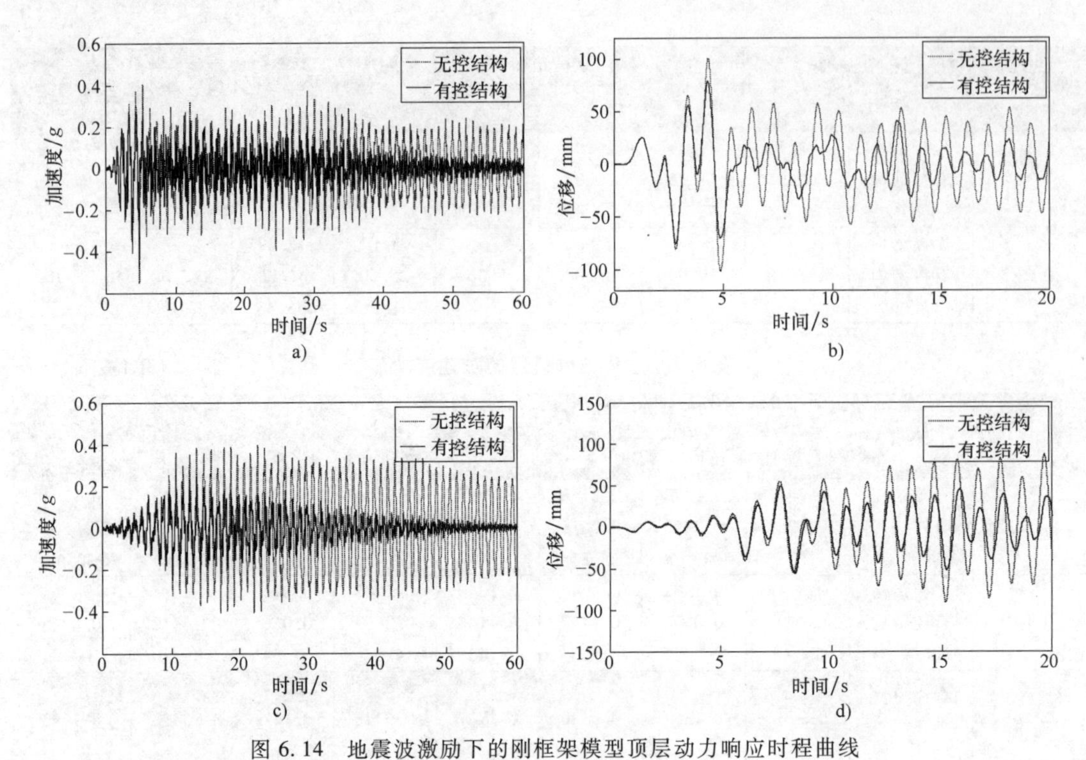

图 6.14　地震波激励下的刚框架模型顶层动力响应时程曲线

a）El Centro 波，加速度　b）El Centro 波，位移　c）上海人工波，加速度　d）上海人工波，位移

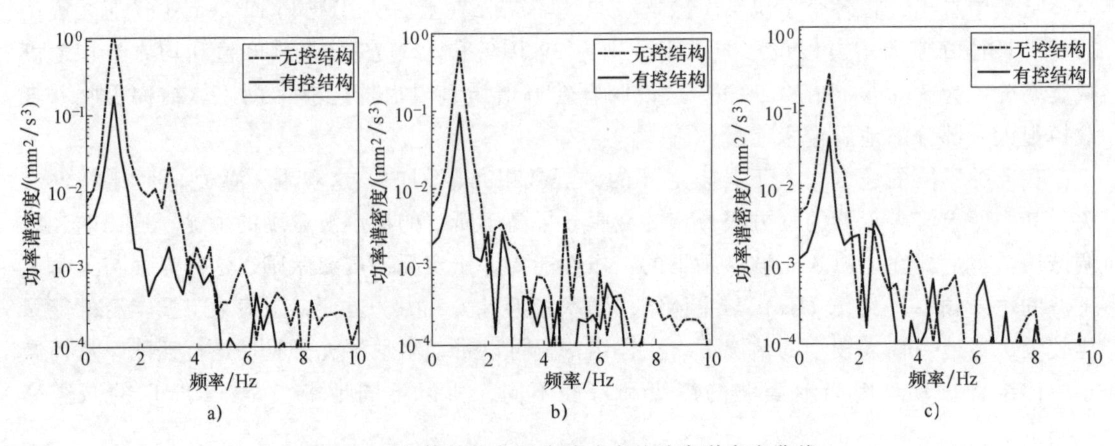

图 6.15　主体结构各层位移响应的功率谱密度曲线

a）五层功率谱密度　b）三层功率谱密度　c）一层功率谱密度图

的地方，故对其控制效果好；但对高阶模态控制效果不明显，因为不是悬挂于高阶模态中最大位移所在的位置。但考虑到一阶模态对结构响应的参与程度最大，阻尼器的首选位置应该在位移最大的顶层。Li 在论文中也发现了相同的试验现象[199]。

（3）楼层峰值响应　图 6.16 和图 6.17 展示的是主体结构在不同地震作用下每层的最大位移和加速度值。在不同地震波输入下有不同的减震效果。特别是在 El Centro 波和上海人工波下每层的反应明显减小，但是在 Wenchuan 波和日本 311 下 PTMD 减震效果较小，甚至会增大楼层的响应。这个结果表明，PTMD 的振动控制效果与地震波的输入有一个较为复杂的关系，这将要在本节下部分进一步讨论。

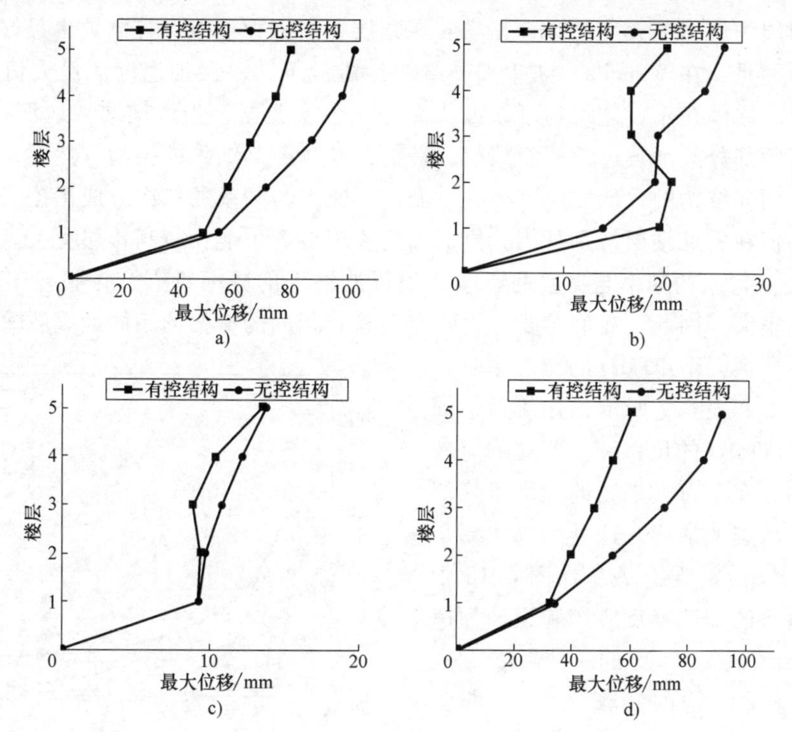

图 6.16　主体结构在不同波下楼层的最大位移值

a）El Centro（0.1g）　b）Wenchuan（0.1g）　c）Japan311（0.1g）　d）SHW2 波（0.05g）

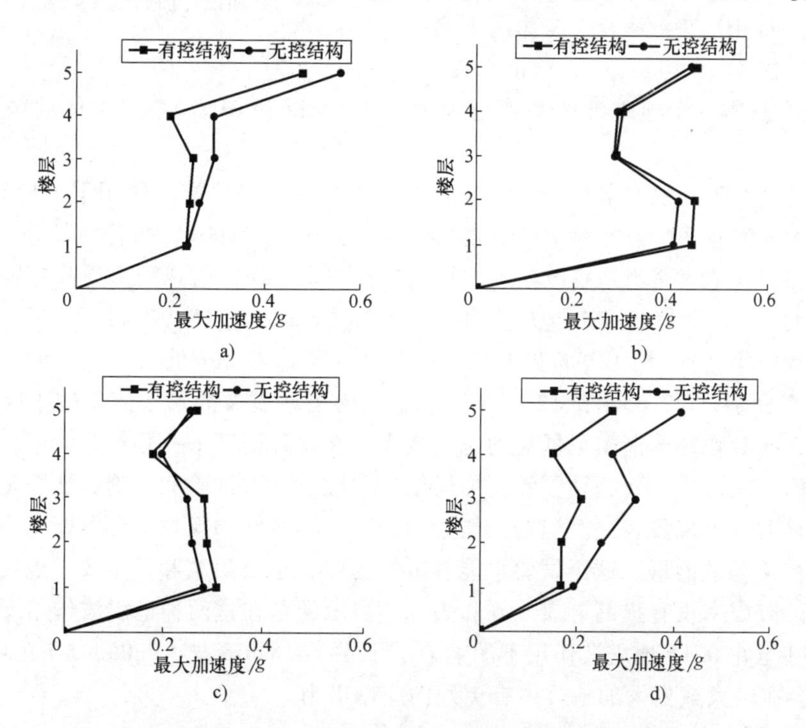

图 6.17　主体结构在不同波下楼层的最大加速度值

a）El Centro 波（0.1g）　b）WenChuan 波（0.1g）　c）Japan311（0.1g）　d）SHW2 波（0.05g）

此外，在上述地震波作用下，振动控制效果随着楼层增加逐渐提高，顶层振动控制效果最好。因为顶层的位移最大且 PTMD 是安装在顶层，所以顶层响应控制效果最好。

值得指出的是，在 Wenchuan 波和日本 311 地震波下，一层加速度的最大值大于上层的加速度最大值。原因在于，建筑物可以被认为是一个滤波器，当地震波从地面往上传递时，地震波中的高频部分逐渐被过滤掉而减少。最终，基频控制结构的振动。然而，地震波中的高频部分仍作用在结构的较低楼层。另一方面，加速度与频率的二次方成正比。因此，虽然低层位移小，但在较低楼层特别是第一层的加速度反应有可能比较高楼层更大。

（4）地震波输入的频率与振幅的影响　地震波输入的频率特点与振幅对 PTMD 的振动控制效果影响很大。因此，我们需要分别研究在具有相同的振幅的不同地震波输入下和在相同地震波的不同振幅下 PTMD 的减震率。

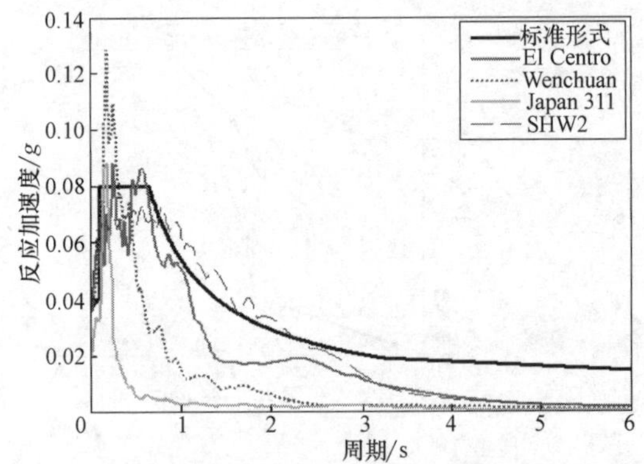

图 6.18　地震波输入的加速度反应谱和设计加速度反应谱

正如表 6.6 和表 6.7 所示，在 4 种不同地震波作用下 PTMD 的位移和加速度响应减震率是不同的，在上海人工波的激励下峰值和均方根响应减震率最优。这种结果主要与地震波输入的频谱特性有关。在图 6.18 中画出了地震输入的加速度反应谱和设计加速度反应谱。上海人工波的基频大约在 1.1Hz，这与主体结构的基频（1Hz）非常接近。在这种情况下，虽然地震波振幅较小，主体结构振动剧烈，同时颗粒碰撞也很剧烈。因此，PTMD 在上海人工波作用下会有效地耗散能量。但是，El Centro 波、Wenchuan 波和日本 311 地震波的基频分别为 2Hz、6Hz 和 6Hz，这与主体结构的基频明显不同。

表 6.6 和表 6.7 分别展示附加 PTMD 的主体结构在不同地震波作用下响应有明显减少，虽然地震波输入的频率特点影响 PTMD 的减震率，这表明 PTMD 的鲁棒性较好。

表 6.6 和表 6.7 表明当地震波输入的振幅提高时，PTMD 的减震率提高。因此，当主体结构反应越大，PTMD 的减震率越大。例如，当 El Centro 波（0.05g）时，PTMD 的峰值位移和加速度减震率分别为 10.79% 和 4.17%；但是，当 El Centro 波（0.1g）时，峰值位移和加速度减震率分别是 22.65% 和 12.73%。这是因为当地震波的输入能量较小时，主体结构的晃动较小，同时颗粒调谐阻尼器晃动也比较小。在这种情况下，颗粒是无序的碰撞运动而不是颗粒流的运动形式，而这种颗粒流的运动形式经过多次试验和理论验证，是颗粒阻尼器最优减震效果的一个现象表征。当输入能量增加时，颗粒间和颗粒与容器壁间会产生剧烈碰撞，这将会快速耗散能量。这个试验也能够解释为什么当汶川波和日本 311 地震波的振幅提高时阻尼器的减震率没有提高。表 6.6 和表 6.7 展示的是在这两种地震波作用下主体结构响应非常小，甚至在 0.1g 地震波作用下的响应小于在 El Centro 波（0.05g）下的响应。因此，PTMD 可能会在较大或更大的地震中有更好的应用潜力。

2. PTMD 的参数研究

下面通过研究一些影响 PTMD 减震率的参数来理解 PTMD 的工作机制和最优阻尼特

性，这些参数包括质量比、颗粒到容器壁净距、颗粒占阻尼器质量比、频率比和缓冲材料等。

(1) 质量比的影响　质量比对于 TMD 的振动控制效果是一个非常重要的参数，因为它直接影响到 TMD 的最佳频率和最佳阻尼的取值。同样，质量比影响颗粒阻尼器的能量耗散。因此，质量比对于 PTMD 的阻尼特性的影响可以通过增加颗粒数量的方式来检验。试验中调整质量比从 0.66%、1.19%、1.73%、2.26%到 2.8%。为了保持一定的净距，在阻尼器每个小隔间内颗粒数目均为 20 个，变化的是放置颗粒的小隔间数目。颗粒在阻尼器中的位置是对称放置的。图 6.19a 和 b 分别展示了在 El Centro 波（0.1g）作用下，附加不同质量比阻尼器的主体结构的峰值和均方根响应的减震率。

当阻尼器的质量比从 0 变化到 2.28%时，质量比越大，阻尼器的峰值响应减震率越好。颗粒之间的碰撞耗能是 PTMD 能量释放的一部分，所以通过增加颗粒来提高质量比能够增加耗能。当质量比在 0.66%~2.8%时，随着质量比增加，均方根响应减震率略有提高。

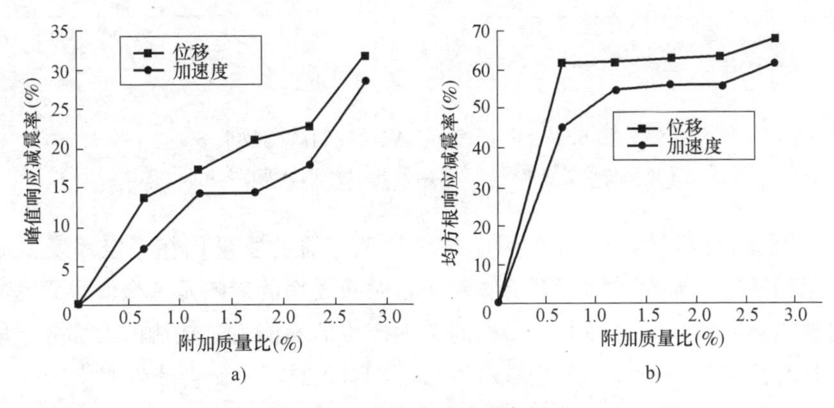

图 6.19　质量比对减震率影响

a) 峰值响应　b) 均方根响应

(2) 颗粒到容器壁净距的影响　对于颗粒调谐质量阻尼器，颗粒到阻尼器内壁的净距是影响减震效果的一个重要参数，在试验中，通过变化颗粒到容器内壁的净距（以颗粒直径 D 为计量长度：0D、1.6D、2.6D、3.6D、5.6D）来考察阻尼器与净距之间的关系。

图 6.20a 所示为不同颗粒到容器壁净距下，颗粒调谐质量阻尼器均方根加速度响应减震效果对比曲线。试验发现，不同净距下加速度均方根的减震率变化较为明显，随着净距增大会出现一个先增大后减小的趋势，这说明颗粒到容器的净距并非越小越好，而是存在一个最优净距的情况。这是因为颗粒阻尼器耗能主要通过颗粒之间以及颗粒与容器壁间的碰撞摩擦耗能，当净距非常小以致为零时，阻尼器中颗粒只能保持与容器相同运动，没有碰撞耗能；当距离非常大时，单位时间内碰撞次数会减少，耗能会减少；距离适中时，阻尼器内颗粒与容器壁可以保持较高频次碰撞来耗能。所以在净距适中时，减震效果最好。

图 6.20b 所示为悬吊阻尼器的均方根加速度响应随净距变化的情况。由图中可以看到，随着颗粒到容器壁距离由小增大，阻尼器响应存在一个先减小后增大的现象，阻尼器响应较小的位置正好对应图 6.20a 中减震效果最优的区域。此外，颗粒到容器的距离并非越近越好，而是存在一个最优值。如图 6.20 所示，在净距为 1.6D~3.6D 时，阻尼器响应不至于过

大且减震效果较好。

对于 0D 和 5.64D（容器壁长度）的情况，PTMD 可以被认为是 TMD 的工况，因为在质量比一定的情况下，上述两种情况中颗粒质量为零，容器质量即阻尼器质量。可以看到，此时的减震效果较差，主要原因在于，PTMD 除了像 TMD 进行调谐减震之外，还可以通过颗粒碰撞等多种途径耗能。

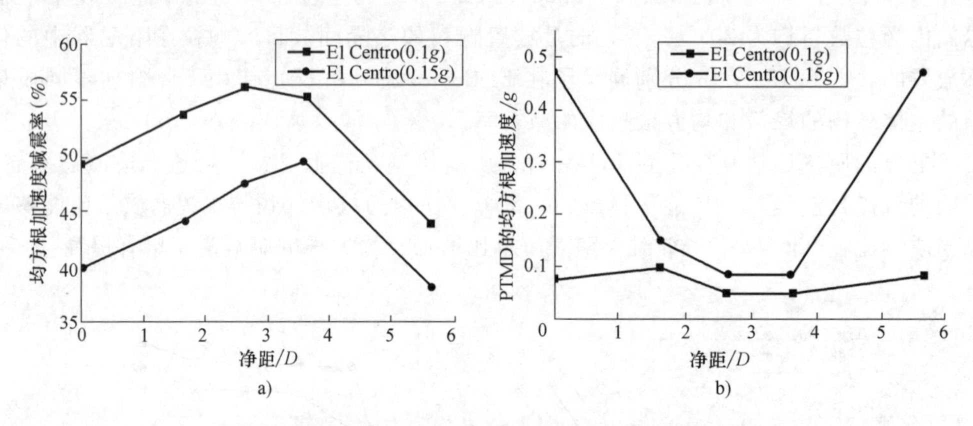

图 6.20　不同净距下震动控制减震效果

a）主体结构顶层均方根加速度减震率　b）PTMD 的均方根加速度

（3）颗粒质量占阻尼器质量比的影响　增加阻尼器的质量比在一定程度上能够提高减震率。当阻尼器质量一定时，阻尼器内颗粒质量对减震率的影响是一个值得研究的课题。一方面，阻尼器内颗粒间以及颗粒与容器壁间碰撞产生的耗能占总耗能的大部分，增加颗粒质量比能够增加耗能。另一方面，改变颗粒数目，PTMD 的阻尼比会产生变化。

在试验中，颗粒质量占阻尼器总质量比为 0、0.2、0.38、0.64、0.76，此时阻尼器占主体结构质量比为 1.73%。图 6.21 展示不同颗粒质量时，主体结构顶层峰值加速度和均方根加速度响应的减震率。当颗粒质量占阻尼器质量比增加时，响应减震率提高。在合适的颗粒质量比范围内，增加颗粒占阻尼器的质量比，能够提高减震效果。

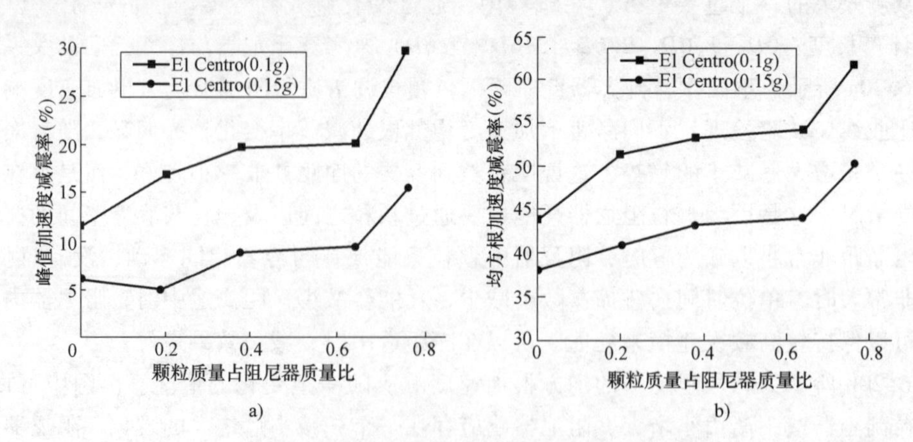

图 6.21　颗粒质量占阻尼器质量比对减震率影响

a）峰值加速度　b）均方根加速度

（4）悬吊长度（频率比）的影响　悬吊式调谐质量阻尼器主要利用共振原理，通过改变悬吊长度使阻尼器频率与主体结构频率相同，使主体结构传递到阻尼器的能量最多，从而减少主体结构振动；颗粒阻尼器频率是变化的，频率与阻尼器箱体晃动剧烈程度、颗粒与阻尼器腔体弹性模量等多个因素有关，目前没有相应的计算公式。

为考察颗粒调谐质量阻尼器的频率影响，从调谐质量阻尼器角度进行分析，悬吊长度参数采用单摆的计算公式 $T=2\pi\sqrt{(L/g)}$，$T=1/f \Rightarrow L=g\times(1/2\pi f)^2$，可以计算阻尼器悬挂长度。在试验过程中，通过改变不同的悬挂长度，考察不同频率这一参数对阻尼器减震特性的影响。图 6.22 所示为不同悬吊长度下颗粒调谐质量阻尼器在 El Centro 地震波下减震效果曲线，结果表明：

1）当调谐（即 $1.0f$）时，减震效果最好，位移与加速度最大值的减震率可以达到 16%~18%。当阻尼器频率偏离 $1.0f$ 时，减震效果出现递减趋势，这与悬吊式调谐质量阻尼器有相同的变化趋势。

2）在不调谐，比如 $1.3f$ 时，颗粒调谐质量阻尼器位移最大值的减震率仍能达到 12%，这说明新型阻尼器的减震频带较宽，减震具有一定的鲁棒性。

从图 6.23 能够看出，PTMD 的位移值和加速值的均方根衰减效果都比较好，这种响应降低效果不容易受悬挂长度的影响。与最值响应相比，阻尼器的均方根响应衰减效果非常好，均方根位移值减少 34%，均方根加速度值减少 57%。即使阻尼器的频率偏离主体结构的频率，阻尼器的均方根响应降低效果仍然比较好。可见，PTMD 能增加阻尼器的减震频带。

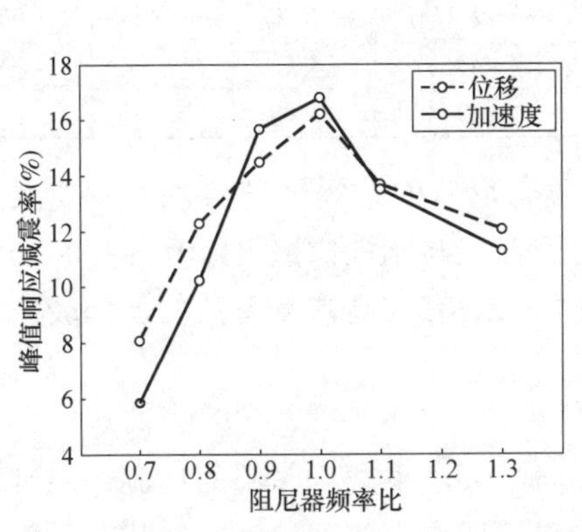

图 6.22　不同频率比下颗粒调谐质量阻尼器减震效果对比：峰值响应

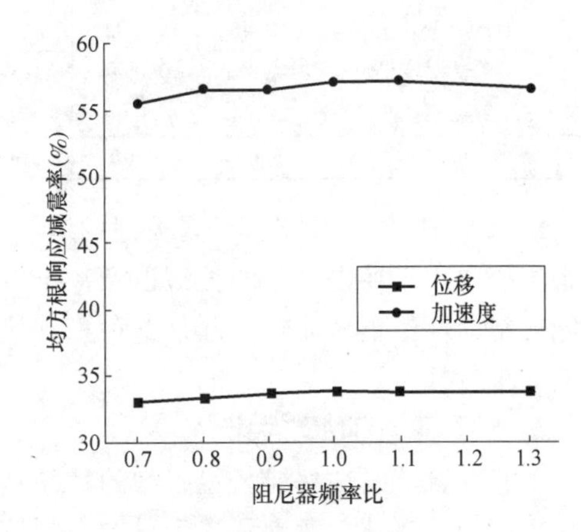

图 6.23　不同频率比下颗粒调谐质量阻尼器减震效果对比

（5）缓冲材料的影响　通常传统的颗粒阻尼器容器壁是刚性壁，这样在碰撞时会产生相当大的冲击力。因此，有几种办法可以减轻剧烈冲击时的噪声、材料破损以及局部破坏。比如，在颗粒外边包一层软包形成豆包阻尼器[96]或者用缓冲材料粘贴在阻尼器内壁，这都是非常有效的办法。

在试验中，把 10mm 厚的缓冲垫粘贴在竖向容器壁上形成缓冲材料内壁 PTMD，比较了附加刚性内壁和缓冲材料内壁的 PTMD 的减震性能。表 6.8 和表 6.9 列出了在不同的地震波输入（$0.1g$）下的主体结构顶层位移和加速度响应的减震率，响应包含峰值响应和均方根响应。附加缓冲材料后振动控制效果的提升可以定义如下：提升率=(刚性内壁响应-缓冲材料内壁响应)/刚性内壁响应×100%，缓冲材料型 PTMD 的减震率比传统刚性内壁 PTMD 提升了 23.79%。

表 6.8 在 0.1g 地震输入下附加缓冲材料与否的 PTMD 位移响应减震率的对比

(单位：mm)

地震波输入	El Centro		Wenchuan		Japan 311		SHW2	
	峰值	均方根	峰值	均方根	峰值	均方根	峰值	均方根
无控	102.13	30.49	26.00	6.56	13.81	4.19	—	—
刚性内壁	79.00	11.16	20.07	4.12	13.51	2.48	112.04	19.08
减震率(%)	22.65	63.40	22.82	37.20	2.20	40.81	—	—
缓冲内壁	76.72	10.82	18.32	3.58	12.10	1.89	107.45	18.21
减震率(%)	24.88	64.51	29.54	45.43	12.38	54.89	—	—
提升率(%)	2.89	3.05	8.72	13.11	10.44	23.79	4.10	4.56

表 6.9 在 0.1g 地震波输入下附加缓冲材料与否的 PTMD 的加速度响应减震率对比

(单位：g)

地震波输入	El Centro		Wenchuan		Japan 311		SHW2	
	峰值	均方根	峰值	均方根	峰值	均方根	峰值	均方根
无控	0.5542	0.1302	0.4540	0.1240	0.2782	0.0720	—	—
刚性内壁	0.4796	0.0600	0.4457	0.1148	0.2662	0.0665	0.6312	0.0775
减震率(%)	13.46	53.92	1.83	7.42	4.31	7.64	—	—
缓冲内壁	0.4411	0.0546	0.3986	0.0984	0.2357	0.0585	0.5955	0.0693
减震率(%)	20.41	58.06	12.21	20.65	15.27	18.75	—	—
提升率(%)	8.03	9.00	10.57	14.29	11.46	12.03	5.66	10.58

Li 和 Darby[205]研究了不同类型的缓冲材料对颗粒阻尼器的减震率的影响，发现减震率效果主要取决于冲击时间的长短以及冲击力的大小。因此，与刚性内壁 PTMD 相比，缓冲材料能够帮助耗散更多能量。但是这种提升效果是变化的，具有较高恢复系数的软性缓冲材料往往效果较好。

3. PTMD 与 TMD 对比

一些混合非线性耗能装置起初的目的是通过不同阻尼方法来减少系统的反应，同时增加振动控制的鲁棒性。考虑到这个目的，颗粒调谐质量阻尼器作为一种被动控制装置，正是把颗粒阻尼的概念引入到传统的阻尼器中。这种 PTMD 不仅能够调谐主体结构频率，而且通过颗粒阻尼器内部的碰撞来耗散能量。另一方面，减震频带较窄是 TMD 减震控制的一个缺点。把这种多途径耗散能量的方法引入到 PTMD 的设计中，这种非线性机制使得 PTMD 对调谐频率不是特别敏感。所以，减震鲁棒性得到提高。

为了比较 PTMD 与 TMD 的阻尼特性，我们设计了一些试验工况。

(1) 振动控制效果的提升　大量研究与 TMD 的工程实践表明 TMD 在稳态激励下有较好的振动控制效果，比如在风振下；但是在非稳态激励下的减震效果并不令人满意，比如在地震作用下。与 TMD 不同，许多研究表明，颗粒阻尼器能够有效减轻地震作用。因此，在接下来的部分，我们初步比较了 PTMD 和 TMD 的减震效果。

PTMD 是由 240 个直径为 51mm 的钢球均匀分布在容器中形成的阻尼器，它的质量占总体质量比为 2.8%。相同质量比的 TMD 是通过把球去掉，换成同等质量的与容器固定连接的质量块来实现。

表 6.10 列出了附加 PTMD 或 TMD 的钢框架在 El Centro（0.1g）地震波作用下顶层位移与加速的响应对比，响应包括峰值和均方根反应。PTMD 的振动控制效果的提高通过以下公式计算：提升率=(附加 TMD 结构的反应-附加 PTMD 结构的反应)/附加 TMD 结构的反应×100%。

通过表 6.10 可以看出，PTMD 在地震下对位移和加速度响应的控制效果有很好的提升作用。特别是对均方根反应的控制效果，PTMD 比 TMD 有很大的提升。PTMD 用多种方法来耗散能量，通过调频，它能够吸收主体结构更多能量，同时把更多的能量耗散掉。TMD 通过调整频率和阻尼来减轻在地震下主体结构一阶模态的反应，但是结构在地震作用下的高阶模态反应也很强烈。总而言之，在多数情况下，PTMD 的减震效果明显优于 TMD 的减震效果。

表 6.10　附加 PTMD 和 TMD 的钢框架结构顶层响应的比较

	TMD	PTMD	提升率/%
最大位移/mm	74.34	69.87	6.01
最大加速度/g	0.4945	0.3955	19.98
均方根位移/mm	10.62	9.79	7.82
均方根加速度/g	0.0499	0.0727	31.36

（2）阻尼器反应的衰减　除了研究附加阻尼器的主体结构的振动控制效果，也应该关注一下阻尼器自身的反应。事实上，当阻尼器有较好的减震效果时，阻尼器本身的响应较小，这也是在设计中要着重考虑的因素。本节主要比较 PTMD 与 TMD 的位移。

阻尼器在 El Centro 波（0.05g 和 0.1g）下的位移如下图 6.24 所示。我们能够发现，在相同条件下，PTMD 的位移明显小于 TMD 的位移。主体结构的响应明显减小，同时阻尼器的响应也比较小，这是一个较好的现象。这意味着，阻尼器的运动是一个较稳定且有效的运动，同时运动所需空间较小，对于商业建筑这是非常有利的。从这个角度看，在工程中应用 PTMD 是一个非常好的选择。

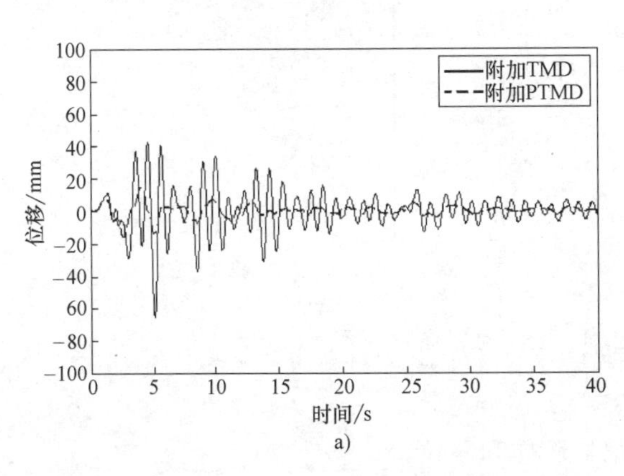

a)

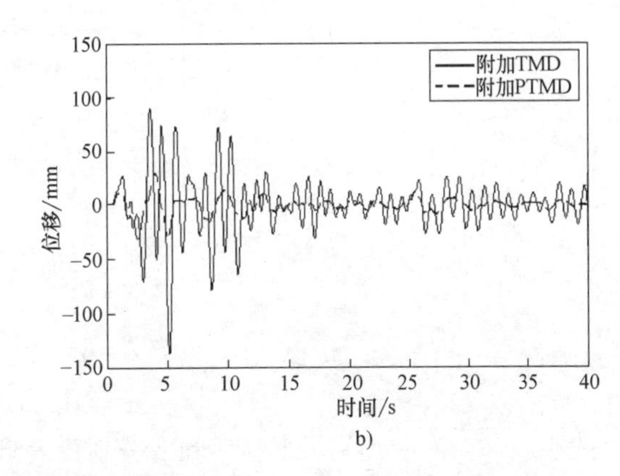

b)

图 6.24　PTMD 与 TMD 的位移

a）El Centro 波（0.05g）　b）El Centro 波（0.1g）

6.2.3 等效简化模型验证

以上讨论的试验结果对颗粒阻尼技术的结构工程应用具有一定的参考价值。考虑到地震激励的复杂性以及颗粒碰撞的强烈非线性，工程应用的时候必须要找到一种简单有效的数值模拟方法。该方法一方面需要抓住颗粒阻尼减震的最本质机理，另一方面需要足够简单实用，方便实际工程的设计使用。

本节采用第 3 章提出的等效简化算法，即基于一定的等效原则将颗粒群等效为单个颗粒建立简化模型，着重考虑颗粒与容器壁的碰撞力对结构减震的贡献，对振动台试验进行数值分析，验证该简化算法的可靠性和可行性。

1. 多自由度体系的等效简化方法

第 3 章详细介绍了主体结构为单自由度时的简化算法。类似的，对于有 n 个自由度的体系而言，可以将主体结构简化为一个 n 自由度的线性悬臂梁结构，如图 6.25 所示，其中下标 i 代表第 i 层，F_i代表作用在第 i 层上的地震力。其顶层悬挂的颗粒阻尼器腔体可以简化为单摆，并看作第（n+1）个自由度。等效后单颗粒与腔体壁之间的碰撞力可以看作施加在腔体壁上的外力 F_{p}（图 6.25）。附加颗粒阻尼器的多自由度系统的控制方程可以展开为下式

$$\begin{cases} \boldsymbol{M}\ddot{\boldsymbol{X}}+\boldsymbol{C}\dot{\boldsymbol{X}}+\boldsymbol{K}\boldsymbol{X}=\boldsymbol{E}\ddot{x}_{\mathrm{g}}+\boldsymbol{\varphi}(c_{\mathrm{c}}\dot{y}_1+k_{\mathrm{c}}y_1) \\ m_{\mathrm{c}}\ddot{x}_{\mathrm{c}}+c_{\mathrm{c}}\dot{y}_1+k_{\mathrm{c}}y_1-c_{\mathrm{p}}H(y_2,\dot{y}_2)-k_{\mathrm{p}}G(y_2)=0 \\ m_{\mathrm{p}}\ddot{x}_{\mathrm{p}}+c_{\mathrm{p}}H(y_2,\dot{y}_2)+k_{\mathrm{p}}G(y_2)=0 \end{cases} \tag{6-2}$$

$$\boldsymbol{M}=\mathrm{diag}[m_1 \quad m_2 \quad \cdots \quad m_n] \tag{6-3}$$

$$\boldsymbol{C}=\begin{bmatrix} c_1+c_2 & -c_2 & & & \\ -c_2 & c_2+c_3 & -c_3 & & \\ & -c_3 & & \ddots & \\ & & \ddots & & -c_n \\ & & & -c_n & c_n \end{bmatrix} \tag{6-4}$$

$$\boldsymbol{K}=\begin{bmatrix} k_1+k_2 & -k_2 & & & \\ -k_2 & k_2+k_3 & -k_3 & & \\ & -k_3 & & \ddots & \\ & & \ddots & & -k_n \\ & & & -k_n & k_n \end{bmatrix} \tag{6-5}$$

$$\boldsymbol{X}=[x_1 \quad x_2 \quad \cdots \quad x_n]^{\mathrm{T}} \tag{6-6}$$

$$\boldsymbol{E}=[-m_1 \quad -m_2 \quad \cdots \quad -m_n]^{\mathrm{T}} \tag{6-7}$$

$$\boldsymbol{\varphi}=[0 \quad 0 \quad \cdots \quad 0 \quad 1]^{\mathrm{T}} \tag{6-8}$$

式中　c、p——下标 c 和 p 分别代表阻尼器腔体和颗粒；

$\boldsymbol{M}$、$\boldsymbol{C}$、$\boldsymbol{K}$——分别是主体结构的质量、阻尼和刚度矩阵；

$\boldsymbol{X}$——结构的 n 维位移向量；

$\ddot{x}_g$——地震动加速度；

φ——n 维控制力的位置向量，其第 n 个分量是 1，其他分量为 0；

y_1——腔体相对于主体结构的位移，即 $y_1=x_c-x_5$；

y_2——等效的单颗粒相对于腔体的位移，即 $y_2=x_p-x_c$；

$G(y_2)$、$H(y_2,\ \dot{y}_2)$——表征模型的非线性方程（见第 3 章 3.1.1 节）。

2. 参数选取

以总计 180 个直径为 51mm 的钢球均匀放入两层腔体（共 12 个小腔体）中为例，来验证此等效的简化方法的可行性及准确性。为了方便起见，每个小腔体中颗粒的行为假定为一致，因此，颗粒与腔体壁的碰撞力可以看作小腔体数量和颗粒作用在单个小腔体上碰撞力的乘积。

数值模拟中用到的参数取值见表 6.11。主体结构的阻尼比为 0.02，质量矩阵 $\boldsymbol{M}$ 和刚度矩阵 $\boldsymbol{K}$ 如下：

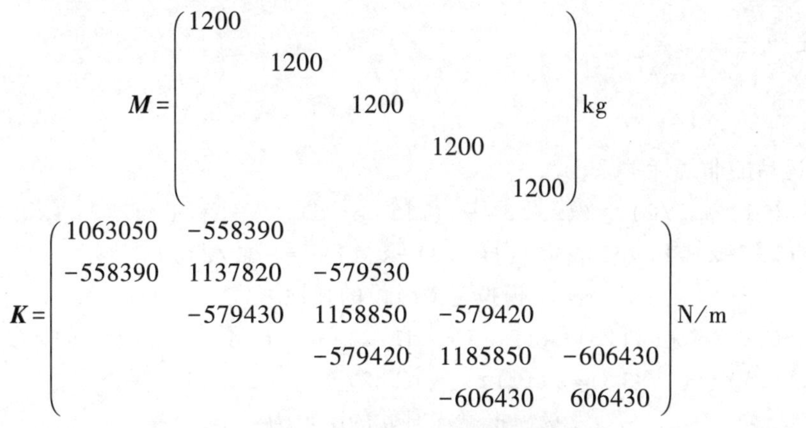

$$\boldsymbol{M}=\begin{pmatrix} 1200 & & & & \\ & 1200 & & & \\ & & 1200 & & \\ & & & 1200 & \\ & & & & 1200 \end{pmatrix}\text{kg}$$

$$\boldsymbol{K}=\begin{pmatrix} 1063050 & -558390 & & & \\ -558390 & 1137820 & -579530 & & \\ & -579430 & 1158850 & -579420 & \\ & & -579420 & 1185850 & -606430 \\ & & & -606430 & 606430 \end{pmatrix}\text{N/m}$$

图 6.25　简化的计算模型

表 6.11　系统参数取值

	质量/kg	圆频率/(rad/s)	阻尼比
腔体	39.345	6.28	0.10
等效后的单颗粒	7.96	125.60	0.20

其中，关于腔体和等效后单颗粒的圆频率和阻尼比的取值方法参见第 3 章 3.1.2 节。

3. 程序编制及验证

以下采用 MATLAB 中的 Runge-Kutta 算法求解常微分方程。下标 i（i=1-5）代表主体结构的第 i 层，i=6 和 i=7 分别代表阻尼器腔体和颗粒，以 El Centro 波为例。

主程序

```
maincodeel.m
load z.mat;                  %导入由 M、C 和 K 生成的系统控制方程的系数矩阵
Q=csvread('El Centro.csv',5,0);      %加载 El Centro 地震波
Ft=Q(:,8);
t=Q(:,1);
nft=length(Ft);
```

```
ft=zeros(14,nft);
for i=2:2:10
ft(i,:)=9.8* Ft;
end
x=zeros(14,1);
[T,Y]=ode45('simulationel',t,x,[],ft,z);
```

子程序

```
simulationel.m
function dx=simulationel (t,x,options,ft,z)

%结构参数
f1=1.0;
omega1=2* pi* f1;
m5=1200;

%表征阻尼器运动的非线性关系
gk=(x(13)-x(11)-d1/2)* ((x(13)-x(11))>=d1/2)+0* (-d1/2<(x(13)-x
(11))<d1/2)+(x(13)-x(11)+d1/2)* ((x(13)-x(11)<=-d1/2));
                                          %模拟碰撞时候的弹性力
hc=(x(14)-x(12))* ((x(13)-x(11))>=d1/2)+0* (-d1/2<(x(13)-x(11))<
d1/2)+(x(14)-x(12))* ((x(13)-x(11))<=-d1/2);
                                          %模拟碰撞时候的阻尼力

%阻尼器参数
m6=39.345;
omega6= omega1;
kesi6=0.1;
k6=m6* omega6^2;
c6=2* m6* kesi6* omega6;

%颗粒参数
p=7644;
D=0.051;
m0=p* pi/6* D^3;                %等效前颗粒阻尼器中单个颗粒质量
n=15;                          %每个小腔体中颗粒的数量
mm=n* m;                        %每个小腔体中颗粒的总质量
m7=6* n* m;                      %每层阻尼器(共六个小腔体)颗粒的总质量
omega7=20* omega1;
```

```
kesi7=0.2;
k7=m7* omega7^2* gk;
c7=2* m7* kesi7* omega7* hc;
v0=0.288* 0.283* D;        %每个小腔体的体积(腔体的高度看作与颗粒直径相等)
v=mm/p;
ratio=v/v0;                %颗粒填充率
d1=((mm/p* (1/ratio-1)-mm/2/p)* 4/pi)* (p* pi/6/mm)^(2/3);
                           %等效后颗粒的自由运动距离

%系统的控制方程
dx=zeros(14,1);
b=[0,1;-k6/m6,-c6/m6];
z(11:12,11:12)=b;
z(10,11)=k6/m5;z(10,12)=c6/m5;z(12,9)=k6/m6;z(12,10)=c6/m6;
z(10,9)=z(10,9)-k6/m5;z(10,10)=z(10,10)-c6/m5;
fp=m7* omega7* omega7* gk+2* kesi7* omega7* m7* hc;
ft1=zeros(12,1);
ft1(12,1)=ft1(12,1)+12* fp;
dx(1:12,1)=z* x(1:12,1)+ft(1:12,round(250* t)+1)+ft1/m6;
dx(13,1)=x(14);
dx(14,1)=-6* fp/m7;
t
end
```

生成矩阵 z

```
%结构参数
M;
dapmratio1;
dapmratio2;
K;
korc=K;
kcju=zeros(s_count);
for i=1:s_count-1
   kcju(i,i)=korc(i)+korc(i+1);
   kcju(i,i+1)=-korc(i+1);
kcju(i+1,i)=-korc(i+1);
end
kcju(s_count,s_count)=korc(s_count);
K=kcju;
```

```
%根据质量矩阵M和刚度矩阵K生成瑞利阻尼矩阵
[ik]=K;
[x,d]=eig(ik,M);    %结构动力性能的求解
d=diag(sqrt(d));
tw=sort(d);
ta=2* tw(1)* tw(2)* (dapmratio1* tw(2)-dapmratio2* tw(1))/(tw(2)^2
-tw(1)^2);
tb=2* (dapmratio2* tw(2)-dapmratio1* tw(1))/(tw(2)^2-tw(1)^2);
tc=ta* M+tb* ik;
C=tc;

m=1.2e3;
K1=(-1/m).* K;
C1=(-1/m).* C;
z0=zeros(10,10);
for i=1:5
    z0(2* i,2* i-1)=K1(i,i);
    z0(2* i,2* i)=C1(i,i);
z0(2* i-1,2* i)=1;
end
for i=1:4
    z0(2* i,2* i+1)=K1(i,i+1);
z0(2* i,2* i+2)=C1(i,i+1);
end
for i=2:5
    z0(2* i,2* i-3)=K1(i,i-1);
z0(2* i,2* i-2)=C1(i,i-1);
end
z=z0;
save z.mat
```

经程序求解，附加颗粒阻尼器的五层钢结构模型顶层在 El Centro 波（0.2g）和上海人工波（0.05g）地震激励下加速度时程响应的计算结果和试验结果对比曲线如图 6.26 所示。总体上看，两者吻合较好，这说明提出的等效简化方法可以在合理的范围内较为有效的模拟系统运动的趋势。

此外，表 6.12 列出了附加颗粒阻尼器的结构顶层在 El Centro 波（0.1g）、wenchuan 波（0.1g）、日本 311 波（0.1g）和上海人工波（0.05g）下的加速度峰值、位移峰值的计算值与试验值对比及误差分析。可以看到，由此简化的等效方法得到的计算值与试验值的误差可

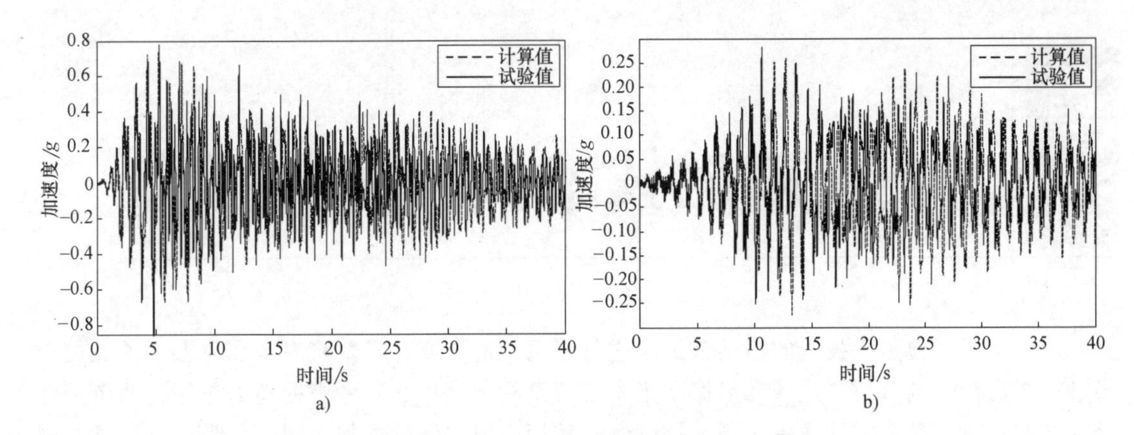

图 6.26　附加颗粒阻尼器的结构顶层加速度时程响应计算值与试验值对比

a) El Centro 波 (0.2g)　b) 上海人工波 (0.05g)

以被控制在可接受的范围内。因此，该模型可以较好地预测结构响应，尤其是峰值加速度响应，这也是结构设计中有关舒适度非常重要的一项控制指标。

表 6.12　附加颗粒阻尼器的结构顶层峰值加速度与峰值位移响应计算值与试验值对比

地震波输入	加速度/g			位移/mm		
	计算值	试验值	误差(%)	计算值	试验值	误差(%)
El Centro 波(0.1g)	0.4899	0.4796	2.15	80.9500	79.0030	2.46
Wenchuan 波(0.1g)	0.4280	0.4540	5.73	21.9297	20.0658	-9.29
日本 311 波(0.1g)	0.2548	0.2682	4.99	12.7873	13.5102	5.35
SHW2 波(0.05g)	0.2749	0.2751	0.07	54.2773	55.9410	8.84

综合以上结果可得，虽然提出的等效计算方法在一定程度上简化了颗粒阻尼器运作时高度非线性的特征，例如忽略了颗粒之间的碰撞力，但是此方法仍然抓住了运用颗粒阻尼器减震的最核心要素——颗粒与容器壁之间的碰撞力。由于该方法可以较好地模拟这一影响阻尼器减震效果的关键控制力，因此可以实现通过较为简单的计算而得到满足精度要求的减震效果的目标，可以进一步用于工程的实用化设计。

第7章 颗粒阻尼技术风洞试验研究

前一章对颗粒阻尼技术的振动台试验进行了系统的研究，本章将对其在风振下的减震效果进行更加深入的分析。地震和风振是土木工程结构设计中必须考虑的动力作用，两者的激励性质有所不同。地震往往是多频率持续时间较短，风振激励更加类似于白噪声且持续时间更久。因此，采用同一种结构振动控制手段对两种性质迥异的激励均要有较好的减震效果，是比较有挑战性的。常见的线性阻尼器，比如调谐质量阻尼器，往往对风振的控制效果较好，对地震的减震效果不佳。颗粒阻尼技术凭借颗粒碰撞的非线性作用，能够拓宽阻尼器的减震频带，在地震作用下的减震特性已经得到验证，本节将继续探讨其在风振下的减振特性，尤其是不同的设计参数对阻尼器风振控制效果的影响，最后介绍便于工程应用的简化设计方法及其实现途径。

7.1 试验设计

为了研究颗粒调谐质量阻尼器（PTMD）对高层建筑风振控制的影响，在同济大学土木工程国家防灾重点实验室 TJ-2 大气边界层风洞中，利用加速度传感器和激光位移计分别测量选定模型在无控和有控状态下的动力加速度和位移。

1. 模型参数选用

在本次试验中选取的模型为进行风振控制国际上常用的 Benchmark 三期模型。土木工程结构振动控制的 Benchmark 问题就是要在相同的结构模型、环境干扰及性能指标下，建立一套完善的结构振动控制系统检验和评价体系，从而为比较不同的控制方案和策略提供公共的平台。

Benchmark 问题研究已经经历了三个阶段，第一阶段的研究对象是由 Spencer 教授提出的两个 3 层框架模型，研究它们在地震作用下分别采用主动锚索（ATS）控制和主动质量驱动（AMD）控制问题，进行各种控制算法和控制效果的比较[206]；第二阶段是从结构地震和风振两类振动的问题出发，选取了有代表性的两座实际工程为研究对象，一座是按照美国加利福尼亚州规范设计的 20 层抗震钢结构（由 Spencer 教授提出）[207]，另一座是拟在澳大利亚墨尔本建造的 76 层、306m 高的钢筋混凝土塔式抗风结构（由 Yang 教授提出）[208]，研究和比较各种控制方案的有效性和适用性，这一阶段风荷载采用的是由 Davenport 横风向风速谱生成的随机风时程。基于第二阶段的研究内容，并在此基础上为更加贴近结构在真实动力荷载下的反应情况，开展了第三阶段振动控制 Benchmark 问题的研究，分别从相应于地震作用下考虑结构及其构件进入非线性状态，风振作用下以结构模型风洞试验所得到的风荷载为依据建立结构振动控制分析的风荷载模型，从更加实用化的角度强调了 Benchmark 的研究意义。这一阶段代表性的研究对象主要有三座分别按照美国加利福尼亚州规范设计的3层、9层和20层抗震钢结构，以及按照风洞试验建立风荷载模型的上述76层钢筋混凝土塔式抗风结构[209]。

本次风洞试验选用的结构是由混凝土核心筒和外框架组成的框筒结构。核心筒用来抵抗风荷载，外框架用来承受主要的重力荷载。结构平面呈方形，在两个对角处有倒角。结构总质量为 1.53×10^5t，总体积为 $5.10\times10^5\text{m}^3$，质量密度约为 300kg/m^3。结构宽度为42m，结构高宽比为7.3，属于风敏感性结构[210]。内核心筒尺寸为21m×21m，外框架柱距6.5m。每层有24根柱子，均匀分布于筒周边，且在各层楼板处与高0.9m、宽0.4m的箱形截面梁固定连接。混凝土抗压强度为60MPa，弹性模量为40GPa，柱尺寸、核心筒厚度及各楼层质量随高度变化。结构平面图和立面图如图7.1所示。

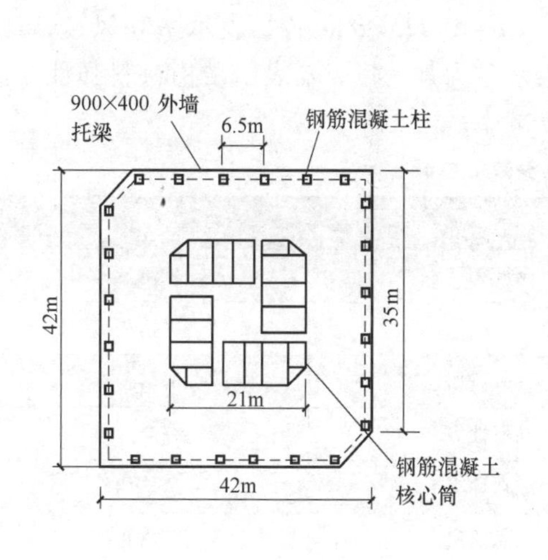

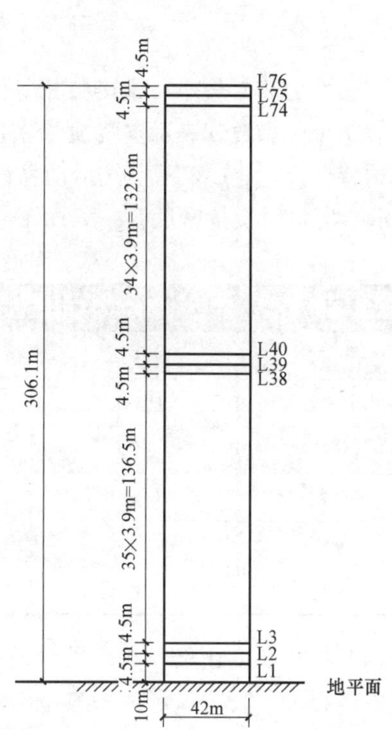

图7.1　Benchmark模型平面及立面示意图

由于结构在两个水平方向基本上对称，刚度和质量中心重合，从而避免了明显的水平方向的扭转耦合振动[211, 212]。

结构前3阶自振频率分别为0.160Hz、0.765Hz、1.992Hz，其对应的振型如图7.2所示。

2. 比尺确定

一般来说，气动相似性包括结构的长度、密度、弹性的相似以及气流的密度、黏性、速度和重力加速度等的相似。这些物理量可以用几个无量纲的参数来表示，如雷诺（Reynolds）数、弗劳德（Froude）数、斯托拉哈（Strouhal）数、柯西（Cauchy）数、密度比、阻尼比等。气动相似参数汇总见表7.1，建筑物风洞试验应尽量满足这些相似条件。若两种流动的雷诺数相等，则流体的黏性力是相似的。对于雷诺数很大的湍流，惯性力起主导

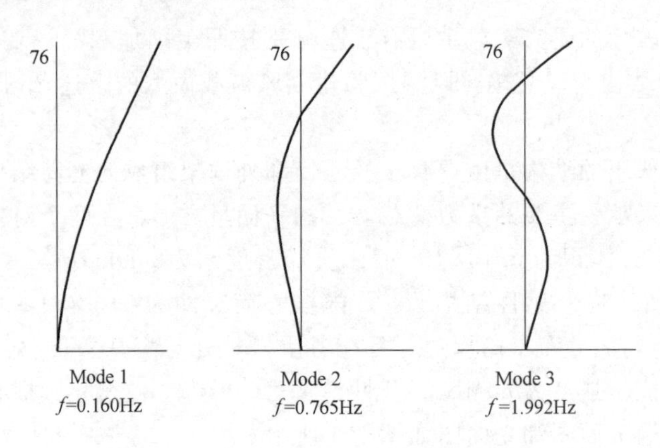

图 7.2　Benchmark 结构前 3 阶振型图

作用，黏性力相对较小，雷诺数相等的要求可相对放低。

表 7.1 中参数 ρ 表示空气质量密度，一般可取 $\rho=1.225\text{kg/m}^3$；U 表示平均风速；D 表示结构特征尺寸；μ 表示空气运动黏性系数；g 表示重力加速度；E 表示结构材料弹性模量；ρ_s 表示结构材料质量密度；ζ 表示结构阻尼对数衰减率。

表 7.1　气动相似参数汇总表

无量纲参数	表达式	物理意义	相似要求
雷诺数	$\rho DU/\mu$	空气惯性力/空气黏性力	钝体可不模拟
弗劳德数	U^2/Dg	流动惯性力/重力	严格相似
斯托拉哈数	n_s/DU	非定常运动惯性力/来流惯性力	严格相似
柯西数	$E/\rho U^2$	结构物弹性力/气动惯性力	综合考虑
密度比	ρ_s/ρ	结构物惯性力/气动惯性力	严格相似
阻尼比	ζ	每个周期耗能/振动总能量	严格相似

(1) 模型长度比尺　本次风洞试验是在同济大学土木工程防灾国家重点实验室中的 TJ-2 风洞中进行的。TJ-2 风洞为一典型的水平布置闭口回流式边界层风洞，采用钢与混凝土混合式结构。试验段长 15m，采用宽 3m、高 2.5m 的切角矩形截面，空风洞可控风速范围为 0.5~60m/s，连续可调[213]。由于要进行附加颗粒阻尼器的高层建筑模型的试验，为了保证颗粒与建筑物同一比例，故应尽可能放大模型的比例，同时还应满足阻塞比小于 8% 的要求。选用模型的长度比尺为 1/200，在此比例下，模型的尺寸为 21cm×21cm×153cm。此时模型的阻塞比为 $\dfrac{\sqrt{(21^2+21^2)}\times153}{300\times250}\times100\%=6\%<8\%$，故阻塞比满足要求。同时，本试验模型比较规整，位于风洞的正中，不会受到壁面效应的影响。

(2) 结构密度比尺　由于风洞中流动的空气的密度与大气中流动的空气的密度是相同的，因此空气质量密度比尺为 $\lambda_\rho=\rho_m/\rho_p=1$。同样，模型的密度也必须和超高层建筑结构的密度相同，因为原型的质量密度约为 300kg/m^3，所以模型的质量密度也为 300kg/m^3。

(3) 模型比尺　通过确定模型的长度比尺和密度比尺，运用量纲分析法可以得出模型的其他比尺，见表 7.2。

表 7.2　模型比尺汇总表

参数	符号	单位	相似比	相似要求
长度	L	m	$\lambda_L=1:200$	几何相似比
密度	ρ	kg/m^3	$\lambda_\rho=1$	不变
速度	u	m/s	$\lambda_v=1/\sqrt{\lambda_L}=1/\sqrt{200}$	弗劳德数
时间	t	s	$\lambda_t=1:\lambda_f=1/\sqrt{200}$	斯托拉哈数
频率	f	Hz	$\lambda_f=\lambda_v/\lambda_L=\sqrt{200}:1$	斯托拉哈数
重力加速度	g	m/s^2	$\lambda_g=1$	不变
位移响应	d	m	$\lambda_d=\lambda_L=1/200$	量纲
加速度响应	a	m/s^2	$\lambda_a=\lambda_L\lambda_f^2=1$	量纲
单位长度质量	m	kg/m	$\lambda_m=\lambda_\rho\lambda_L^2=1:200^2$	量纲
单位质量惯矩	J_m	$kg\cdot m^2/m$	$\lambda_{J_m}=\lambda_\rho\lambda_L^4=1:200^4$	量纲
弯曲刚度	EI	$N\cdot m^2$	$\lambda_{EI}=\lambda_E\lambda_L^4=1:200^5$	量纲
扭转刚度	GJ_d	$N\cdot m^2$	$\lambda_{GJ_d}=\lambda_G\lambda_L^4=1:200^5$	量纲
轴向刚度	EA	N	$\lambda_{EA}=\lambda_E\lambda_L^2=1:200^3$	量纲
阻尼比	ζ	—	$\lambda_\zeta=1$	不变

3. 模型设计参数确定

（1）模型质量　由模型密度相似比为 1，模型的密度为 $300kg/m^3$，原型的质量为 153×10^3t，模型的长度比尺为 1/200，可以确定模型的质量为 $m=M\times\lambda_l^3=[153\times10^6\times(1/200)^3]kg=19.125kg$。

（2）模型基频　建筑原型的基频为 $f_s=0.16Hz$。根据频率相似比，模型的振动频率为 $f_m=(\sqrt{200}\times0.16)Hz=2.26Hz$。

（3）模型动力特性的实现　在进行风洞试验之前，对制作好的模型运用 ANSYS 有限元软件进行有限元分析，通过调整芯梁的尺寸及实现对模型振型的模拟，最终设计芯梁的截面尺寸为 1.55cm×1.55cm，运用 ANSYS 分析的振型如图 7.3 所示。

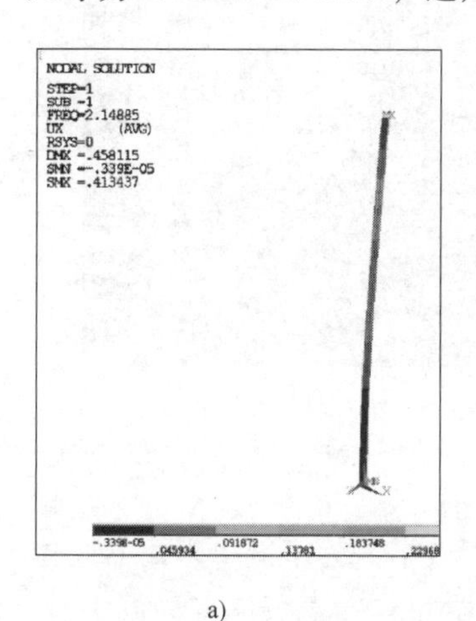

a)

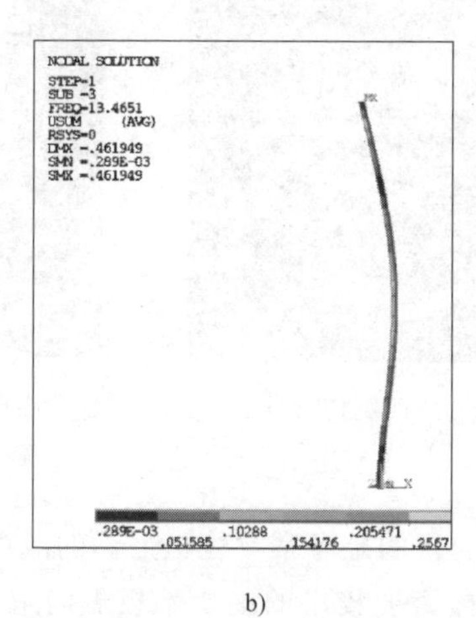

b)

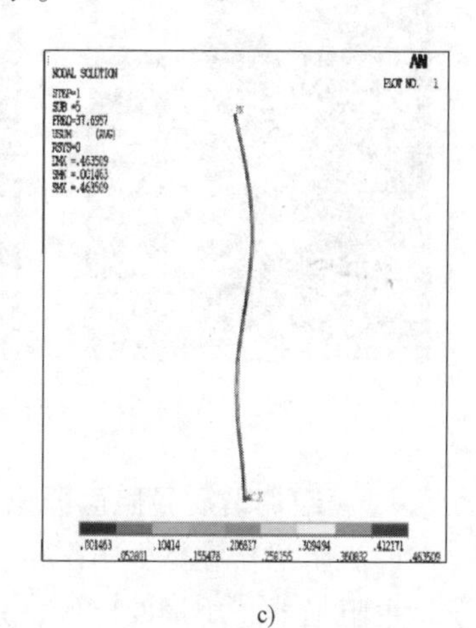

c)

图 7.3　模型芯梁振型分析图

a）一阶　b）二阶　c）三阶

模型设计图及实物对比如图 7.4 所示。

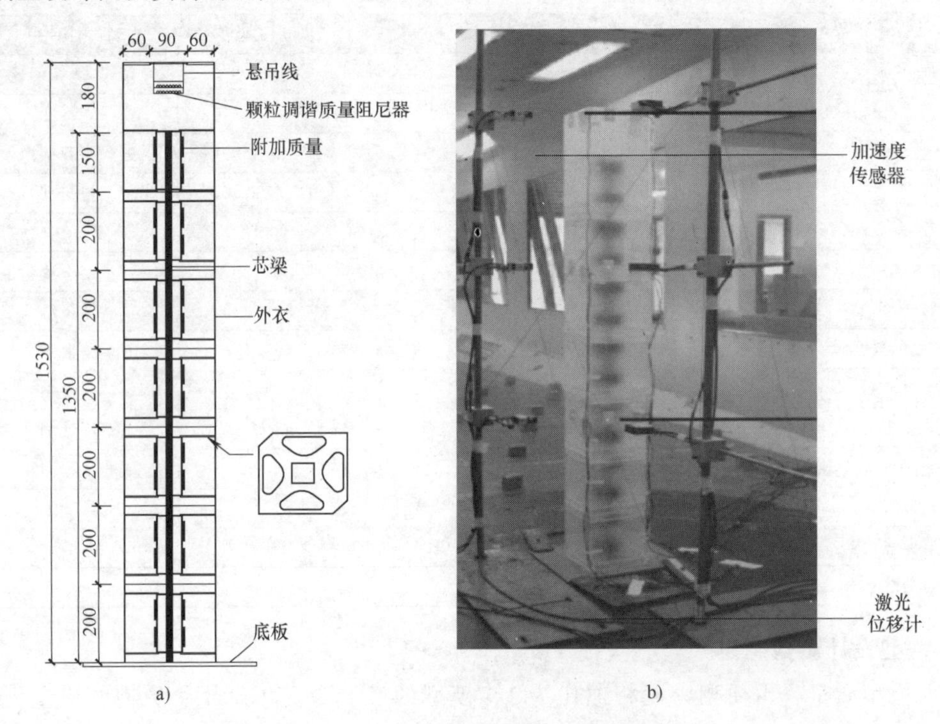

图 7.4　试验模型设计及实物图（单位：mm）
a）模型设计图　b）模型实物图

模型上传感器的安装位置如图 7.5 所示，将模型分为等高的三段，在横风向和顺风向同一高度安装激光位移计和加速度传感器，共安装了 6 个激光位移计和 6 个加速度传感器。

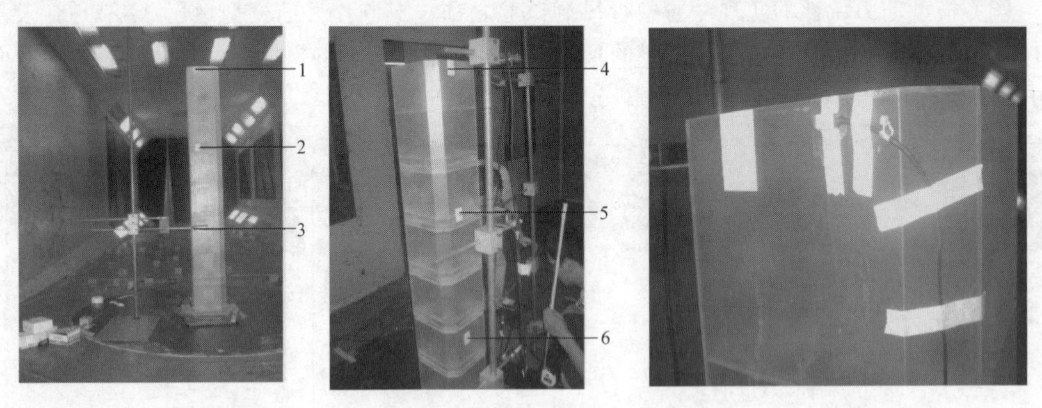

图 7.5　加速度传感器和激光位移计分布图

4. 颗粒调谐质量阻尼器设计

（1）阻尼器腔体　本次试验的目的是考察颗粒阻尼器的减振效果，为了减少阻尼器腔体质量占阻尼器总质量的比例，选择密度较小的硬质木板做阻尼器腔体，木板厚度为 0.1cm。PTMD 通过调谐的方式减振，通过调节阻尼器顶部的悬吊线来实现，综合考虑悬吊式阻尼器在运动过程中的摆动及颗粒所占腔体的面积，阻尼器腔体内底面内腔尺寸分为三种：

7.5cm×7.5cm，8.5cm×8.5cm，9cm×9cm，腔体分单层、双层和三层，每层高度相同，均为 1.5cm，如图 7.6 所示。

图 7.6　三层阻尼器腔体

为比较腔体不同分隔形式下颗粒阻尼器的减振效果，在腔体内部设置不同的分隔，在本次试验中设置两种不同的分隔，十字分隔和井字分隔，分隔形式如图 7.7 所示。

a)

b)

图 7.7　不同阻尼器腔体不同分隔形式
a）十字分隔　b）井字分隔

（2）阻尼器颗粒　为了比较不同密度的颗粒对颗粒阻尼器减振效果的影响，本次试验选择钢颗粒、铜颗粒、铅颗粒和碳化钨颗粒作为颗粒材料。为研究不同直径颗粒对阻尼器减振效果的影响，考虑到阻尼器腔体在不同质量比下容纳的颗粒数量及颗粒材料获得的难易程度，对铅颗粒选择的直径为 2mm、3mm、4mm、6mm、8mm 和 10mm。其他三种材料组成的颗粒直径均为 6mm。试验选用的颗粒材料如图 7.8 所示。

（3）悬吊线　为了实现阻尼器的调谐功能，选用悬吊的方式调节阻尼器的频率，阻尼器腔体由轻质木板牢固拼接而成（见图 7.9）。设置四根等长的摆线，分别将阻尼器腔体的四个角部与模型顶部预制小孔相连，连接方式简化为铰接。本次试验中悬吊线选用普通尼龙线。

因模型的自振频率较高，要使得阻尼器的振动频率与模型的振动频率相同，则摆线长度为 4.86cm，取为 5cm。

同时，为了考察颗粒阻尼器在不调谐的情况下对主体结构振动控制的效果，在本次试验中通过设置不同摆线的长度来调节阻尼器的频率，选用了 4cm、6cm 和 7cm 三种悬吊长度。

5. TMD 设计

为了比较同等质量比条件下颗粒阻尼器与 TMD 的减振工作性能，在本次试验中增设了

图 7.8 试验用颗粒

a）6mm 直径碳化钨颗粒 b）6mm 直径铜颗粒 c）6mm 直径钢颗粒 d）2mm 直径铅颗粒
e）3mm 直径铅颗粒 f）4mm 直径铅颗粒 g）6mm 直径铅颗粒 h）10mm 直径铅颗粒

图 7.9 颗粒调谐质量阻尼器

TMD 工况，通过在阻尼器腔体内附加质量块的方式来保证 TMD 的质量与颗粒阻尼器的质量相等，如图 7.10 所示。

6. 风环境模拟

（1）风场 鉴于试验条件的限制，在本次试验中只模拟 A、B 和 C 类风场，由于高层建

图 7.10　调谐质量阻尼器

筑多位于 C 类风场中，因此大部分试验的实施工况是在 C 类风场中完成的，风场布置图如图 7.11 所示。

a)

b)

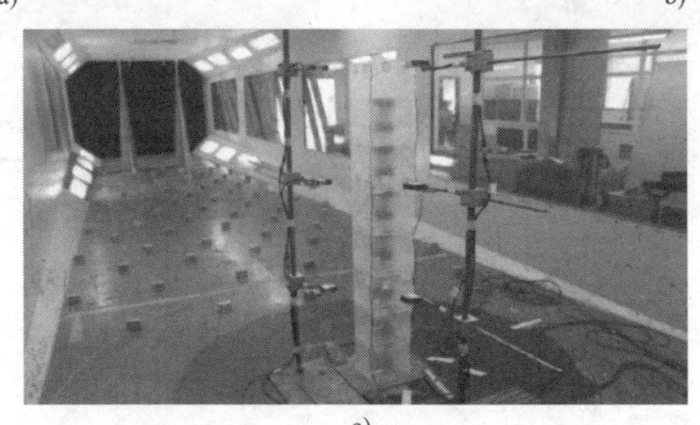

c)

图 7.11　风场布置图

a）A 类风场　b）B 类风场　c）C 类风场

（2）风速　按照 GB 50009—2012《建筑结构荷载规范》中全国各大城市不同的设计风压，汇总了不同设计年限的风压变化范围，百年一遇基本风压的变化范围为 0.5～1.1kN/m^2，对应 B 类风场下梯度风速见表 7.3。C 类风场（400m）和 D 类风场（450m）下梯度风高度按照模型长度比尺（1/200）缩尺之后均要小于风洞高度，故在两种风场下风洞中的风速均同 B 类风场中的风速。

表 7.3　全国各主要城市设计风压汇总表

设计风压	50 年/（kN/m^2）	100 年/（kN/m^2）
台东	0.9	1.05
三亚	0.85	1.05
香港	0.9	0.95

（续）

设计风压	50 年/(kN/m²)	100 年/(kN/m²)
厦门	0.8	0.9
深圳	0.75	0.9
大连	0.65	0.75
上海	0.55	0.6
北京	0.45	0.5

考虑到风洞中的风速设定装置及试验操作的可实施性，在实际的试验工况中取风速为3.5m/s、4.0m/s、4.5m/s、5.0m/s 和 5.5m/s，设计风压与风洞风速对照见表 7.4。

表 7.4　设计风压与风洞风速对照表

基本风压/(kN/m²)	基本风速/(m/s)	梯度风速/(m/s)	风洞风速/(m/s)
0.50	28.28	49.96	3.53
0.65	32.25	56.96	4.03
0.80	35.78	63.19	4.47
1.00	40.00	70.65	5.00

（3）风攻角　本次试验中选用的模型截面为切角的正方形，风攻角在 0°~90°内变化即可遍历模型所有可能的受风角度，故选用变化的风攻角为 0°、15°、30°、45°、60°、75°和90°，风攻角和模型关系图如图 7.12 所示。

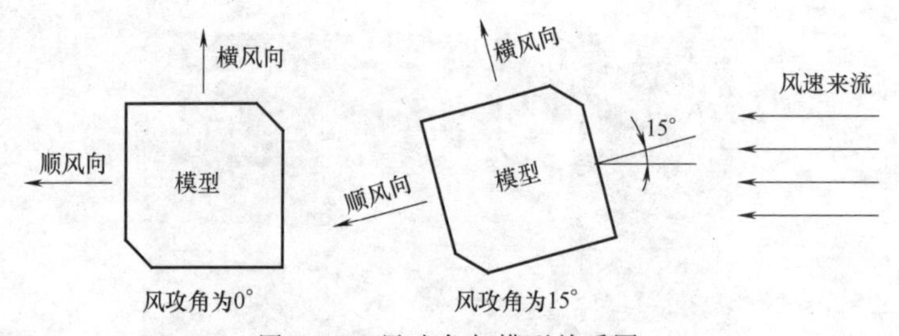

图 7.12　风攻角与模型关系图

（4）采样时间　为了真实地模拟 PTMD 的工作状态，按照 GB 50009—2012《建筑结构荷载设计规范》中关于基本风压采样的要求，模拟真实环境中 10min 平均最大风速的采样时间，按照时间缩尺比确定最终的采样时间为(10×60×1/14.14)s=42s。风速由零开始加到理想的风速，前 80s 风速不稳定，等到风速稳定时开始采样。

7. 试验工况

试验工况的设置从 PTMD 和风场环境角度分别进行了设计。试验所有工况的变量汇总见表 7.5。

（1）质量比　定义质量比为 PTMD 的总质量（阻尼器腔体与颗粒总质量）与模型质量的比值，不同质量比对阻尼器的减震效果会产生不同的影响，且质量比的大小直接影响阻尼器在工程中的推广应用。为考察不同质量比下阻尼器的减震控制效果，设置不同质量比的工况，只变化阻尼器与模型总体质量比（阻尼器腔体不变，颗粒质量变化，使阻尼器的总质量得以变化），其他参数保持不变，参数汇总见表 7.6。

表7.5 试验变量汇总表

1	质量比/%	0.5	0.75	1	1.25	1.5	—	—
2	颗粒材料	钢	铜	铅	碳化钨	—	—	—
3	颗粒直径/mm	2	3	4	6	8	10	—
4	腔体颗粒质量比	原始	0.25	0.5	1	2	4	—
5	悬吊长度/cm	4	5	6	7	—	—	—
6	腔体类型	无间隔	十字间隔	井字间隔	—	—	—	—
7	腔体尺寸	7.5cm×7.5cm	8.5cm×8.5cm	9cm×9cm	—	—	—	—
8	风速/(m/s)	3.5	4	4.5	5	6	7	—
9	风攻角/度	0	15	30	45	60	75	90
10	风场	B	C	D	—	—	—	—

表7.6 不同质量比下试验工况汇总

工况一	质量比	颗粒	风速	风场	风向角	单摆摆长	阻尼器腔体
1-1	0.5%	直径2mm铅	4m/s	C	0°	5cm	9cm×9cm 无间隔
1-2	0.75%						
1-3	1%						
1-4	1.25%						
1-5	1.5%						

(2) 颗粒材料　不同的颗粒材料具有不同的性质（如刚度、密度和摩擦系数），因此，材料类型的不同将会对阻尼器的减振控制效果产生不同的影响，根据材料密度的不同选用了四种常见的颗粒材料，工况设置汇总见表7.7。

表7.7 不同颗粒密度下试验工况汇总

工况二	颗粒材料	质量比	直径/mm	风速	风场	风向角	单摆摆长	阻尼器腔体
2-1	钢	1%	6	4m/s	C	0°	5cm	9cm×9cm 无间隔
2-2	铜							
2-3	铅							
2-4	碳化钨							

(3) 颗粒直径　颗粒阻尼器中不同的颗粒直径可能会对阻尼器的减震控制效果产生影响，为探究不同直径的颗粒对PTMD的减震性能的影响，在相同的材料工况下设置不同直径的颗粒，其他条件保持不变，不同直径下工况汇总见表7.8。

(4) 阻尼器腔体质量与颗粒质量比　PTMD由阻尼器腔体与颗粒共同组成，腔体与颗粒质量的不同会影响其中的颗粒的运动状态及运动形式，会对阻尼器的减震控制效果产生不同的影响。为考察不同阻尼器腔体与颗粒质量比下的PTMD对阻尼器的减震控制效果，试验设置了不同比值下的响应工况。汇总情况见表7.9。

(5) 悬吊长度　本试验中的PTMD采用悬吊式，不同悬吊长度对应阻尼器不同的频率，通过调整悬吊线的长度来改变阻尼器的调谐频率。实际结构建筑物在不同环境中自振频率往往会发生较大变化，因此，考察不同悬吊长度下PTMD的减振控制效果意义重大。在本次试验中设置了不同悬吊长度下的工况，汇总情况见表 7.10。

表 7.8　不同颗粒直径下试验工况汇总

<table>
<tr><th>工况三</th><th>直径/mm</th><th>质量比</th><th>颗粒材料</th><th>风速</th><th>风场</th><th>风向角</th><th>单摆摆长</th><th>阻尼器腔体</th></tr>
<tr><td>3-1</td><td>2</td><td rowspan="6">1%</td><td rowspan="6">铅</td><td rowspan="6">5m/s</td><td rowspan="6">C</td><td rowspan="6">0°</td><td rowspan="6">5cm</td><td rowspan="6">9cm×9cm
无间隔</td></tr>
<tr><td>3-2</td><td>3</td></tr>
<tr><td>3-3</td><td>4</td></tr>
<tr><td>3-4</td><td>6</td></tr>
<tr><td>3-5</td><td>8</td></tr>
<tr><td>3-6</td><td>10</td></tr>
</table>

表 7.9　不同腔体颗粒质量比下试验工况汇总

<table>
<tr><th>工况四</th><th>空腔质量和
颗粒质量比</th><th>总质量比</th><th>颗粒材料</th><th>风速</th><th>风场</th><th>风向角</th><th>单摆摆长</th><th>阻尼器腔体</th></tr>
<tr><td>4-1</td><td>原始</td><td rowspan="6">1 %</td><td rowspan="6">直径 2mm
铅</td><td rowspan="6">4m/s</td><td rowspan="6">C</td><td rowspan="6">0°</td><td rowspan="6">5cm</td><td rowspan="6">9cm×9cm
无间隔</td></tr>
<tr><td>4-2</td><td>0.25</td></tr>
<tr><td>4-3</td><td>0.5</td></tr>
<tr><td>4-4</td><td>1</td></tr>
<tr><td>4-5</td><td>2</td></tr>
<tr><td>4-6</td><td>4</td></tr>
</table>

表 7.10　不同腔体颗粒质量比下试验工况汇总

<table>
<tr><th>工况五</th><th>单摆摆长</th><th>风向角</th><th>质量比</th><th>颗粒材料</th><th>风速</th><th>风场</th><th>阻尼器腔体</th></tr>
<tr><td>5-1</td><td>4cm</td><td rowspan="4">0</td><td rowspan="4">1%</td><td rowspan="4">直径 6mm
碳化钨</td><td rowspan="4">5m/s</td><td rowspan="4">C</td><td rowspan="4">9cm×9cm
无间隔</td></tr>
<tr><td>5-2</td><td>5cm</td></tr>
<tr><td>5-3</td><td>6cm</td></tr>
<tr><td>5-4</td><td>7cm</td></tr>
</table>

(6) 阻尼器腔体类型　在阻尼器腔体内部设置不同的分割方式会对颗粒与阻尼器腔体壁的碰撞产生不同的影响，进而对 PTMD 内部能量耗散方式产生不同的影响，为定性考察不同分隔形式对阻尼器减振控制效果的影响，设置了两种不同的腔体分隔方式，试验工况汇总见表 7.11。

表 7.11　不同腔体颗粒质量比下试验工况汇总

<table>
<tr><th>工况六</th><th>阻尼器腔体</th><th>质量比</th><th>颗粒材料</th><th>风速</th><th>风场</th><th>风向角</th><th>单摆摆长</th></tr>
<tr><td>6-1</td><td>1(无间隔)</td><td rowspan="3">0.7%</td><td rowspan="3">直径 6mm 钢</td><td rowspan="3">5m/s</td><td rowspan="3">C</td><td rowspan="3">0°</td><td rowspan="3">5cm</td></tr>
<tr><td>6-2</td><td>2(十字间隔)</td></tr>
<tr><td>6-3</td><td>3(井字间隔)</td></tr>
</table>

(7) 风速　实际建筑物在不同的风速下具有不同的振动响应，往往随着风速的增大，结构响应呈现增大的趋势。在结构响应增大的情况下，PTMD 亦应呈现不同的减振控制效果，为考察减振效果随激励风速的影响，设置不同的风速工况，汇总情况见表 7.12。

表 7.12　不同风速激励下试验工况汇总

工况七	风速	风场	质量比	颗粒材料	风向角	单摆摆长	阻尼器腔体
7-1	3.5m/s	C	1%	直径 6mm 钢	0°	5cm	7.5cm×7.5cm 无间隔
7-2	4m/s						
7-3	4.5m/s						
7-4	5m/s						

(8) 风攻角　实际结构中，风的来流方向呈现随机变化的状态，且结构的振动响应亦会随来流方向的变化呈现不同的状态，因此考察 PTMD 对结构在不同风攻角状态下的减振控制效果意义重大。为此，试验设置工况见表 7.13。

表 7.13　不同风攻角下试验工况汇总

工况八	风攻角	质量比	颗粒材料	风速	风场	单摆摆长	阻尼器腔体类型
8-1	0	1%	直径 2mm 铅	5m/s	C	5cm	9cm×9cm 无间隔
8-2	15						
8-3	30						
8-4	45						
8-5	60						
8-6	75						
8-7	90						

7.2　风洞试验结果

7.2.1　模型动力特性

结构动力特性是结构固有的特性，包括固有频率、阻尼、振型，这些参数由结构的组成形式、刚度、质量分布、材料特性、构造连接等因素决定，与外荷载无关。

结构动力特性的测定方法有自由振动法、强迫振动法和脉动法等，其中自由振动法因为方便实施而得到了较为广泛的应用[214]。在本次试验中，采用自由振动法中的初始位移法，即突然释放预加的初位移，使结构产生自由振动，测得模型顶部响应的自由衰减曲线。

1. 自振特性

模型结构横风向和顺风向的自振频率可通过对自由衰减曲线的傅里叶变换，求得结构的傅里叶谱来识别。两个方向的傅里叶谱如图 7.13 所示，由此可知顺风向的自振频率为 2.16Hz，横风向的自振频率为 2.17Hz。

2. 阻尼比

确定结构阻尼（无风时测量）采用式（7-1）所示方法[215]

$$\zeta_s = \frac{\ln(y_m / y_n)}{2(n-m)\pi} \tag{7-1}$$

式中　y_m、y_n——模型自由衰减振动第 m 周、第 n 周的振幅。

在测量结构阻尼比时，已知自由衰减曲线的任意两个峰值，即可得到结构的阻尼比。

在本试验过程中，方形截面超高层建筑气动弹性模型的阻尼测量并非如此简单。由于模型在正交的两个水平侧弯方向上的动力特性完全一致，当沿模型顺风向施加初位移时，由于两方

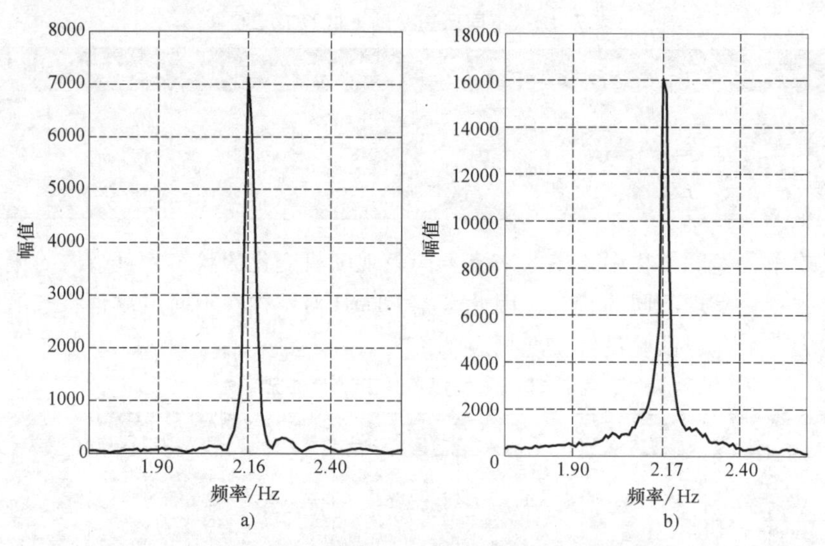

图 7.13　主体结构两方向自由衰减曲线的傅里叶谱

a）顺风向　b）横风向

向的自振频率相差很小，其横风向也发生了振动，导致两个方向上的振动耦合，产生“拍”的现象，这给阻尼测量带来很大的困难。两方向的振动曲线如图 7.14 所示，其中，Δ 为位移。

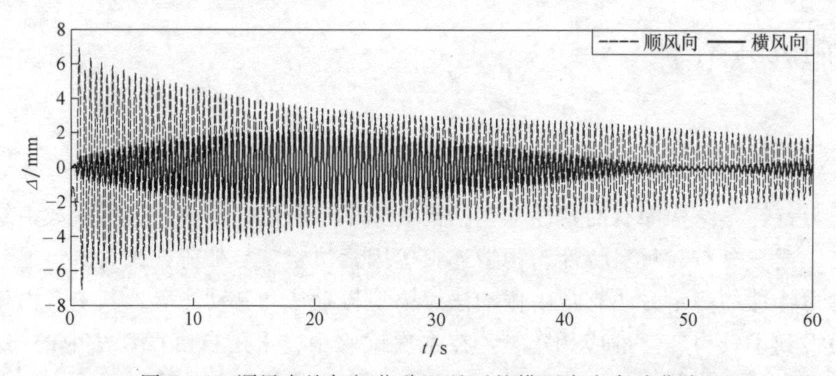

图 7.14　顺风向施加初位移工况下的模型自由衰减曲线

由图 7.14 可以看出，在顺风向施加初始位移，结构在初始时刻沿顺风向自由衰减，随着时间的推移，一部分能量转化为横风向的振动。为消除能量传递给阻尼测量带来的影响，假定顺风向（x 向）和横风向（y 向）具有相同的刚度、频率和阻尼比[216]。其初始振动能量可表示为

$$E_{0x}=0.5kA_{0x}^2 \tag{7-2}$$

$$E_{0y}=0.5kA_{0y}^2 \tag{7-3}$$

式中　A_{0x}、A_{0y}——分别为两个方向的振动幅值；

k——模型在两个方向的刚度。

如果两个方向没有能量传递，n 个周期后各个方向的振动能量分别为

$$E_{nx}=0.5kA_{nx}^2 \tag{7-4}$$

$$E_{ny}=0.5kA_{ny}^2 \tag{7-5}$$

因此，可计算出阻尼消耗的振动能量总和，即

$$\Delta E_{\zeta}=(E_{0x}-E_{nx})+(E_{0y}-E_{ny})=0.5k[(A_{0x}^2+A_{0y}^2)-(A_{nx}^2+A_{ny}^2)] \tag{7-6}$$

定义振动矢量和 r 为

$$r^2=x^2+y^2 \tag{7-7}$$

由于“拍”的作用，顺风向和横风向的振动同相，则有

$$A_{\mathrm{r}}^2=A_x^2+A_y^2 \tag{7-8}$$

代入等式（7-6）得

$$\Delta E_{\zeta}=0.5k(A_{0\mathrm{r}}^2-A_{n\mathrm{r}}^2) \tag{7-9}$$

假定振动 n 周后，从顺风向转移到横风向的能量为 ΔE_{xy}，则

$$\begin{aligned}\Delta E_{\zeta}&=(E_{0x}-E'_{nx}-\Delta E_{xy})+(E_{0y}-E'_{ny}+\Delta E_{xy})=0.5k[(A_{0x}^2+A_{0y}^2)-(A'^2_{nx}+A'^2_{ny})]\\&=0.5k(A_{0\mathrm{r}}^2-A'^2_{n\mathrm{r}})\end{aligned} \tag{7-10}$$

对比式（7-9）和式（7-10）得

$$A_{n\mathrm{r}}=A'_{n\mathrm{r}} \tag{7-11}$$

在无能量传递时，有

$$A_{nx}=A_{0x}e^{-2n\pi\zeta} \tag{7-12}$$

$$A_{ny}=A_{0y}e^{-2n\pi\zeta} \tag{7-13}$$

所以

$$A_{n\mathrm{r}}=(A_{nx}^2+A_{ny}^2)^{1/2}=(A_{0x}^2+A_{0y}^2)^{1/2}e^{-2n\pi\zeta}=A_{0\mathrm{r}}e^{-2n\pi\zeta} \tag{7-14}$$

那么，当存在振动能量传递，且结构在两个方向的振动特性相同或接近时，结构的阻尼比可以通过下式求得

$$\zeta=\frac{\ln(A_{0\mathrm{r}}/A_{n\mathrm{r}})}{2n\pi} \tag{7-15}$$

对两个方向的时程曲线进行合成，即对其二次方加和并开方，得到合成位移，如图 7.15 所示，由以上推导的公式可计算结构的阻尼比为 0.3%。

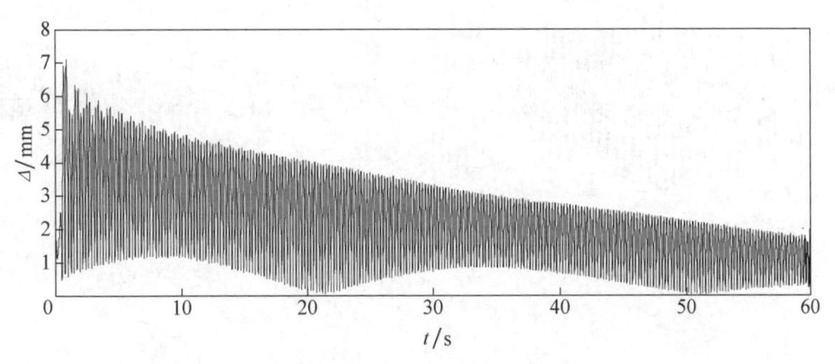

图 7.15　合成位移时程曲线

模型自振特性汇总信息见表 7.14，其中，f 为频率，ζ 为阻尼比。

表 7.14　模型自振特性汇总表

自振特性	顺风向	横风向
f/Hz	2.16	2.17
ζ(%)	0.3	0.3

7.2.2 参数分析

在我国的国家规范中关于高层建筑设计的相关规定中，加速度和位移峰值及均方根响应是结构抗震性能的重要衡量指标，在评估结构的损伤时，需要研究结构的不同参数对结构性能的影响，峰值往往用来衡量结构的最大响应，而在随机振动中通常用均方根响应来表示随机变量的能量水平，在本次试验中通过加速度峰值、位移峰值、加速度均方根和位移均方根响应等多个参数全面考察阻尼器的减振性能。

模型顶部的加速度及位移时程响应可通过设置的加速度计及激光位移计得出，首先运用自由振动法进行了对不附加阻尼器的主体结构（无控结构）和附加阻尼器的结构（有控结构）自由衰减情况下振动特性对比分析，继而进行风洞试验，截取风速平稳后的 80s 时程数据并进行位移和加速度峰值和均方根的计算。通过对比有控和无控结构的峰值和均方根响应计算出其对应的减振效果。

减振率的定义如公式（7-16）：

$$\text{减振效果} = \frac{\text{无控结构响应} - \text{有控结构响应}}{\text{无控结构响应}} \times 100\% \tag{7-16}$$

试验从涉及的 PTMD 相关参数，包括颗粒填充率、阻尼器与主体结构质量比、颗粒材料、颗粒直径、腔体颗粒质量比、调谐频率、腔体类型、风洞风速和风攻角方面考查 PTMD 对高层建筑模型风致振动的减振效果。

选取了典型的无控和有控结构的加速度和位移的时程对比曲线如图 7.16 和图 7.17 所示，从图 7.16 中可看出，有控结构加速度峰值要明显小于无控结构，加速度幅值在整个时程范围内均得到了较大程度的衰减。同理，图 7.17 所示有控结构的位移时程响应较无控结构的位移响应也得到了很大的抑制。这些时程对比图形显示了 PTMD 能够有效地减小结构的振动。

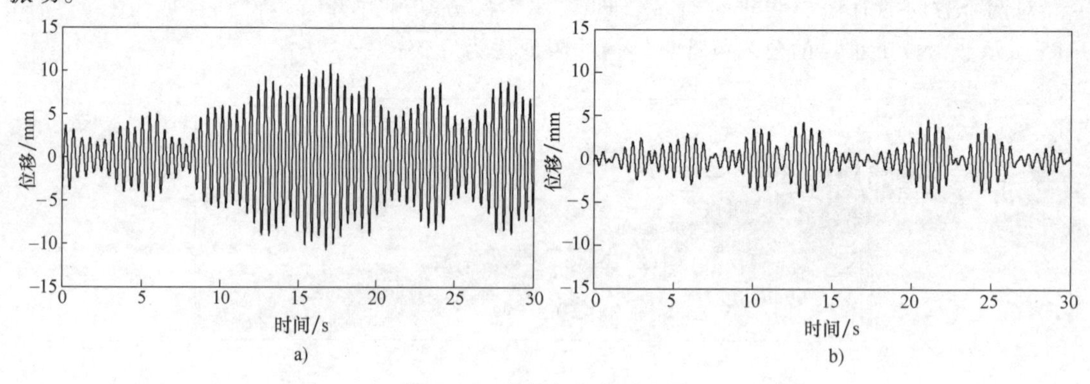

图 7.16 横风向位移对比图

a）无控 b）有控

图 7.18 对比了有控和无控结构时程曲线 5 个周期的高分辨图。对比可发现，有控工况下，加速度时程曲线均匀分布着高频的振动曲线，而无控工况下，曲线较有控更“光滑”。这是因为 PTMD 中颗粒之间及颗粒与阻尼器腔体壁的碰撞更易激发结构的高阶振型，对应的加速度时程响应均匀分布着高阶成分。更进一步，对比单颗粒碰撞阻尼器，高阶成分的幅值并不大，这是因为颗粒之间的碰撞力并不大从而基本不改变结构的振动形式。可以得出，风

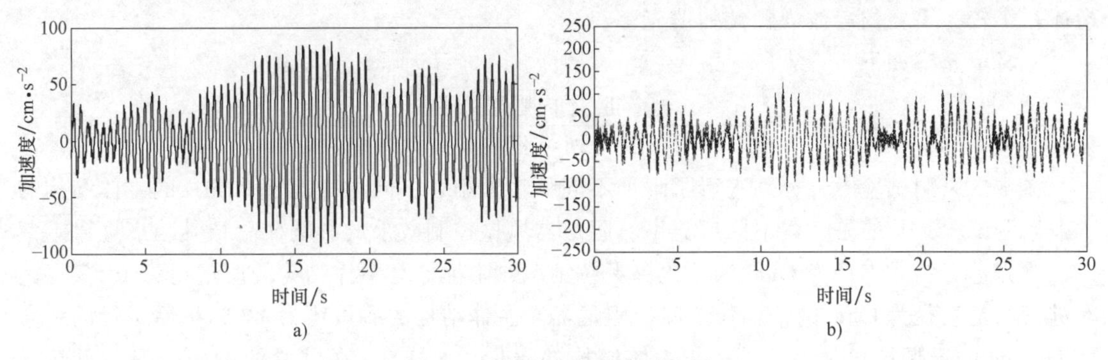

图 7.17　横风向加速度对比图

a）无控　b）有控

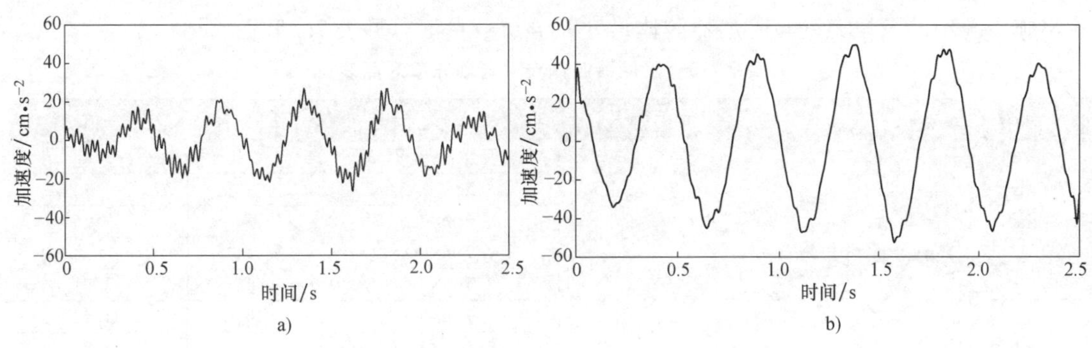

图 7.18　横风向加速度对比图（5 个周期）

a）有控　b）无控

荷载激励下 PTMD 的减振效果鲁棒性较传统的冲击阻尼器更好。

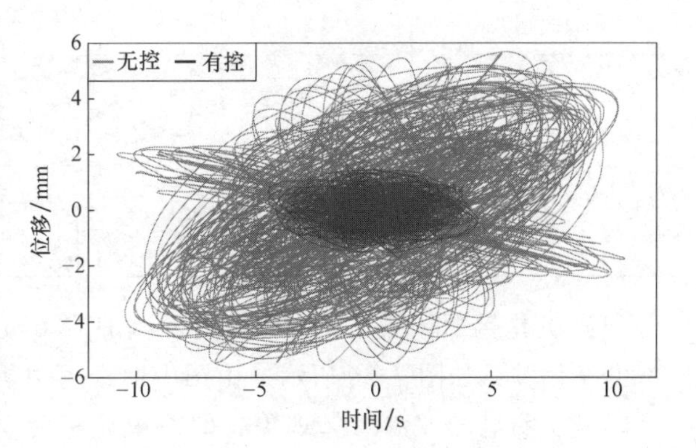

图 7.19　无控结构和有控结构顶部顺风向和横风向位移响应轨迹对比图

图 7.19 对比了无控结构和有控结构顶部运动轨迹（消除平均风响应对运动轨迹的影响，只考虑脉动风响应的影响），从图中可以直观地看出有控结构的响应要远远小于无控结构。仅从幅值方面考察，无论是横风向还是顺风向，无控结构的幅值大约是有控结构的 3 倍，说明风荷载作用下 PTMD 对主体结构的振动具有良好的控制效果。另外，两种工况下横风向的位移大约是顺风向位移的 2 倍。这也验证了高层建筑在风荷载作用下横风向位移响应要大于顺风向位移响应的结论。

1. 填充率

PTMD 对结构的振动控制机理是：一方面通过像 TMD 那样通过调谐的方式来减少基本结构的振动，另一方面通过颗粒之间及颗粒与阻尼器腔体壁的碰撞来耗散主体结构的能量，颗粒之间的碰撞和颗粒数目的多少及颗粒与阻尼器腔体之间的距离关系密切，而衡量这两项指标一个较为重要的参数为颗粒的填充率。

定义填充率如下

$$颗粒填充率=\frac{腔体内颗粒数目}{腔体内单层排列可容纳的最大颗粒数目}\times 100\% \tag{7-17}$$

在本次风洞试验中，分别进行了附加不同颗粒大小、不同质量比下PTMD的主体结构的气弹风洞试验，目的是考察不同填充率对阻尼器风振控制效果的影响，总结其减震规律。

首先进行的是直径为6mm的碳化钨颗粒工况，阻尼器与主体结构的质量比为1.5%；其次进行的是直径为6mm的钢颗粒工况，阻尼器与主体结构的质量比为1%；最后进行的是直径为2mm的铅颗粒工况，阻尼器与主体结构的质量比为1%。在试验的过程中保持颗粒材料、悬吊长度、阻尼器与主体结构的质量比、风洞风速（4m/s）和风场类型（C类）不变，通过改变阻尼器腔体的尺寸及分层数目实现同等质量比及腔体尺寸下颗粒的不同填充率。试验实施工况中涉及填充率与阻尼器腔体尺寸及分层数量汇总见表7.15。

表7.15　阻尼器腔体尺寸与填充率对照表

颗粒	直径/mm	密度/(g/cm³)	颗粒数目	腔体尺寸	层数	填充率(%)
碳化钨	6	14.7	167	9cm×9cm	2	39.04
				8.5cm×8.5cm	2	44.46
				7.5cm×7.5cm	2	59.96
				9cm×9cm	1	78.08
				8.5cm×8.5cm	1	88.91
钢	6	7.92	202	9cm×9cm	3	31.48
				8.5cm×8.5cm	3	35.85
				9cm×9cm	2	47.22
				8.5cm×8.5cm	2	53.77
				7.5cm×7.5cm	2	72.53
				9cm×9cm	1	94.44
铅	2	11.47	3755	9cm×9cm	3	64.24
				8.5cm×8.5cm	3	70.71
				9cm×9cm	2	96.36
				8.5cm×8.5cm	2	106.06
				7.5cm×7.5cm	2	145.50
				8.5cm×8.5cm	1	212.14

（1）碳化钨颗粒工况　当颗粒材料为直径6mm的碳化钨时，PTMD减振控制效果随填充率的变化关系如图7.20所示，由图中曲线可以看出，阻尼器减振效果与颗粒之间的填充率之间呈现明显的“双峰”现象，即在填充率为50%和90%左右时，无论是加速度、位移均方根还是峰值响应，颗粒阻尼器均较其他填充率工况下的减振效果好。这是因为填充率的变化改变了颗粒与阻尼器腔体壁之间的距离，随着填充率的减少，颗粒与阻尼器腔体壁之间的距离变长，意味着在相同的激励下颗粒需要运动更长的距离（或更长时间）才能与阻尼器腔体壁之间发生有效的碰撞。存在一个或多个最优的颗粒运动距离，使得颗粒运动一周所用的时间与结构的振动周期呈倍数关系，此时往往具有较好的振动控制效果。

（2）钢颗粒工况　当颗粒材料为6mm的钢球时，PTMD减振控制效果随填充率的变化关系如图7.21所示，图中曲线亦呈现“双峰”减振规律，当颗粒的填充率在30%和50%左右时，阻尼器的减振控制效果最好。这与碳化钨颗粒的工况试验结果部分吻合。

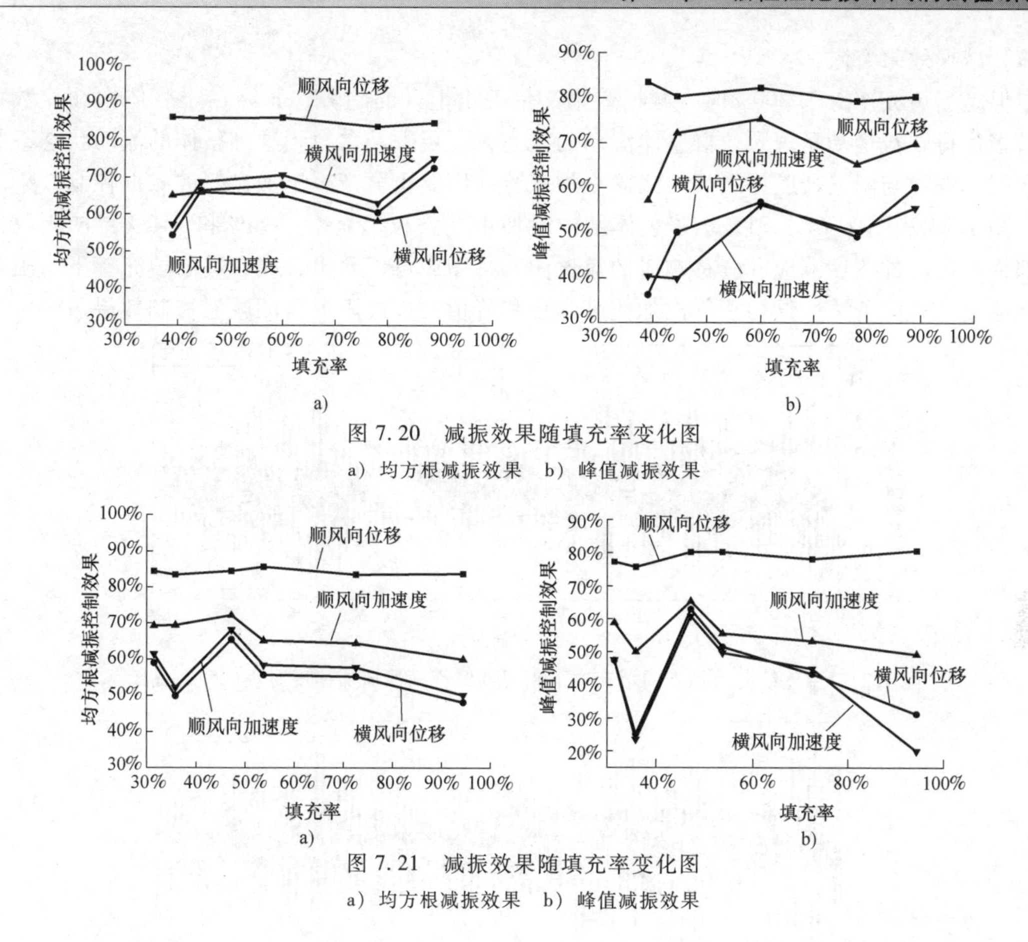

图 7.20　减振效果随填充率变化图

a）均方根减振效果　b）峰值减振效果

图 7.21　减振效果随填充率变化图

a）均方根减振效果　b）峰值减振效果

（3）铅颗粒工况　当颗粒材料为 2mm 的铅颗粒时，PTMD 减振控制效果随填充率的变化关系如图 7.22 所示。

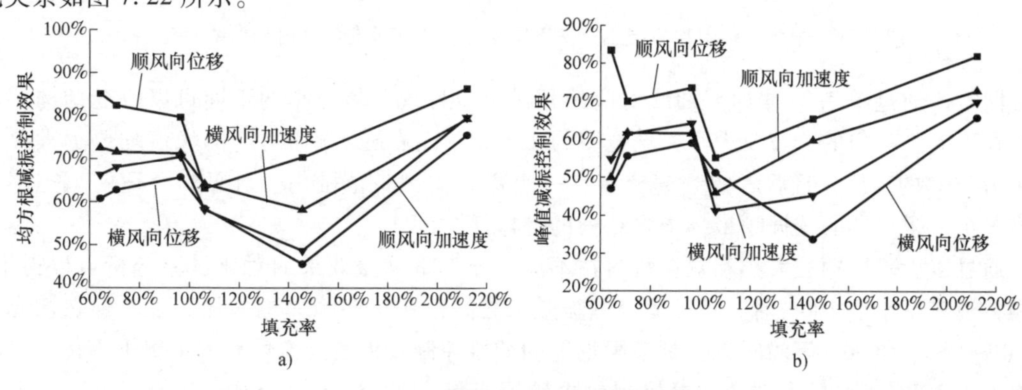

图 7.22　减振效果随填充率变化图

a）均方根减振效果　b）峰值减振效果

由图 7.22 可得，当填充率小于 100%时，最优减振效果对应的为填充率 90%的工况，这与碳化钨工况中的减振规律吻合。当填充率超过 100%时，阻尼器的减振控制效果呈现出下降的趋势，原因在于颗粒阻尼器腔体内部产生了堆叠，下层颗粒之间的相对运动较小，导致颗粒之间及颗粒与阻尼器腔体之间缺乏有效的碰撞，且只有上层的部分颗粒之间发生微小的碰撞，减振效果有限。

但是当填充率大于200%时，减振效果又呈现出上升的趋势，原因在于腔体内颗粒数目的增多使得颗粒运动呈现颗粒群整体流动的状态，下层颗粒参与到这种整体的流动状态，颗粒之间及颗粒与阻尼器腔体之间的碰撞更加充分，因此也会产生更加良好的减振控制效果。

图7.23和图7.24分别显示了主体结构附加不同颗粒填充率（96%和146%）的阻尼器顶部横风向的加速度响应和位移响应的对比图。从图中可以看出，在合适的填充率下，阻尼器能够极大地降低主体结构顶部的加速度和位移峰值，提高阻尼器的减振控制效果。

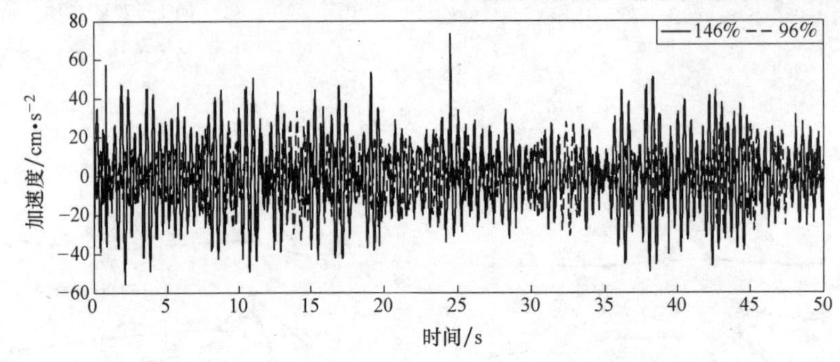

图7.23　主体结构附加不同填充率下阻尼器时程横风向加速度时程曲线对比图

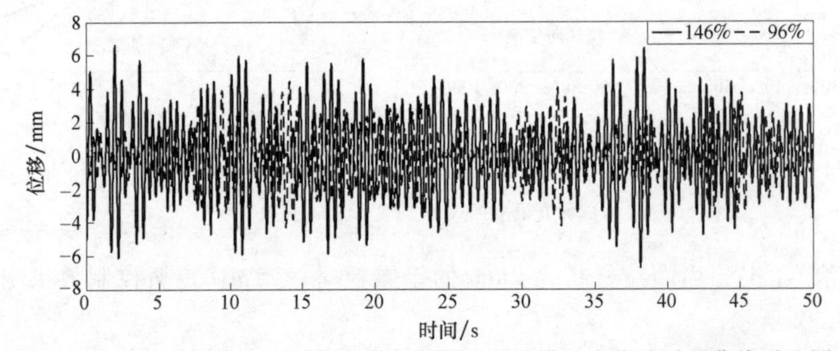

图7.24　主体结构附加不同填充率下阻尼器时程横风向位移时程曲线对比图

同时，通过图7.25中时程曲线对应的频谱可以发现，填充率的不同可以改变结构振动能量在不同频率内的分布及大小。填充率为146%的工况下，频谱对应的峰值均要远大于填充率为96%的工况，且后者的频谱分布在一个更宽的频带范围内。可见，合适的填充率能够显著扩大阻尼器的减振频带，增强结构的鲁棒性。

通过以上不同颗粒大小和颗粒材料在不同填充率下减振效果的对比试验分析可以得出，当颗粒填充率小于100%时，填充率与减振效果之间存在“多峰”的减振特性，即在填充率为30%、50%和90%等的附近，颗粒阻尼器的减振控制效果较其他填充率工况下更优。当填充率大于100%时，阻尼器的减振控制效果较填充率小于100%的工况差，但当填充率大于200%时，由于颗粒整体运动形式的改变，导致颗粒阻尼器中的颗粒在风荷载的激励下碰撞更加充分，也就提高了阻尼器的减振控制效果。

可见，填充率对阻尼器的减振控制效果影响较大，应根据不同的工况设计最优的颗粒大小及填充率，从而实现颗粒阻尼器高效阻尼效果。

2. 质量比

为考察PTMD与主体结构的质量比的大小对PTMD减振控制效果的影响，进行了附加不

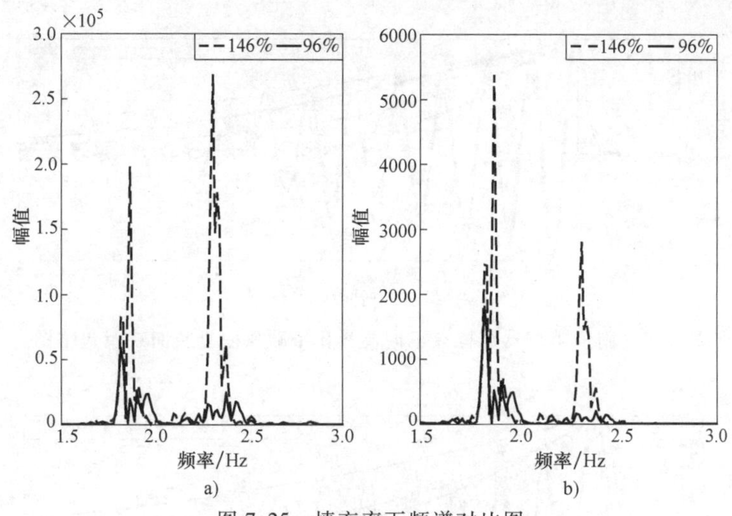

图 7.25　填充率下频谱对比图

a）加速度响应　b）位移响应

同质量比下 PTMD 的主体结构自由振动试验和风洞试验。其中，颗粒选用直径为 2mm 的铅球，阻尼器腔体为边长 9cm 的正方形等高三层木盒，保持每层颗粒质量相同，阻尼器腔体及颗粒形式布置如图 7.26 所示，风洞风速为 4m/s。设定阻尼器与主体结构的质量比分别为 0.5%、0.75%、1%、1.25%，考查自由振动下阻尼器的减振特性及风荷载对阻尼器减振效果的影响规律。

图 7.26　每层内含等质量的 2mm 铅颗粒的边长为 9cm 正方形三层阻尼器

（1）自由振动试验　在阻尼器不同质量比下，分别在模型顶部顺风向和横风向两个方向施加 1.5cm 的初位移，由激光位移计测得不同工况下结构顶部自由衰减曲线，并运用高斯公式拟合做出其包络图，如图 7.27（顺风向自由衰减曲线）和图 7.28（横风向自由衰减曲线）所示。由自由衰减曲线图可得出，附加阻尼器后结构在横风向和顺风向的自由衰减曲线随阻尼器与主体结构质量比的变化呈现出相同的特征，即随着附加的 PTMD 质量比的增加，结构的位移响应能够在一定的时间内得到更快的衰减。

采用对数衰减率的方法计算附加不同质量比阻尼器后主体结构的阻尼比，考虑到附加阻尼器后结构的自由衰减并不严格遵循对数衰减率，因此在阻尼比计算中分段起点和终点的不同取值将会导致计算出不同大小的阻尼比。为简化分析，仍然采用对数衰减率的计算方法，

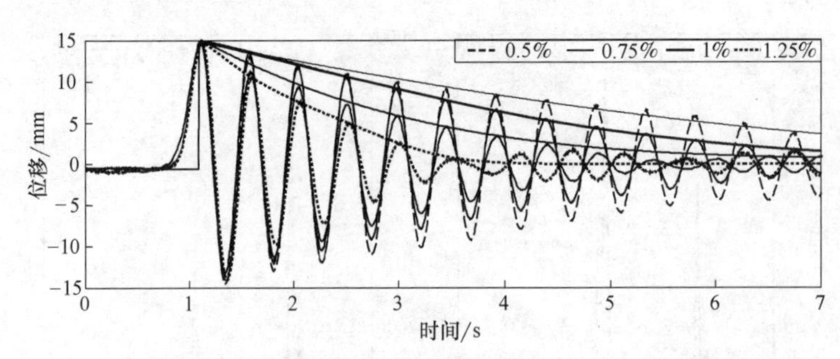

图 7.27　附加阻尼器结构在不同质量比下顺风向衰减曲线及包络图

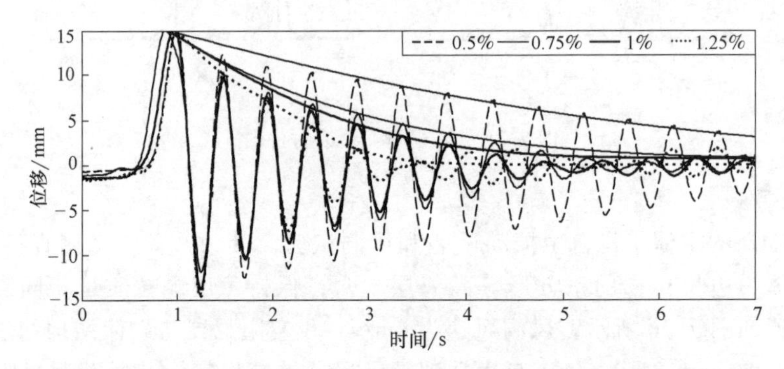

图 7.28　附加阻尼器结构在不同质量比下横风向衰减曲线及包络图

以自由衰减曲线中第一个峰值为计算起点，而第二个点则按照峰值大小依次选取，可计算出不同数值大小的阻尼比，最后选取最大值作为其最终阻尼比，汇总见表 7.16。

表 7.16　附加不同质量比 PTMD 系统下阻尼比汇总表

质量比	0.50%	0.75%	1.00%	1.25%
顺风向	2.40%	3.65%	5.62%	9.30%
横风向	2.78%	5.83%	5.84%	11.01%

从表中可以看出，随着质量比的增加，阻尼比也呈现逐渐增加的趋势。当质量比为1.25%时，结构的阻尼比可达 10%以上。前文中无控结构识别的阻尼比为 0.3%，而在附加质量比为 0.5%的工况下，主体结构的阻尼比可达将近 3%，阻尼比增加将近 10 倍，而在1.25%的工况下，阻尼比增加 30 倍。可见附加很小质量比的 PTMD，即可使得结构的阻尼得到较大的提升。

（2）风洞试验　进行了附加不同质量比 PTMD 的主体结构风洞试验，各指标的均方根及峰值减振效果随质量比的变化如图 7.29 所示。试验结果表明，横风向、顺风向的加速度及位移响应均随着阻尼器质量比的增加而减少，原因在于质量比的增加导致颗粒数目增多，通过颗粒之间的动量交换和摩擦耗散的振动能量增加，故其减振效果变好（从图 7.30 和图 7.31 中的时程曲线对比中可更加明显地看出）。但是减振效果的增加与质量比的增加并非纯粹的线性关系，可以看到，当质量比增加到 1%后，随着质量比的增加，阻尼器减振效果的增加并不明显，甚至还出现了下降的趋势，这是由于当阻尼器腔体的尺寸确定时，颗粒数目增加会提高阻尼器中颗粒的填充率，填充率计算见表 7.17。当质量比为 1.25%时，填充率为 81.20%，而根据 7.2.2 中结论，此种填充率对应的数值并非阻尼器最优的填充率，而在质量比为 1%的工况下对应的填充率相对较优。

表 7.17　阻尼器腔体尺寸与填充率对照表

颗粒	直径	密度	腔体	质量比	颗粒数目	填充率
铅	2mm	11.47g/cm^3	9cm×9cm，3 层	0.5%	1783	30.34%
				0.75%	2779	47.29%
				1%	3775	64.24%
				1.25%	4771	81.20%

另一个有意思的现象是颗粒增加到一定程度后对阻尼器的减振性能的提高有限，这种现象可以用颗粒与系统之间的动量守恒原理来解释。当颗粒的质量增大时，颗粒与容器壁碰撞后的绝对速度和相对速度都会变小，在容器内完成一次碰撞的时间也会变长，当颗粒的质量达到某一个值时，其碰撞的速度不足克服摩擦力使其运动到另一端而产生下一次的碰撞。同时，颗粒会在摩擦力的作用下而发生反向运动，导致颗粒与容器之间不发生碰撞[196]。

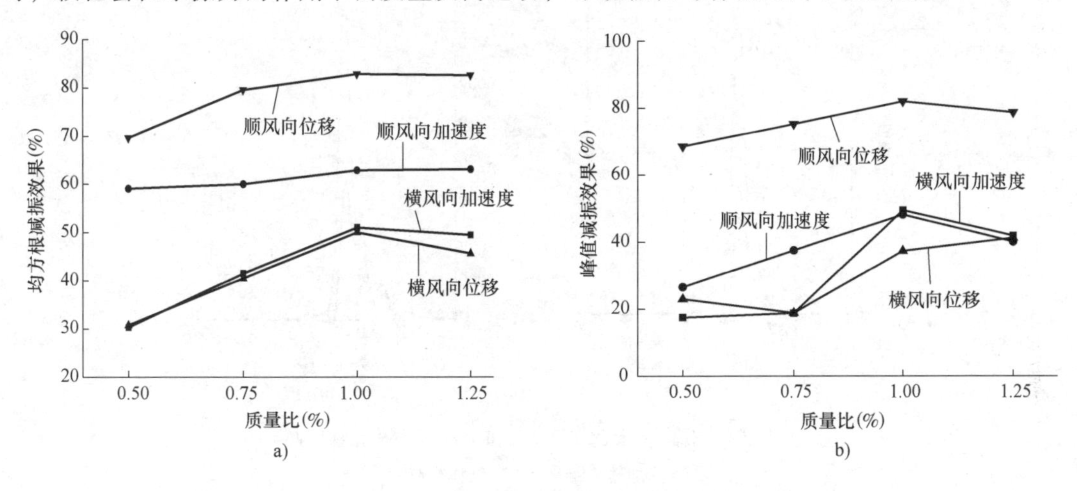

图 7.29　减振效果随质量比变化图
a）均方根减振效果　b）峰值减振效果

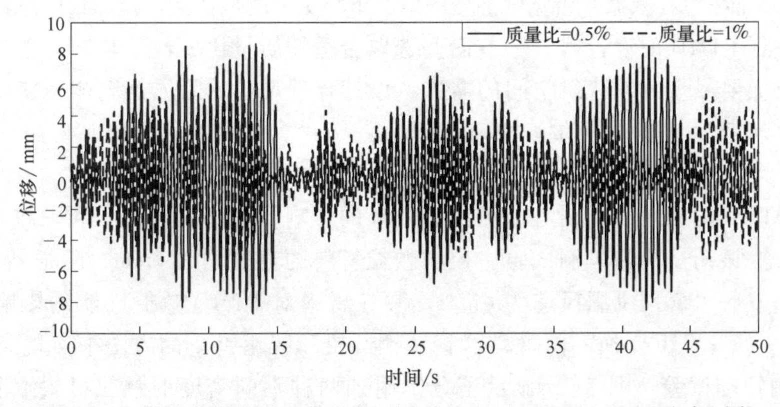

图 7.30　横风向位移时程曲线在不同质量比（0.5%和 1%）下对比图

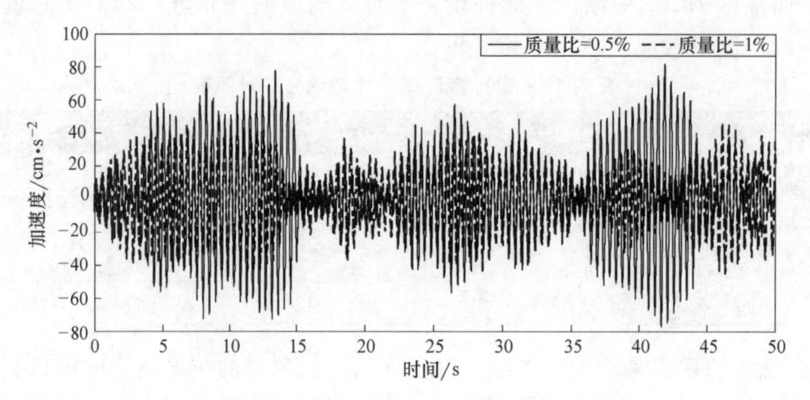

图 7.31　横风向加速度时程曲线在不同质量比（0.5%和1%）下对比图

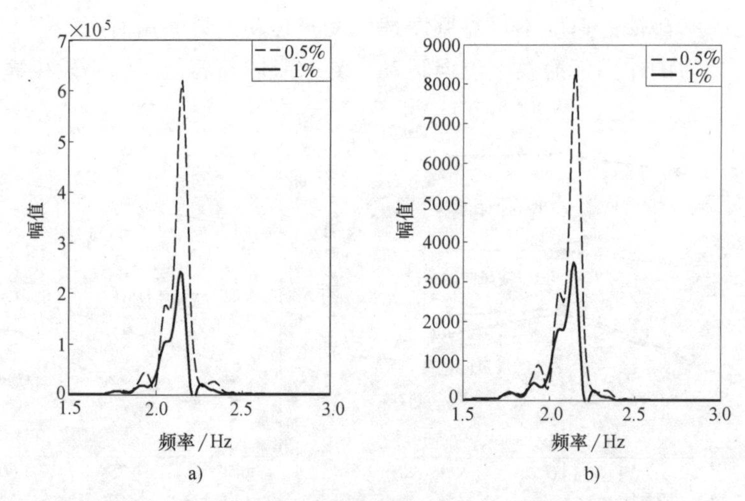

图 7.32　不同质量比（0.5%和1%）下频谱对比图

a）加速度响应　b）位移响应

通过图 7.32 中频谱图可以看出，不同质量比下振动能量几乎集中于同一频率，但是幅值却不同，无论是加速度还是位移频谱中的幅值，大质量比（1%）的要小于小质量比（0.5%）。这说明质量比的增加可以在减振频带宽度不变的情况下将更多的振动能量传递给阻尼器。

因此在进行 PTMD 的设计时，一方面要选取合适的质量比，使得在同等条件下减振效果最优，另一方面要尽量兼顾建筑空间的需求，设计合理尺寸的阻尼器腔体，使得特定质量比下的阻尼器具有最优减振效果的填充率。

3. 颗粒材料

为考察 PTMD 内颗粒材料对其减振控制效果的影响，进行了附加不同颗粒材料下 PTMD 的主体结构自由振动试验和风洞试验。控制颗粒材料的直径均为 6mm，阻尼器腔体为 9cm×9cm 的两层正方形木盒，风洞风速为 4m/s。颗粒材料对 PTMD 减振性能的影响的研究通过在相同质量比（1%）下变换不同材料（钢、铜、铅和碳化钨）的方法来实现。

（1）自由振动试验　图 7.33 显示了分别附加两种不同密度的颗粒材料（铜球和钢球）结构顶部横风向自由衰减响应曲线及拟合的包络图，从中可以看出，在相同的初位移下，附加钢球工况能够较等质量的铜球工况使得结构的峰值得到更快的衰减，这表明附加钢球颗粒的 PTMD 具有较其密度较大的等质量的铜球更好的减振控制效果。对两种工况下结构自由衰减曲线采用了 7.2.2 节中对数衰减率的方法进行了阻尼比的计算，当颗粒材料为钢球时，阻尼比为 0.0425，铜球工况对应的阻尼比为 0.0236。可见相同质量比的情况下，不同的颗粒材料会对结构的阻尼比产生较大的影响。

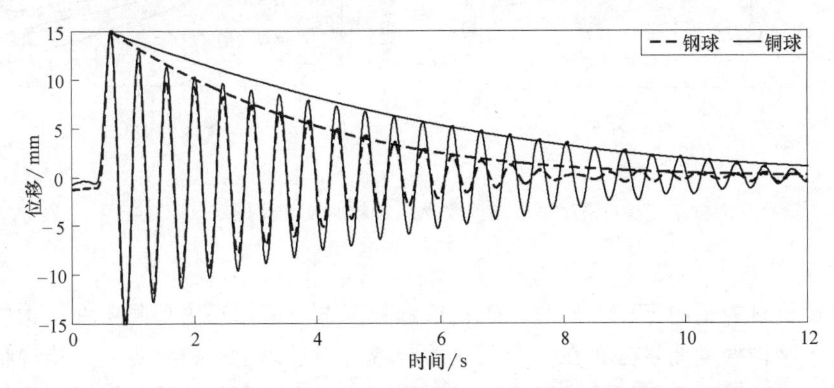

图 7.33　不同颗粒材料（碳化钨和铜）下自由衰减曲线及其包络图

（2）风洞试验　横风向和顺风向下的均方根及峰值减振效果随质量比的变化如图 7.34 所示，试验结果表明，峰值响应的减振效果较均方根响应受颗粒材料的影响更大（图 7.35 和图 7.36 的时程响应曲线能更好地解释），同时，无论对横风向还是顺风向的位移和加速度峰值和均方根响应，PTMD 均具有良好的减振效果（48%~84%），且减振效果随颗粒密度的减小而增加，这与国内赵玲，等[91]研究非阻塞性颗粒阻尼器（NOPD）自由振动试验得出的结论相似。原因为在合理填充率范围内，随着颗粒密度的减小，颗粒数目增多，颗粒密度的增加会使阻尼器内部颗粒的填充率（见表 7.18）增加，颗粒碰撞次数相应增加导致其动量交换增加，通过颗粒之间的碰撞及摩擦耗散的能量增大，因此减振效果变好。由表 7.18 可以得出，四种情况下对应的填充率均在 7.2.2 节中“多峰”最优减振频率范围内，也就消除了填充率因颗粒材料不同而产生减振效果不同的影响。但是铅颗粒的减振效果要略优于比其密度小的铜颗粒，原因在于四种材料的颗粒在外部激励下均已起振并充分碰撞，而铅颗粒较其他三种材料的颗粒表面更粗糙，其在利用碰撞耗能的同时，有效加大了摩擦耗能，这种试验现象在文献[217]中亦有展示。

表 7.18　阻尼器腔体尺寸与填充率对照表

直径	腔体	颗粒材料	密度	颗粒数目	填充率
6mm	9cm×9cm 单层	钢	7.92g/cm^3	202	94.44%
		铜	8.40g/cm^3	191	89.30%
		铅	11.47g/cm^3	140	65.46%
		碳化钨	14.70g/cm^3	109	50.96%

图 7.35 和图 7.36 分别为在颗粒材料为钢和碳化钨的工况下风速稳定时的模型顶部位移和加速度的时程曲线。通过对比可以看出，钢颗粒工况下结构的位移和加速度响应要明显小于碳化钨颗粒工况，其相应的频谱（见图 7.37）也显示了碳化钨颗粒的工况下，其峰值要

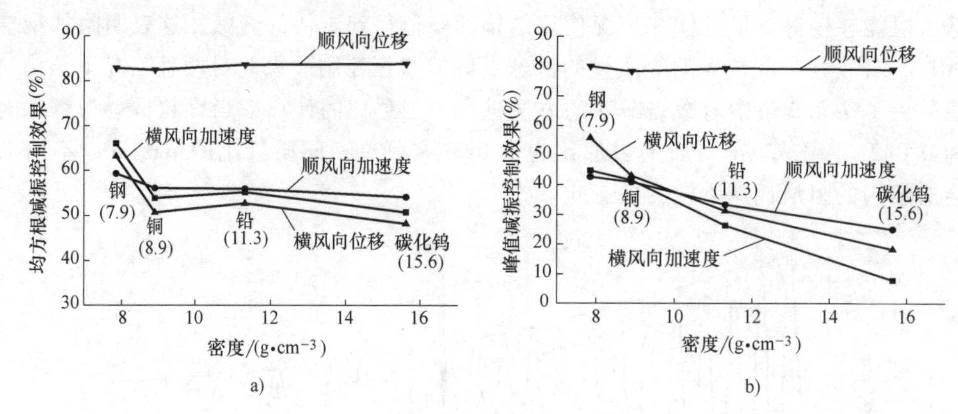

图 7.34　减振效果随颗粒密度变化图

a）均方根　b）峰值

远远大于颗粒材料为钢的工况。同时，碳化钨颗粒工况下的振动主要集中在结构的基频，而钢颗粒工况下结构振动能量分布在一个更宽的频带。通过以上分析可得，适当降低 PTMD 系统中颗粒的密度可以提高阻尼器的阻尼性能，同时，小密度颗粒的颗粒阻尼器能够使主体结构的振动能量分布在一个更宽的频带范围内，具有较强的振动控制鲁棒性。

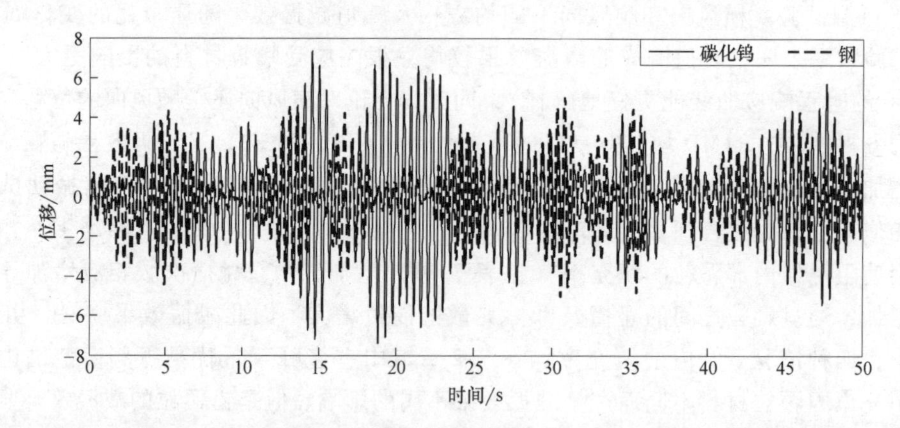

图 7.35　横风向位移时程曲线在不同颗粒材料（碳化钨和钢）下对比图

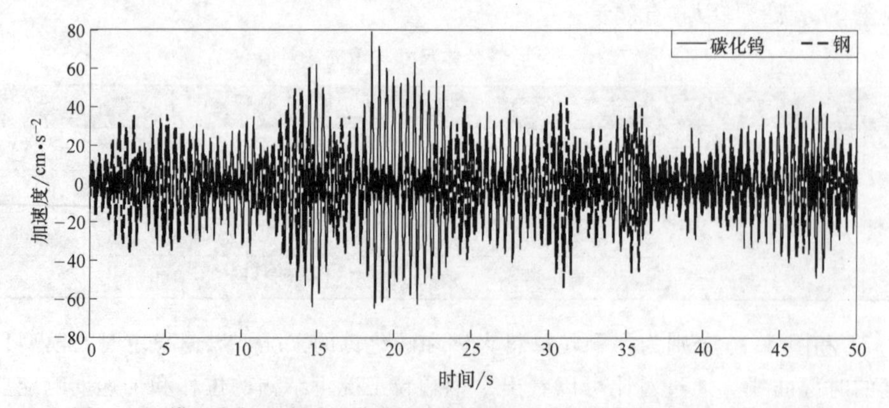

图 7.36　横风向加速度时程曲线在不同颗粒材料（碳化钨和钢）下对比图

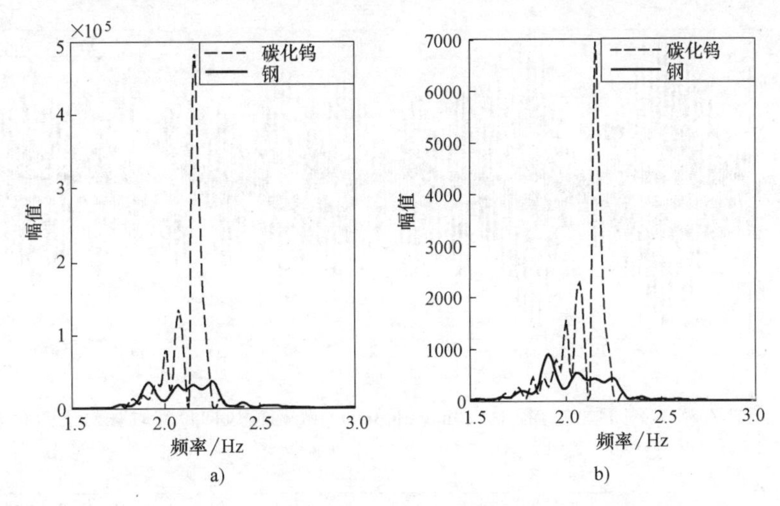

图7.37 不同颗粒材料（碳化钨和钢）下频谱对比图

a）加速度响应 b）位移响应

4. 颗粒直径

为考察颗粒直径对PTMD减振性能的影响，设置了相同条件（质量比均为1%，颗粒材料均为铅，阻尼器腔体为9cm×9cm的单层盒子，相同悬吊长度5cm，相同风速）下6种不同直径的颗粒，分别为2mm、3mm、4mm、6mm、8mm和10mm。

在不同的颗粒直径下均方根的减振效果见表7.19。观察表中数据可以发现，阻尼器在不同直径下具有不同的减振效果。对于横风向加速度及位移、顺风向加速度，阻尼器的减振效果的变化范围为50%~70%，而顺风向位移变化范围为75%~85%。对于单个指标，阻尼器的减振效果随颗粒直径变化的变化无一定的规律。在本次试验中，横风向加速度及位移起控制作用，可以看出，在直径为2mm时减振效果最好，10mm时减振效果最差，这并不能说明随着粒径的增加减振效果变差，因为在4mm及8mm时减振效果要分别优于直径为3mm及6mm的工况。同时，图7.38和图7.39分别对比了颗粒材料为3mm和8mm的工况下结构横风向位移和加速度时程曲线，从图中对比曲线并不能明显地看出两者减振效果的优劣，并且，二者的峰值相差不大。

因此可以得出，阻尼器在不同颗粒粒径下均表现出良好的减振效果，但减振效果与颗粒直径的大小并无直接关系，这与Marhadi[218]的相关研究发现的规律相同。

表7.19 不同颗粒直径下减振效果汇总表

颗粒直径/mm	2	3	4	6	8	10
横风向加速度(%)	70.5	64.6	68.4	54.4	60.4	55.2
顺风向加速度(%)	63.5	70.8	69.8	63.0	64.5	59.6
横风向位移(%)	66.2	60.9	65.7	51.9	57.1	51.8
顺风向位移(%)	75.2	83.4	84.2	82.7	81.9	82.7

5. 腔体颗粒质量比

为探究腔体与颗粒质量比对PTMD减振性能的影响，通过控制阻尼器与主体结构的质量比（1%）不变，减少颗粒的质量，并通过增加配重的方式来调整腔体与颗粒的质量比，比

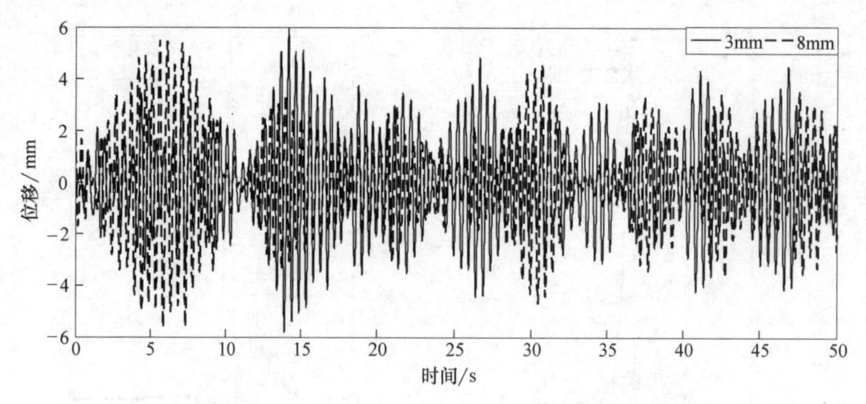

图 7.38　不同颗粒直径下（3mm 和 8mm）结构横风向位移时程对比图

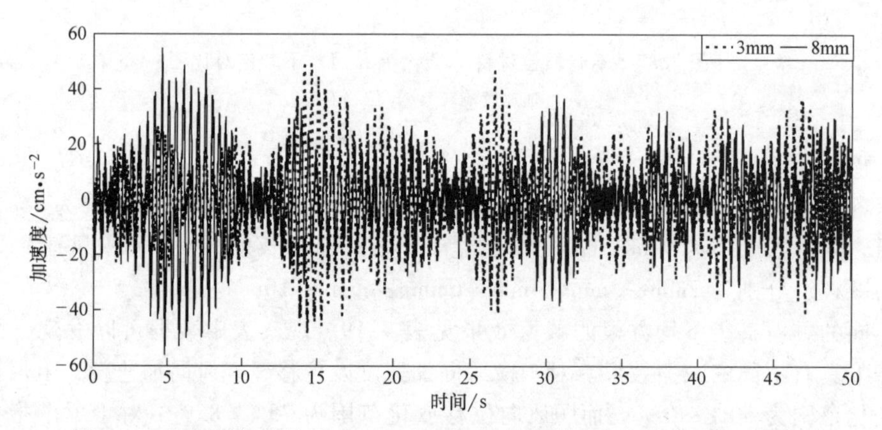

图 7.39　不同颗粒直径下（3mm 和 8mm）结构横风向加速度时程对比图

值分别为 0.056、0.25、0.5、1、2、4 和无穷大（其中 0.056 是阻尼器中腔体与颗粒的原始质量比）。其他参数（颗粒材料为 2mm 的铅颗粒，阻尼器腔体为 9cm×9cm 的三层正方形木盒，悬吊长度为 5cm，风洞风速为 4m/s）在试验过程中保持不变。通过自由振动试验和风洞试验考察不同腔体颗粒质量比下 PTMD 对主体结构减振控制规律。

（1）自由振动试验　从横风向及顺风向自由衰减时程曲线及其包络图（见图 7.40 和图 7.41）中可以看出，随着阻尼器中腔体颗粒质量比的减小，主体结构顶部的位移响应能够得到更快的衰减。同时，横风向和顺风向具有类似的衰减规律，也从侧面证明了结构在两个方向具有类似的衰减特征。

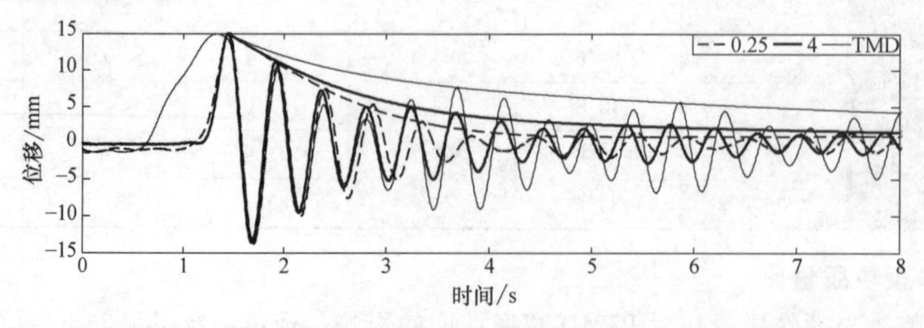

图 7.40　不同腔体颗粒质量比下主体结构顶部顺风向自由衰减曲线及其包络图

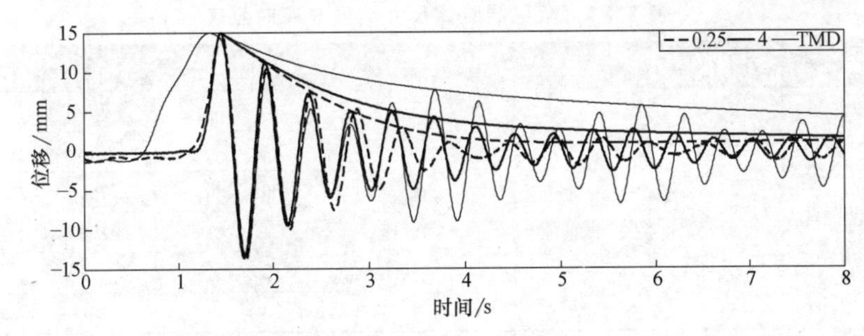

图 7.41　不同腔体颗粒质量比下主体结构顶部横风向自由衰减曲线及其包络图

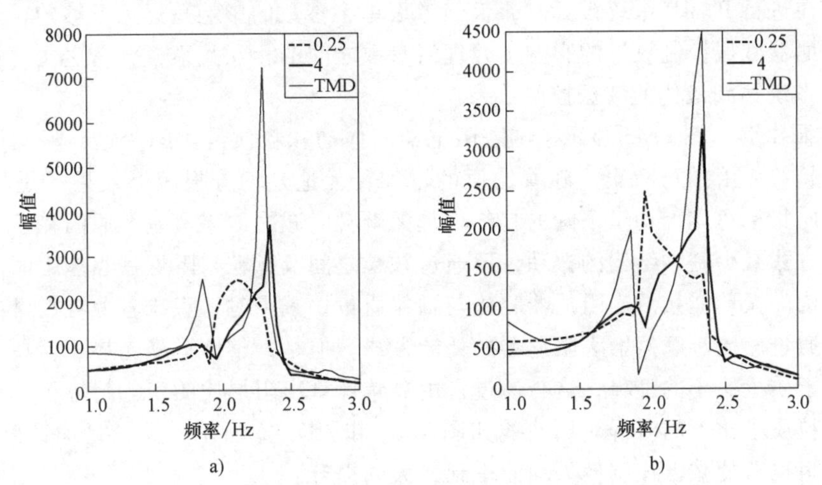

图 7.42　不同腔体颗粒质量比（0.25、4 和 TMD）下频谱对比图

a）顺风向　b）横风向

图 7.42 为两个方向自由衰减曲线对应的频率谱，顺风向和横风向的频率谱显示出了不同的衰减特征。可以看到，阻尼器腔体与颗粒的质量比为无穷大（TMD）时，频率谱有两个峰值，且主体结构频率对应峰值远大于阻尼器对应的峰值，而随着阻尼器腔体与颗粒的质量比的减小，频率谱的分布宽度逐渐变宽，同时峰值的幅值逐渐减小，当质量比为 0.25 时，其幅值为最小值。由此可见，在自由振动的情况下，随着腔体颗粒质量比的减小，阻尼器的减振频带能够有效地拓宽，同时能够有效地减小主体结构的振动能量。

表 7.20 列出了不同工况下，附加 PTMD 结构在顺风向和横风向自由衰减曲线对应的阻尼比。结果显示，在不同腔体颗粒质量比下，阻尼器腔体内存在的颗粒的工况对应的阻尼比均要大于 TMD 工况下的阻尼比。随着比值的增加，结构的阻尼比整体呈下降的趋势，但是在比值为 2 和 4 的工况下出现了阻尼比增大的情况，原因在于 PTMD 的减振性能不仅仅受到腔体颗粒质量比的影响，还和颗粒在阻尼器内部的填充率关系密切。当腔体颗粒质量比为 2 时，存在 7.2.2 节中最优的填充率的结论，使得附加 PTMD 结构能够达到最大的阻尼比，阻尼器腔体尺寸与填充率对照关系见表 7.21。

表 7.20　附加 PTMD 系统在不同腔体颗粒质量比下自由衰减计算阻尼比汇总表

腔体颗粒质量比	0.056	0.25	0.5	1	2	4	TMD
顺风向	7.88%	6.50%	6.15%	5.89%	11.27%	6.04%	2.07%
横风向	7.94%	8.30%	6.23%	5.98%	7.31%	5.96%	1.75%

表 7.21 阻尼器腔体尺寸与填充率对照表

颗粒	直径	密度	腔体	总质量比	腔体颗粒质量比	颗粒数目	填充率
铅	2mm	11.47g/cm^3	9cm×9cm 3层	1%	0.056	3775	96.36%
					0.25	3187	81.35%
					0.5	2656	67.80%
					1	1992	50.85%
					2	1328	33.90%
					4	797	20.35%

可见，在进行PTMD系统设计时，仅仅考虑单个参数的影响是远远不够的，还需要综合各参数对阻尼器减振控制效果的影响，并理清参数之间的相互关系，分清主次，从而使得设计的PTMD系统达到最优的减振控制效果。

（2）风洞试验　图7.43显示了随着阻尼器腔体与颗粒质量比的变化，阻尼器风振控制效果的变化趋势，由图可看出，随着比值的增加，无论是均方根减振效果还是峰值减振效果，两个方向指标总体上均呈下降的趋势，且无颗粒时减振效果最差，原因在于PTMD不仅通过调谐的方式减少基本结构的振动，还通过颗粒之间及颗粒与阻尼器腔体之间的碰撞、摩擦来消耗结构的振动能量。当阻尼器腔体与颗粒质量比减少时，意味着颗粒数目的增加，增加的颗粒会通过碰撞、摩擦增大阻尼器的耗能方式。但是，整体下降趋势下存在部分工况减振效果要优于质量比小的工况，这与通过自由衰减计算出阻尼比的变化趋势相同。不同阻尼器腔体与颗粒质量比下的时程对比曲线如图7.44和图7.45所示，无论是加速度还是位移，增加颗粒后阻尼器的减振控制效果均能得到较大的提升。

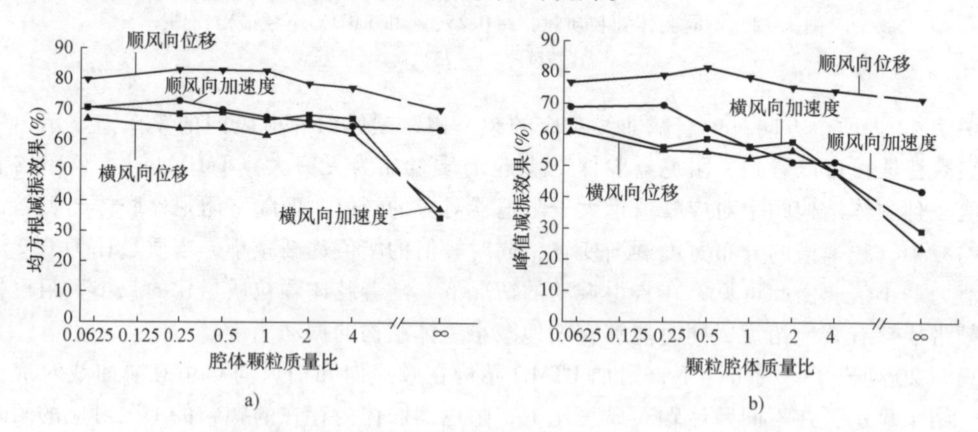

图7.43 减振效果随阻尼器腔体与颗粒质量比的变化图
a）均方根 b）峰值

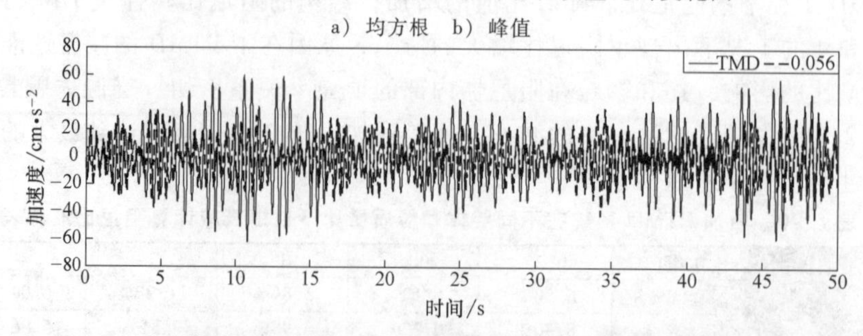

图7.44 不同腔体颗粒质量比（0.056和TMD）结构横风向加速度时程对比图

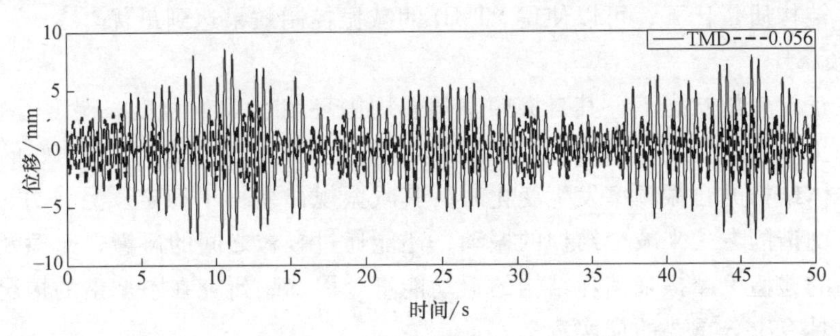

图 7.45　不同腔体颗粒质量比（0.056 和 TMD）结构横风向位移时程对比图

图 7.46 展示了不同腔体颗粒质量比下（0.056、1 和无穷大）结构振动响应（加速度和位移）下的频谱，当比值为无穷大时对应的幅值最大。随着对应峰值的减小，频带宽度相应增加，表明了颗粒的增加能够将更多主体结构的振动能量转移到附加阻尼器上，同时能够在更宽的频带范围内减少结构的振动能量，这与附加 PTMD 结构自由振动曲线的相关结论吻合。以上分析表示，在阻尼器总体质量不变的情况下，增加颗粒的质量能够有效地减少结构的振动。

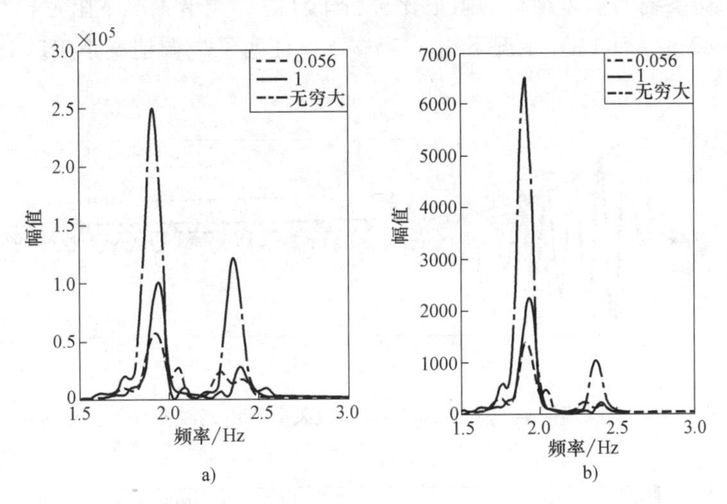

图 7.46　风振下不同腔体颗粒质量比（0.056、1 和无穷大）下频谱对比图

a）顺风向　b）横风向

事实上，当无颗粒时，PTMD 的质量均集中于阻尼器腔体这一质量块上，此时其退化为传统的 TMD，影响 TMD 减振效果的因素主要有调谐频率和最优阻尼比，由于最优阻尼比在试验过程中无法准确控制，只严格控制了阻尼器的调谐频率与结构的一阶自振频率相同。在本试验中，PTMD 在一定程度上要优于 TMD。可预见其在土木工程振动控制领域具有广阔的应用前景。工程应用设计的时候要在调谐的基础上，将附加质量尽可能多地集中在运动颗粒上。

结合附加不同阻尼器腔体与颗粒质量比下的 PTMD 的主体结构的自由衰减试验和风洞试验结果可得出，在阻尼器与主体结构质量比不变的情况下，存在一个最优的腔体颗粒质量比，使得阻尼器的减振控制达到最大值，通过合理的计算并对此参数进行优化设计，在同等阻尼器与主体结构质量比下，可以使得 PTMD 的减振控制效果达到最优。

6. 调谐频率

建筑物在正常使用状态下，其自振频率随着周围环境（比如温度、湿度、暴雨及强风）的变化往往发生较大的变化。传统的 TMD 能够在特定的频率范围内具有良好的减振控制效果，但是当主体结构的自振频率发生变化时，其减振规律变得不稳定。另一方面，PTMD 不仅仅能够通过调谐的方式来减少结构的振动，还能通过颗粒之间的碰撞、摩擦及颗粒与阻尼器腔体壁之间的碰撞、摩擦来消耗结构的振动能量。因此，研究在不调谐的情况下 PTMD 的减振控制效果具有十分重要的现实意义。

阻尼器不同的调谐频率可通过调节阻尼器的悬吊长度来实现。当悬吊长度为 4cm、5cm、6cm 和 7cm 时，其对应阻尼器的自振频率分别为 2.49Hz、2.29Hz、2.03Hz 和 1.88Hz。阻尼器颗粒材料（碳化钨）、质量比（1%）、颗粒直径（6mm）、阻尼器腔体尺寸（9cm×9cm，2 层）和风速（4m/s）保持不变。

（1）自由振动试验　通过自由振动试验中的衰减曲线及拟合的包络图（图 7.47 和图 7.48）可直观看出，PTMD 的减振效果在调谐的情况下达到最优，当阻尼器自振频率偏离调谐频率 20%时，其减振效果较调谐的情况差，但依然有良好的减振控制效果。对自由衰减工况下附加 PTMD 系统的主体结构的阻尼比进行了计算，调谐工况下阻尼比为 7.94%，1.2f 失调情况下为 4.43%，而 TMD 工况下为 1.75%，也证明了失调情况下 PTMD 具有良好的减振控制效果。

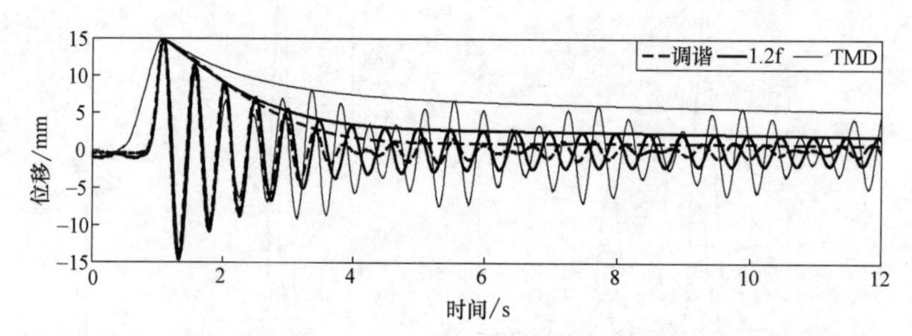

图 7.47　不同调谐频率及 TMD 工况下顺风向自由衰减曲线及其包络图

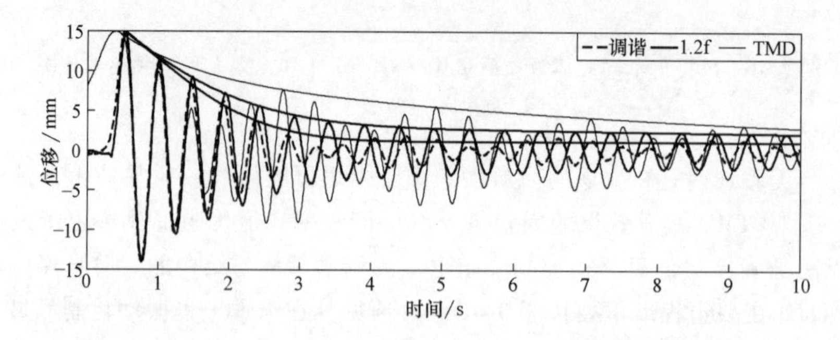

图 7.48　不同调谐频率及 TMD 工况下横风向自由衰减曲线及其包络图

同时还对比了 TMD 对自由振动减振控制效果，可以发现，PTMD 在不调谐的工况下依然优于调谐的 TMD，可见 PTMD 具有良好的鲁棒性和减振稳定性，高层建筑在实际使用中会偏离其设计的自振频率，这对只能在特定频带范围内具有良好减振控制效果的 TMD 的应用带来了一定的限制，PTMD 在不调谐工况下的良好的减振控制效果说明其在土木工程中具有良好的应用前景。

对比自由振动曲线对应的频谱图 7.49 可以发现，TMD 工况下的幅值较大，其次是偏离调谐频率 20% 的 PTMD，最后是调谐的 PTMD。可见 PTMD 能够有效降低主体结构的能量，同时不调谐的工况下减振效果要优于 TMD。同时，调谐的 PTMD 工况下具有最宽的减振频带，其次是失调的 PTMD，最后是 TMD，可见 PTMD 能够有效拓宽阻尼器的减振频带，增强鲁棒性。

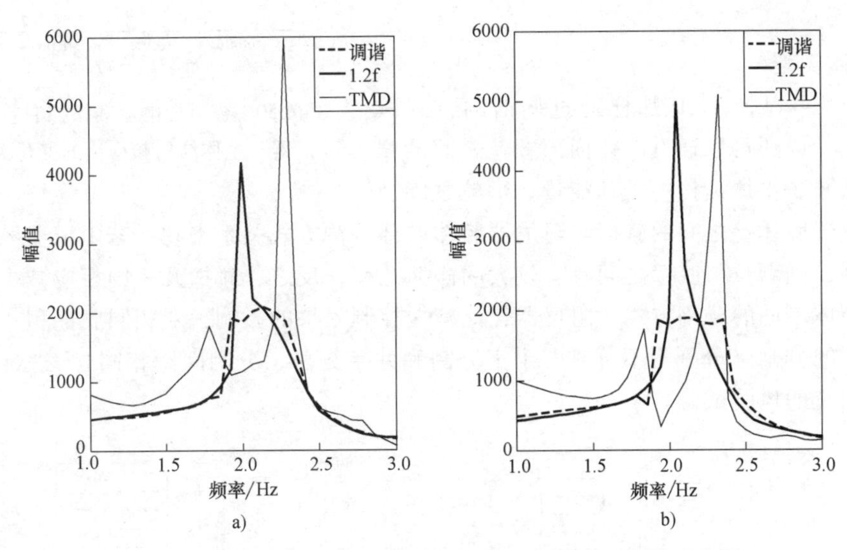

图 7.49　自由振动下不同调谐频率及 TMD 工况下频谱对比图

a）顺风向　b）横风向

（2）风洞试验　试验结果见表 7.22，最优减振效果发生在悬吊长度为 6cm 的工况下（61%~86%），原因是附加阻尼器在增加主体结构质量同时降低了其自振频率。更重要的是，在其他悬吊长度下（不调谐的工况），阻尼器依然保持了良好的减振控制效果，说明 PTMD 具有良好的鲁棒性。所有工况下的阻尼器的减振控制效果变化范围为 41%~86%。

表 7.22　不同悬吊长度下均方根减振控制效果

悬吊长度	4cm（2.49Hz）	5cm（2.29Hz）	6cm（2.03Hz）	7cm（1.88Hz）
横风向加速度	45.00%	48.83%	67.72%	61.73%
顺风向加速度	45.03%	54.08%	60.90%	60.19%
横风向位移	40.89%	46.96%	65.97%	64.70%
顺风向位移	77.49%	83.76%	86.06%	76.30%

图 7.50 显示了横风向响应减振控制效果随阻尼器与主体结构频率比的变化关系图，可以发现，当比值在 1 附近时，减振控制效果最优，对于偏离调谐频率的工况，其减振效果相对最优调谐频率下工况差一些，但依然具有良好的振动控制效果。原因在于调谐只是阻尼器减振控制途径的一部分，其他振动能量还可通过阻尼器内部颗粒之间或颗粒与阻尼器之间的非线性碰撞耗散掉，这些能量的耗散途径均可提高阻尼器的减振稳定性。

因为无控结构的幅值要远远大于有控结构的幅值，因此频率谱曲线中只截取了部分无控结构的频谱响应。通过图 7.51 中频谱的对比分析，6cm 工况下对应最低的幅值，最宽的频带发生在悬吊长度为 5cm 和 6cm 的工况下。随着阻尼器频率与主体结构的频率之间的差距缩小，对应的减振频带逐渐变宽。以上分析显示了即使在不调谐的工况下，PTMD 仍然具有良好的减振控制效果，验证了其良好的鲁棒性和土木工程中良好的工程应用前景。

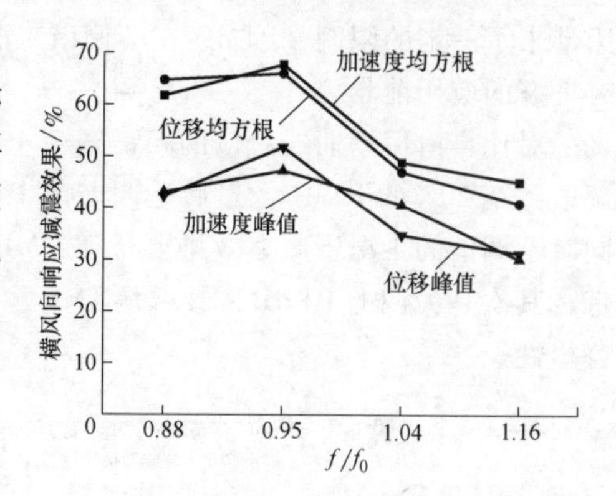

图 7.50 横风向响应减振控制效果随阻尼器与主体结构频率比的变化关系图

7. 腔体类型

PTMD 既可以像 TMD 那样通过调谐的方式减少结构的振动，还可以通过腔体内部颗粒之间的摩擦、碰撞来减少主体结构的振动能量。颗粒之间及颗粒与阻尼器腔体壁之间的碰撞与阻尼器腔体内部分割方式关系密切，若阻尼器腔体内部具有多个分割，则颗粒与腔壁之间具有较大的碰撞几率，反之，碰撞几率则相应减少。为了考察阻尼器腔体不同的分割方式对阻尼器耗能减振控制效果的影响，对相同底面积的腔体进行了不同方式的分割（分别为不分割、十字分割和井字分割，分割间距相同），进行了自由振动试验和相应的风洞试验。

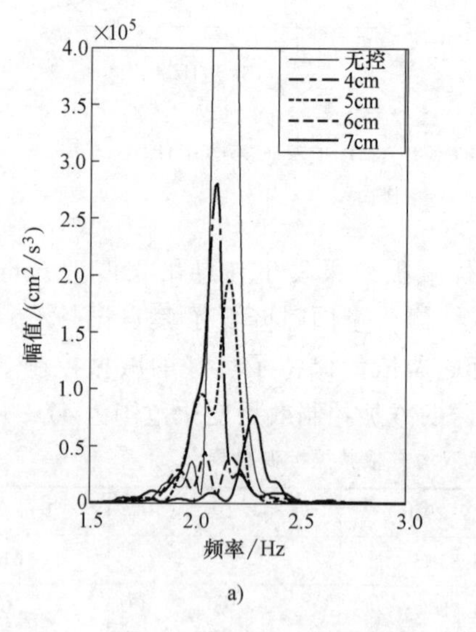

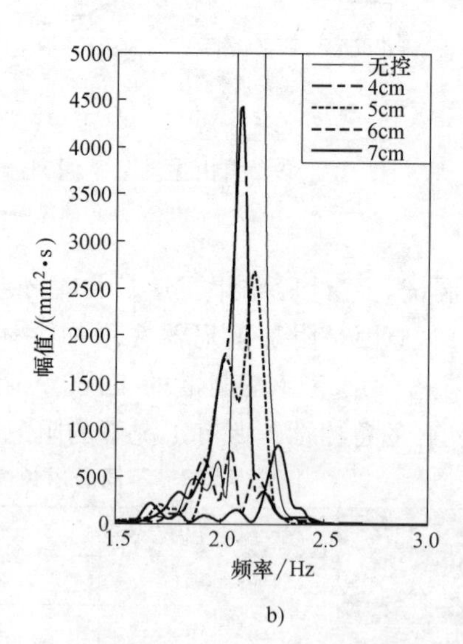

图 7.51 不同悬吊长度下横风向响应频率谱

a）加速度响应 b）位移响应

（1）自由振动试验 考虑到阻尼器腔体不同分割形式对 PTMD 减振性能的影响，设置了相同条件（质量比均为 1%，颗粒材料均为直径 2mm 的铅，阻尼器腔体为 9cm×9cm 的双层盒子，颗粒在两层之间均匀等质量布置，相同悬吊长度 5cm，相同风速 4m/s）下 3 种不同分割的阻尼器腔体类型。

对附加 PTMD 的模型在不同方向分别施加相同初位移，不同工况下，其横风向位移的自由衰减曲线及其包络线对比如图 7.52 所示。

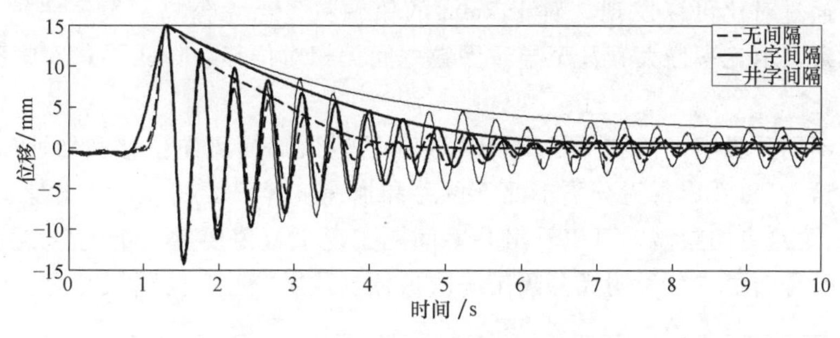

图 7.52　横风向自由衰减曲线对比

通过对比可以发现，附加不同分隔形式阻尼器腔体的 PTMD 会对主体结构的自由衰减产生不同的影响，阻尼器腔体类型为无间隔时对主体结构自由衰减的抑制效果最好，而减振效果最差的情况发生在阻尼器腔体为井字间隔的工况下，十字间隔的减振效果介于二者之间。阻尼比计算结果显示无间隔情况下为 7.94%，十字间隔为 4.34%，井字间隔为 2.98%，可见阻尼器腔体不同的分隔形式可以改变颗粒之间及颗粒与阻尼器腔体壁之间的碰撞机理，进而对阻尼器减振控制效果产生截然不同的影响，因此在进行 PTMD 设计过程中，应适当采取合理的分隔形式，可最大限度地提高阻尼器的减振控制效果。

（2）风洞试验　在风荷载作用下，附加不同分隔类型的 PTMD 系统对主体结构的减振控制效果变化规律如图 7.53 所示。由图可得，附加不同分隔类型的 PTMD 的模型在风荷载作用下呈现出与自由衰减振动大致相同的减振控制效果。可以发现，结构的横风向位移和加速度、顺风向加速度随着分隔数目的增加，其减振效果呈下降趋势，同时，对于顺风向位移，其减振效果最差的工况发生在十字间隔。原因在于，当间隔增多时，其内部填充率相应增大。同时，不同的填充率会对阻尼器的减振效果产生不同的影响。当无间隔时，颗粒在阻尼器腔体内部的填充率为 96.36%；当为十字间隔时，阻尼器腔体壁的增多会提高阻尼器腔体的填充率，颗粒的填充率为 98.63%；当为井字间隔时，阻尼器腔体的填充率为 100.84%。间隔增多，更多的颗粒与阻尼器腔体壁发生碰撞，颗粒之间的碰撞相对减少。同时，腔体壁之间间距的减少使得颗粒来回运动一周所用的时间减小，颗粒与腔体壁之间的碰

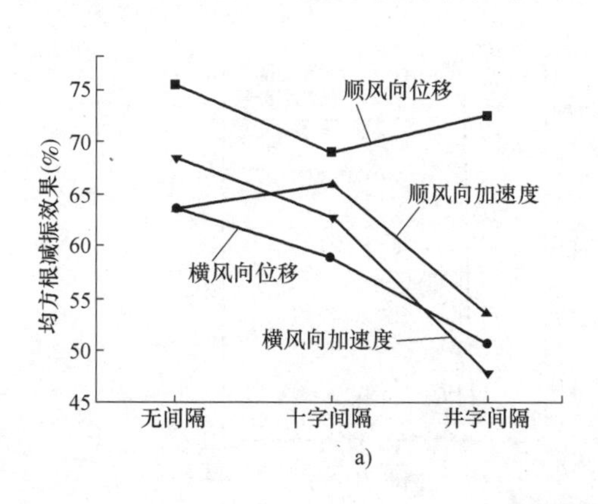

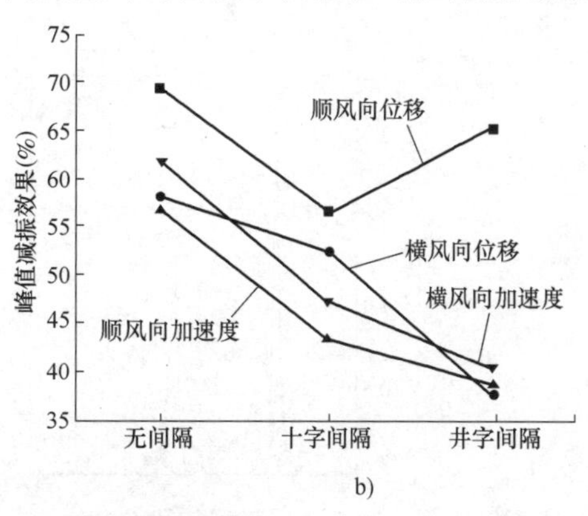

图 7.53　风振控制效果随阻尼器腔体分隔类型的变化图

a）均方根　b）峰值

撞强度减弱。通过对比可以发现，对于 2mm 的铅颗粒，当无分隔、填充率较大的工况下，增加分隔会导致其填充率增大，甚至导致颗粒之间无相对位移，降低了 PTMD 系统的减振控制效果。

通过附加不同分隔阻尼器腔体的 PTMD 主体结构顶部横风向位移和加速度响应（见图 7.54 和图 7.55）可以看出，无分隔工况下位移和加速度峰值要明显小于井字间隔工况。同时图 7.56 给出了对应的频谱，可以看出井字间隔工况下幅值要远大于无分隔工况，且无分隔工况下的频带分布更广。说明无分隔工况减振控制效果较井字间隔工况优。

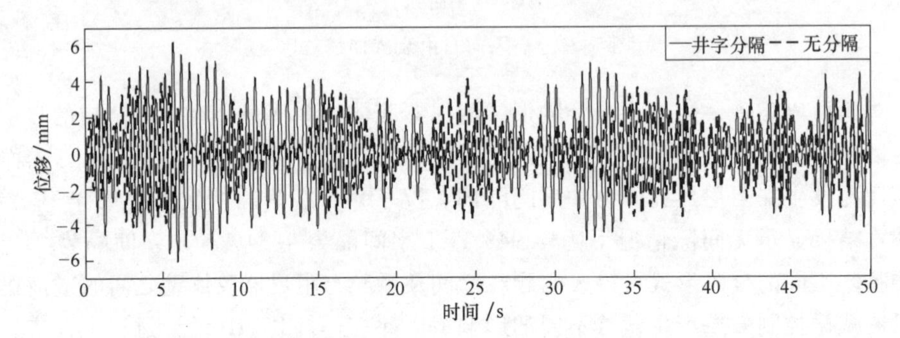

图 7.54　不同腔体分隔类型下结构横风向位移时程对比图

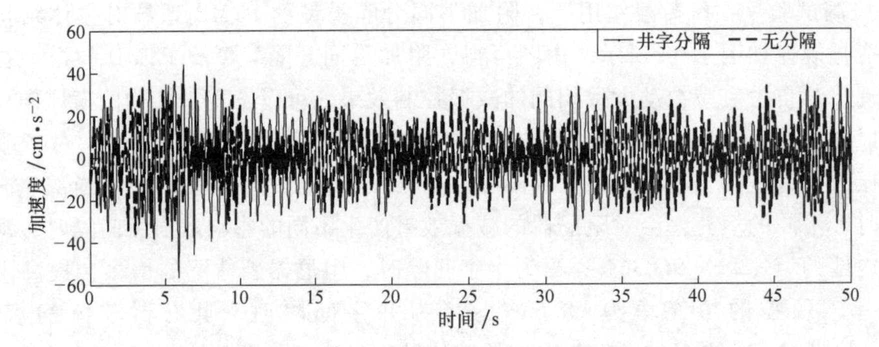

图 7.55　不同腔体分隔类型下结构横风向加速度时程对比图

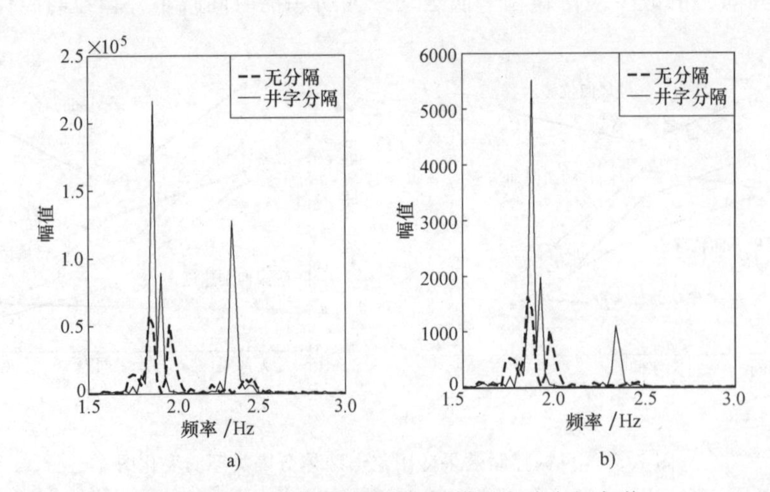

图 7.56　不同腔体分隔类型下横风向响应频率谱

a）加速度响应　b）位移响应

(3) 风洞试验——颗粒材料为直径6mm的碳化钨　为了进一步考察阻尼器不同分隔形式对其减振控制效果的影响，在本次试验中进行了附加直径为6mm的碳化钨颗粒的工况，质量比均为1%，阻尼器腔体为9cm×9cm的双层盒子，颗粒在两层之间均匀等质量布置，悬吊长度均为5cm，风洞风速4m/s，3种不同分割的阻尼器腔体类型同直径为2mm的铅颗粒工况。

在风荷载作用下，附加不同分隔类型的PTMD系统对主体结构的减振控制规律随间隔的变化如图7.57所示。当颗粒为6mm的碳化钨时，井字分隔工况下减振控制效果最优，而十字分隔的情况下减振效果最差。

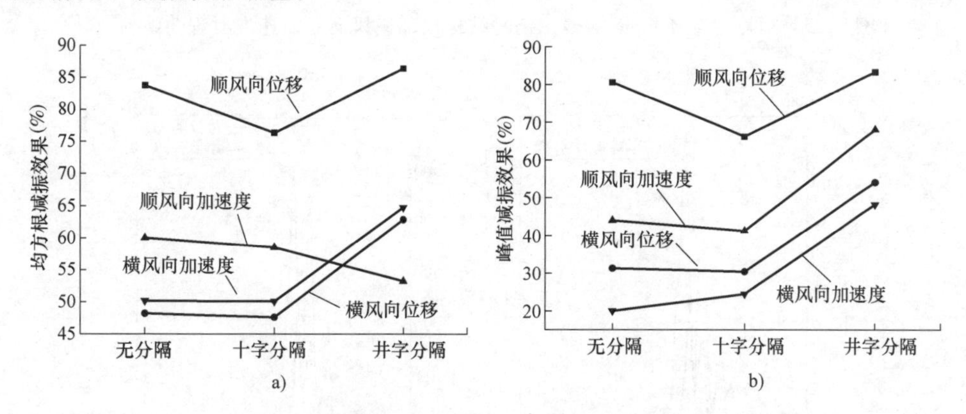

图7.57　风振控制效果随阻尼器腔体分隔类型的变化图

a）均方根　b）峰值

通过附加不同分隔阻尼器腔体的PTMD主体结构顶部横风向位移和加速度响应（图7.58和图7.59）可以看出，井字分隔工况下位移和加速度峰值要明显小于无分隔工况。同时图7.60给出了对应的频谱，可以看出无分隔工况下幅值要远大于井字分隔工况。说明此种工况下，无分隔工况减振控制效果较井字分隔工况差。

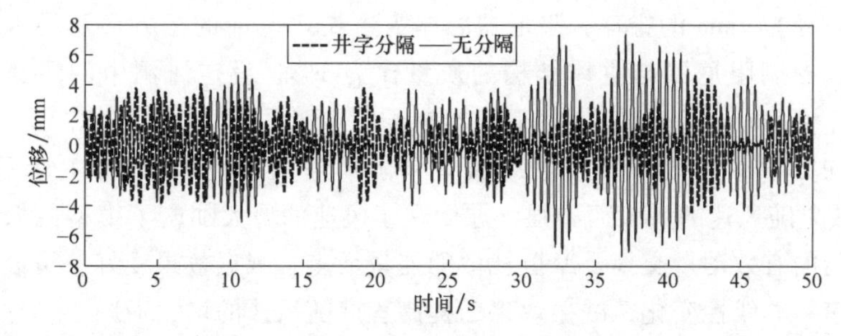

图7.58　颗粒为直径6mm的碳化钨时结构顶部横风向的位移时程曲线对比

可见，在阻尼器腔体中加入适当的分隔可增加阻尼器的减振控制效果，但是要适当选择合理的颗粒类型和尺寸，否则会起到相反的控制效果。

7.2.3　风场影响

1. 风洞风速

在建筑物实际使用过程中，尤其是对于高层建筑而言，建筑物经受的极限风荷载往往大

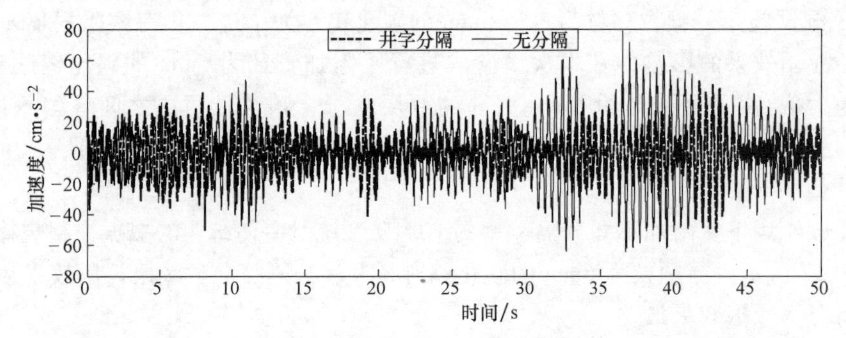

图 7.59 颗粒为直径 6mm 的碳化钨时结构顶部横风向的加速度时程曲线对比

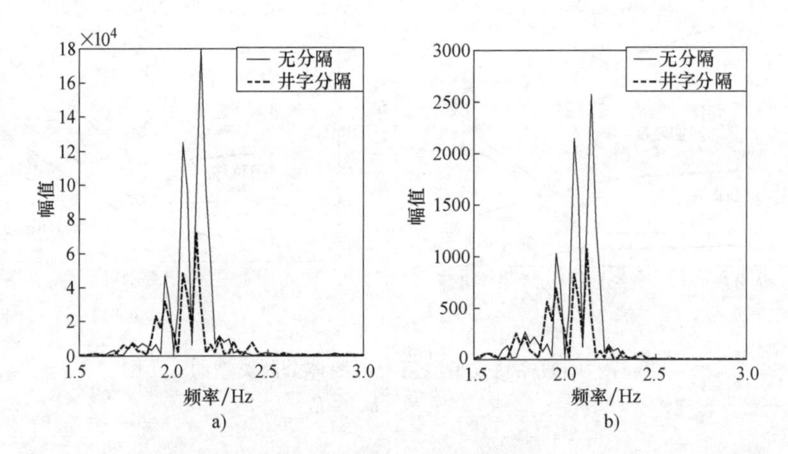

图 7.60 颗粒为直径 6mm 碳化钨时不同腔体分隔类型下横风向响应频率谱

a）加速度响应 b）位移响应

于设计风荷载。因此，在阻尼器性能试验中，应该考虑最不利风荷载的影响及阻尼器在极限风荷载下的减振控制效果。

颗粒选用直径为 2mm 的铅球，阻尼器腔体为边长 7.5cm 的正方形双层木盒，保持每层颗粒质量相同，控制阻尼器与主体结构的质量比为 1%，设定风洞中的风速分别为 3m/s、3.5m/s、4m/s、4.5m/s、5m/s，考察阻尼器减振效果随风速的变化规律。

各指标的均方根减振效果及峰值减振效果随风速的变化如图 7.61 所示，结果显示，PTMD 的减振效果随风速的增大而增强，原因在于风速的增大加剧了模型的振动，使得阻尼器内部颗粒之间的有效动量交换及摩擦耗散的能量增多，减振效果变好。可以看到，阻尼器减振效果随风速并非线性变化，减振效果的提高程度随风速的增大而减小，这是由于风速的增加导致颗粒之间发生越来越充分的碰撞，当碰撞足够充分时，通过颗粒碰撞耗散能量提升的速率会逐渐减小，导致曲线趋于平缓。

2. 风攻角

颗粒选用直径为 2mm 的铅球，阻尼器腔体为边长 9cm 的正方形双层木盒，保持每层颗粒质量相同，阻尼器与主体结构的质量比为 1%，风速为 4m/s。设置风攻角梯度为 15°，由于模型是中心对称结构，故风攻角变化 0°~90°即可模拟模型可能遇到的所有风荷载工况。

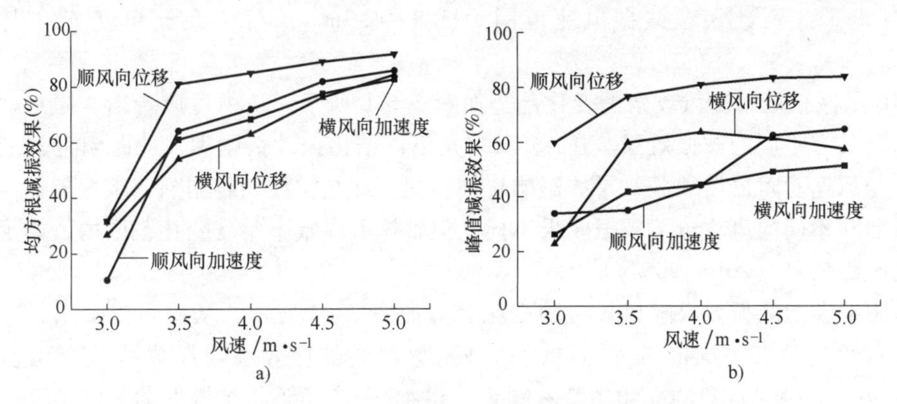

图 7.61　不同风速下振动控制效果

a) 均方根　b) 峰值

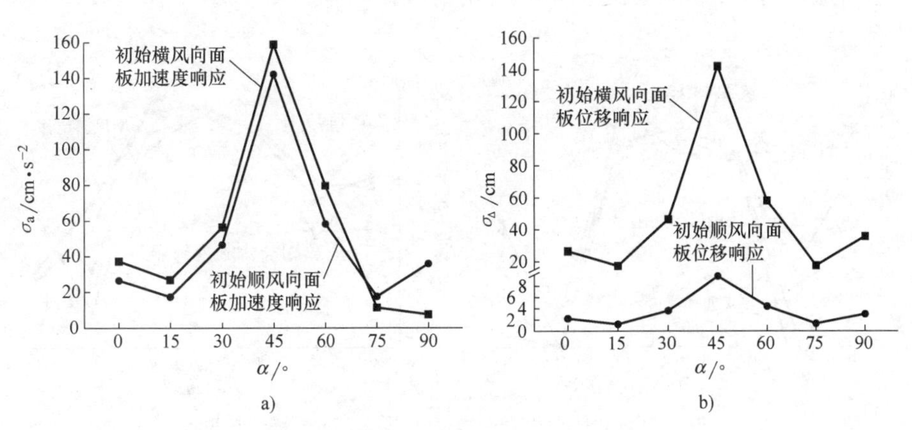

图 7.62　无控结构响应随风攻角变化图

a) 加速度均方根　b) 位移均方根

为了考察模型在不同的风攻角下的振动特性，首先进行了无控结构在不同风攻角下的振动测试，其均方根响应随风攻角的变化如图 7.62 所示，结果显示，模型在 45°风攻角下振动响应最大，在其他各个角度的振动响应以 45°呈大致对称分布，当风攻角为 15°和 75°时，模型的振动响应最小。原因可以解释为在 45°风攻角下，模型的受风面积达到最大值，故其振动响应最大。在 15°和 75°风攻角下，虽然模型的受风面积和 0°与 90°下相比相差不大，但模型的振动还与受风时的外形有关，风的扰流会在模型侧面产生旋涡，旋涡的大小及旋涡随时间的脱落频率都与模型的外形直接相关，不同的脱落频率会对模型的振动产生不同的影响，当脱落频率与模型的自振频率相近或相等时会发生共振，使得模型产生较大的振动，当两个频率相差较远时，模型的振动响应相对较小。在 0°和 90°风攻角下，模型的旋涡脱落频率为[219]

$$v = n_s D / S_t \tag{7-18}$$

式中　n_s——旋涡脱落频率（Hz）；

D——物体垂直于平均流速平面上的投影特征尺寸，在本次试验中，$D=21$cm；

S_t——斯托拉哈数，近似取 0.12。

取旋涡脱落频率为 2.17Hz（模型的自振频率），求得来流风速为 3.8m/s。又共振锁住区为 1~1.3v，因此涡激共振风速范围为 3.8~4.9m/s。可见在此角度下发生了涡激共振。

PTMD 的减振效果随风攻角的变化趋势如图 7.63b 所示，从中可以看出，阻尼器在不同的风攻角下具有不同的减振效果。在 45°风攻角下，结构振动最剧烈，此时阻尼器的减振效果最优，与风速对阻尼器减振效果的影响规律相同，即结构振动越剧烈，阻尼器的减振效果越好。虽然在不同的风攻角下减振效果不同，但整体上在整个角度变化范围内，阻尼器均具有良好的减振效果（20%~90%）。

两种阻尼器的减振效果随风攻角的变化趋势如图 7.63 所示，从中可以看出，阻尼器在不同的风攻角下具有不同的减振效果，两种阻尼器的减振效果随风攻角的变化趋势与图 7.63 中结构响应随风攻角的变化图基本吻合，在 45°风攻角下，结构振动最剧烈，此时阻尼器的减振效果最优，表明结构振动越剧烈，阻尼器的减振效果越好。从均方根减振效果来看，在不同的风攻角下，颗粒阻尼器均有一定的减振效果，而 TMD 有时会出现振动响应放大现象。

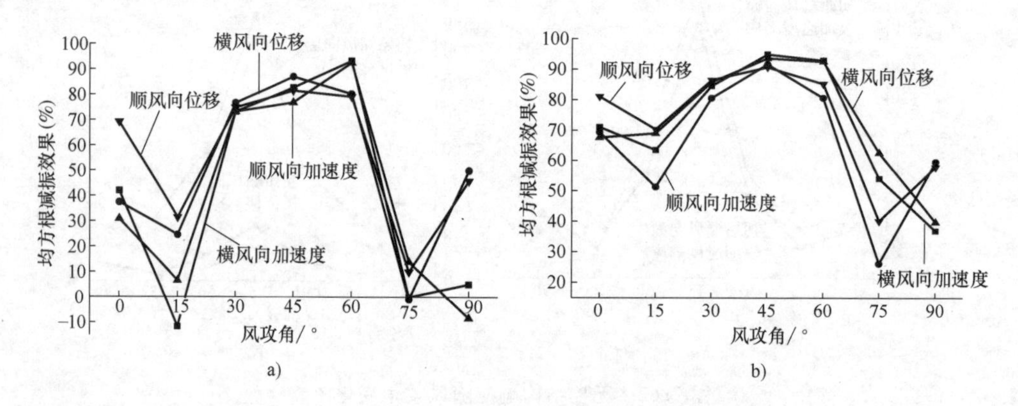

图 7.63　均方根减振效果随风攻角变化关系图

a）附加 TMD　b）附加 PTMD

表 7.23 列出了同等条件下颗粒阻尼器较 TMD 的减振优势，定义减振优势为

$$\text{减振优势}=\frac{\text{附加 TMD 模型顶部响应}-\text{附加 PTMD 模型顶部响应}}{\text{附加 TMD 模型顶部响应}}\times 100\% \tag{7-19}$$

从中可看出，绝大部分情况下，颗粒阻尼器的减振效果要优于 TMD。

表 7.23　附加两阻尼器结构振动响应及颗粒阻尼器较 TMD 的减振优势汇总表

风攻角		0°	15°	30°	45°	60°	75°	90°
横风向加速度	附加调谐质量阻尼器/cm · s^{-2}	10.8	9.79	8.75	8.15	5.68	5.19	4.72
	附加颗粒阻尼器/cm · s^{-2}	21.6	29.96	15.11	27.65	5.48	11.31	7.11
	减振优势	50%	67%	42%	71%	-4%	54%	34%
顺风向加速度	附加调谐质量阻尼器/cm · s^{-2}	8.13	8.47	9.06	11.92	11.29	12.93	14.47
	附加颗粒阻尼器/cm · s^{-2}	16.57	13.1	10.86	18.58	11.55	17.69	17.99
	减振优势	51%	35%	17%	36%	2%	27%	20%

（续）

风攻角		0°	15°	30°	45°	60°	75°	90°
横风向位移	附加调谐质量阻尼器/mm	1.44	0.95	0.94	1.15	0.70	0.49	0.50
	附加颗粒阻尼器/mm	3.07	2.86	1.77	4.18	0.71	1.13	0.9
	减振优势	53%	67%	47%	72%	1%	57%	44%
顺风向位移	附加调谐质量阻尼器/mm	0.42	0.36	0.49	0.91	0.65	0.79	1.27
	附加颗粒阻尼器/mm	0.68	0.83	0.91	1.81	0.92	1.19	1.64
	减振优势	38%	57%	46%	50%	29%	34%	23%

7.3　风洞试验数值模拟

7.3.1　简化模拟方法概述

1. PTMD 模拟

基于第 3 章的等效简化原则及模型，可对相关等效理论进行推导，求出 d 关于颗粒密度和质量及填充率的表达式。

颗粒总体积为

$$V_{pd}=m/\rho_{pd} \tag{7-20}$$

式中　ρ_{pd}——颗粒的密度。

阻尼器腔体内的剩余体积为

$$V_{epd}=V_a-V_{pd}=d_x d_y d_z-m/\rho_{pd} \tag{7-21}$$

式中　V_a——阻尼器腔体总体积，$V_a=d_x d_y d_z=1/4\pi D^2(D+d)=m/(\rho_{pd}\rho_v)$；

d_x、d_y、d_z——分别为阻尼器腔体的长、宽、高，并假定 $d_z=D_p$，其中，D_p 为颗粒的直径。

等效单颗粒的直径为

$$D=(6m/\pi\rho_{pd})^{1/3} \tag{7-22}$$

等效阻尼器腔体长度中的参数 d 为

$$d=4(\pi\rho_{pd}/6m)^{2/3}(m/\rho_{pd}\rho_v-3m/2\rho_{pd}) \tag{7-23}$$

因此，根据上述计算方法可对颗粒阻尼系统中相关简化参数进行求解。

2. 主体结构模拟

图 7.64 中展示了附加 PTMD 的风洞试验主体结构模型，因为对称性、小阻尼比和均匀分布的质量，主体结构能够简化为 n 个自由度的悬臂梁。PTMD 附加在模型的顶部，可简化为主体结构第 n+1 个自由度，其质量、阻尼和刚度分别为 m_c、c_c 和 k_c，因此，整个系统可视为 n+1 个自由度的多自由度系统。简化颗粒与阻尼器腔体壁之间的碰撞作用力可作为外部冲击荷载加到简化的主体结构第 n+1 个自由度上。

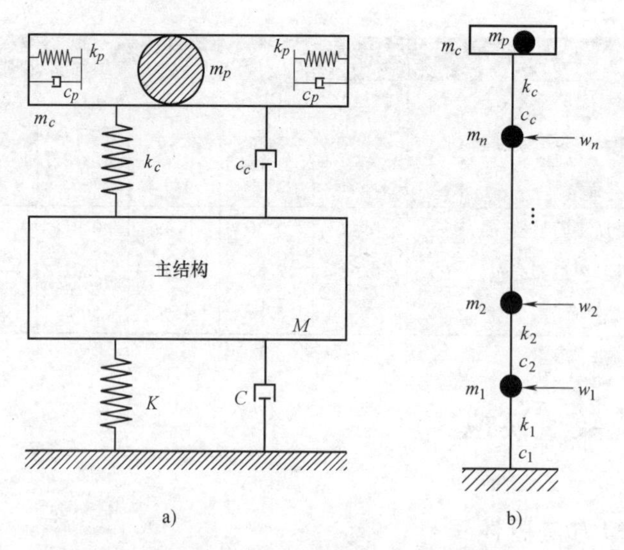

图 7.64 附加 PTMD 试验模型及简化示意图

a）附加 PTMD 的主体结构 b）风荷载及主体结构简化模型

基于以上简化分析，主体附加 PTMD 主体结构的运动表达式可表示为

$$\begin{cases} \boldsymbol{M}\ddot{x}+\boldsymbol{C}\dot{x}+\boldsymbol{K}x=\boldsymbol{W}(t)+\boldsymbol{\varphi}(c_{\mathrm{c}}\dot{z}_1+k_{\mathrm{c}}z_1) \\ m_{\mathrm{c}}\ddot{x}_{\mathrm{c}}+c_{\mathrm{c}}\dot{z}_1+k_{\mathrm{c}}z_1-c_{\mathrm{p}}H(z_2,\dot{z}_2)-k_{\mathrm{c}}G(z_2)=0 \\ m_{\mathrm{p}}\ddot{x}_{\mathrm{p}}+c_{\mathrm{p}}H(z_2,\dot{z}_2)+k_{\mathrm{p}}G(z_2)=0 \end{cases} \tag{7-24}$$

$$\boldsymbol{M}=\mathrm{diag}[m_1 \quad m_2 \quad \cdots \quad m_n] \tag{7-25}$$

$$\boldsymbol{C}=\begin{pmatrix} c_1+c_2 & -c_2 & & & \\ -c_2 & c_2+c_3 & -c_3 & & \\ & -c_3 & & \ddots & \\ & & \ddots & & -c_n \\ & & \ddots & -c_n & c_n \end{pmatrix} \tag{7-26}$$

$$\boldsymbol{K}=\begin{pmatrix} k_1+k_2 & -k_2 & & & \\ -k_2 & k_2+k_3 & -k_3 & & \\ & -k_3 & & \ddots & \\ & & \ddots & & -k_n \\ & & \ddots & -k_n & k_n \end{pmatrix} \tag{7-27}$$

$$\boldsymbol{W}(t)=[w_1(t) \quad w_2(t) \quad \cdots \quad w_n(t)]^{\mathrm{T}} \tag{7-28}$$

$$\boldsymbol{\varphi}=(0\ 0\ \cdots\ 0)^{\mathrm{T}} \tag{7-29}$$

$$z_1=x_n-x_{\mathrm{c}} \tag{7-30}$$

$$z_2=x_{\mathrm{c}}-x_{\mathrm{p}} \tag{7-31}$$

式中 $\boldsymbol{M}$、$\boldsymbol{C}$、$\boldsymbol{K}$——分别为主体结构的质量矩阵、阻尼矩阵和刚度矩阵；

x——主体结构 N 维位移向量；

$\boldsymbol{W}(t)$——N 维风荷载激励向量；

φ——N 维控制力位置向量，其中第 n 个元素为 1，其他元素为 0。

x_c——阻尼器腔体位移；

x_p——简化的颗粒的位移；

z_1——阻尼器腔体相对于主体结构的位移；

z_2——表示等效颗粒相对于阻尼器腔体的位移。

同时，阻尼器腔体其他参数定义如下：$k_c=m_c\omega_c^2$，$c_c=2m_c\zeta_c\omega_c$，$\omega_c=2\pi f_c$，$f_c=1/(2\pi)(g/l)^{0.5}$，其中，l 是悬吊长度（从模型顶部到阻尼器腔体顶部）。

同样的，等效单颗粒阻尼器中颗粒的参数如下：$k_p=m_p\omega_p^2$，$c_p=2m_p\zeta_p\omega_p$，ζ_p为阻尼器等效冲击阻尼比，ω_p为阻尼器等效自振圆频率。

非线性函数 $G(z_2)$ 和 $H(z_2,\ \dot{z}_2)$ 如图 7.65 所示，代表了阻尼器的非线性特征。通过合理选用 ω_p，基于前人研究结果，非线性弹簧函数 $G(z_2)$ 能够模拟任意精度的刚性壁，参数 ζ_p和 $H(z_2;\ \dot{z}_2)$ 提供了模拟非弹性碰撞到弹性碰撞的途径，因此任意值的回复系数 e 都能用来设定合理的 ζ_p[220, 221]。阻尼比和恢复系数之间存在如图 7.66 所示关系[175]。

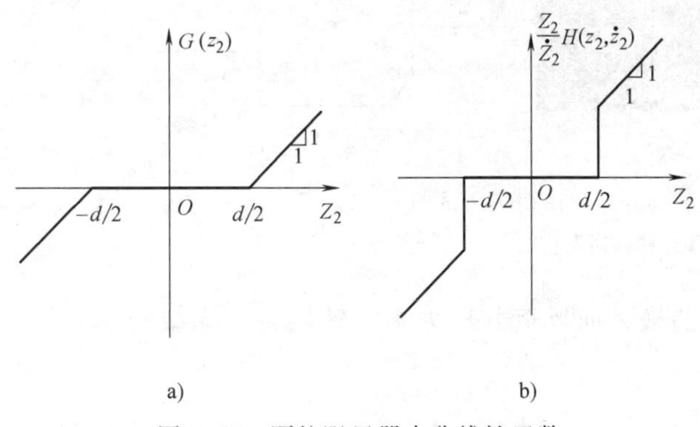

图 7.65　颗粒阻尼器中非线性函数

a) $G(z_2)$　b) $H(z_2,\ \dot{z}_2)$

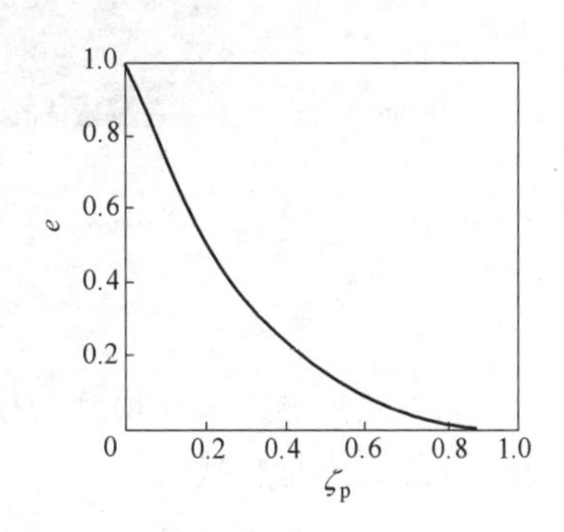

图 7.66　颗粒阻尼比与恢复系数关系图

3. 风荷载模拟

在风洞试验中，主体结构在风荷载激励下做近似椭圆轨迹的运动，对其运动形式的精确模拟往往比较复杂且较难实现，为了简化，往往只模拟特定方向的风荷载。本次模拟的目的是考察风荷载激励下 PTMD 对模型顶部响应的减振控制效果，并为以后更为复杂的研究打下基础。考虑到现有研究方面的限制，以后会有更为精确的计算和分析[208]。

在实际的高层建筑结构设计中，结构最大的振动响应往往发生在横风向，因此横风向风荷载在设计中起控制作用，并且通过无控结构振动响应的测量也可了解到结构横风向的响应要大于顺风向。但是，横风向风荷载主要是垂直于风速来流方向上的漩涡脱落引起的，其复杂的形成机制及对建筑外形的高度相关性使得它很难被精确模拟。本次试验模拟所用的风荷载是基于 Samali[222] 对 Benchmark 模型在悉尼大学进行风洞测压试验的结果，其试验资料及详细数据可从相关网站上下载。

Samali 等进行测压风洞试验的试验环境如下：模型的长度比尺为 1∶400，风速比尺为 1∶3，模型沿高度方向分成了等长的 16 段，时间比尺为 1∶133，获得了 27s 风速时程数据，比尺换算之后为实际 3600s 的时程数据。只测定了横风向的风荷载，如图 7.67 所示。32 块面板的测压数据通过面板中心的一个简单的压力系数给出，压力系数并不等于 0，并且数值随着高度的变化而变化。

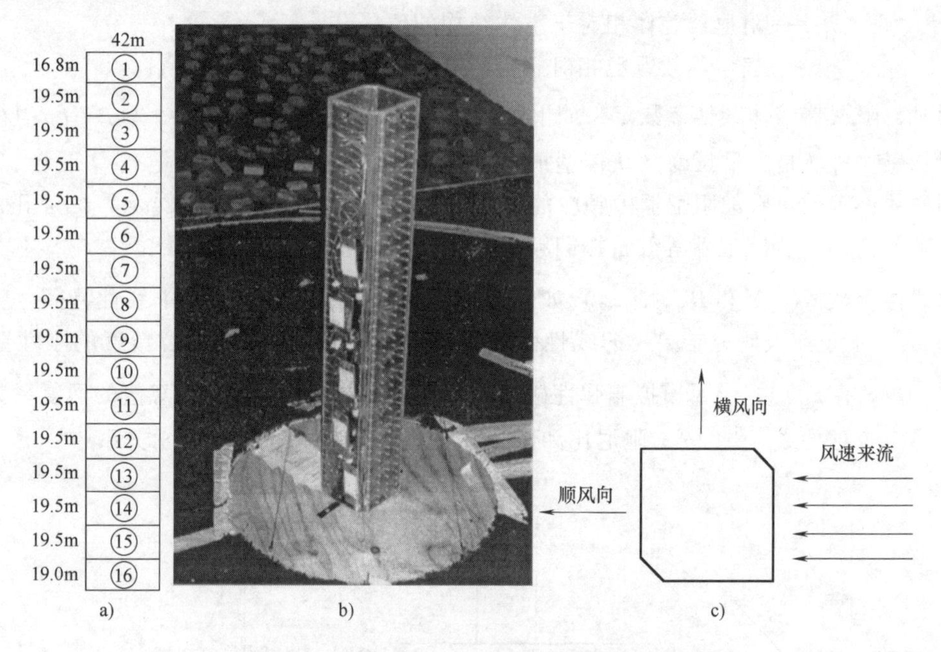

图 7.67 Benchmark 模型测压试验

a）高度方向分段 b）测压风洞模型 c）风速来流方向

为了将通过测压试验得到的模型上的横风向风荷载压力系数转换为实际结构中的压力，通过以下公式进行转换

$$F(t)=0.5\cdot\rho\cdot\overline{U}^2\cdot C_{\mathrm{p}}(t)\cdot A \tag{7-32}$$

式中 ρ——空气密度，一般取 1.29kg/m^3；

$\overline{U}$——模型顶部的风洞风速（m · s^{-1}）；

A——单个面板的面积（m^2）；

C_{p}——组合压力系数。

在风洞试验中，模型顶部的风洞风速根据澳大利亚相关规范 10m 高度处的设计风荷载中规定的风速 $\overline{U}_{\mathrm{r}}=13.5$m/s，经过换算得出实际结构顶部的风洞风速为 47.25m · s^{-1}[223]，风速剖面指数为 0.365，D 类风场。

在本次试验中，模型顶部风洞风速为 $\overline{U}=4$m/s，模型的长度比尺为 1/200，因此可根据实际建筑物的风荷载计算出模型所需的风荷载时程数据 $F(t)_m$ 如下：

$$F(t)_m=F(t)\cdot\left(\frac{\overline{U}_m}{\overline{U}}\right)^2\cdot\left(\frac{A_m}{A}\right)^2=F(t)\cdot\left(\frac{4}{47.25}\right)^2\cdot\left(\frac{1}{200}\right)^2 \tag{7-33}$$

实际给出的时间序列是 3600s 的列向量的时程数据，图 7.68、图 7.69 和图 7.70 列出了第 76 个、75 个和第 74 个自由度上横风向的时程曲线。而在实际模型中，其中第 3 个、7 个和 10 个自由度上横风向风荷载的时程数据如图 7.71~图 7.73 所示。

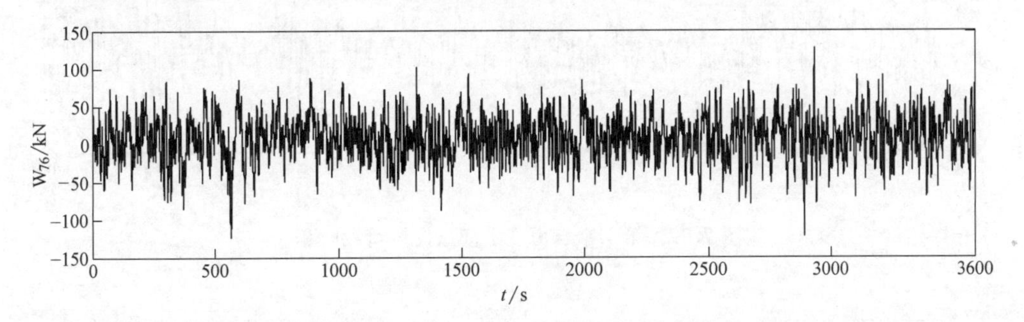

图 7.68　第 76 个自由度上实际横风向风荷载时程曲线

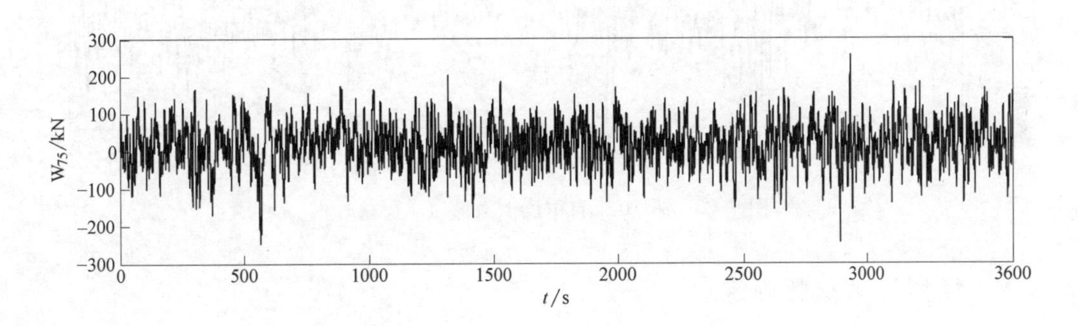

图 7.69　第 75 个自由度上实际横风向风荷载时程曲线

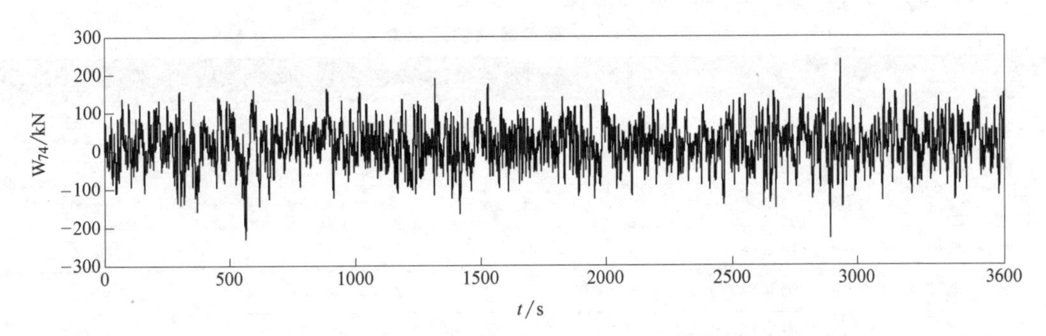

图 7.70　第 74 个自由度上实际横风向风荷载时程曲线

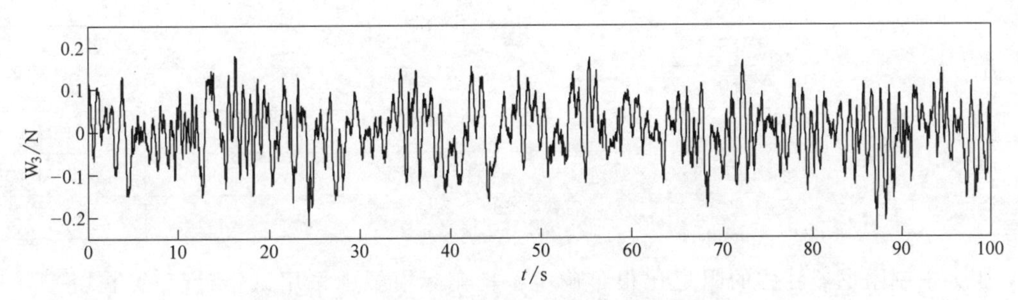

图 7.71　第 3 个自由度上横风向风荷载时程

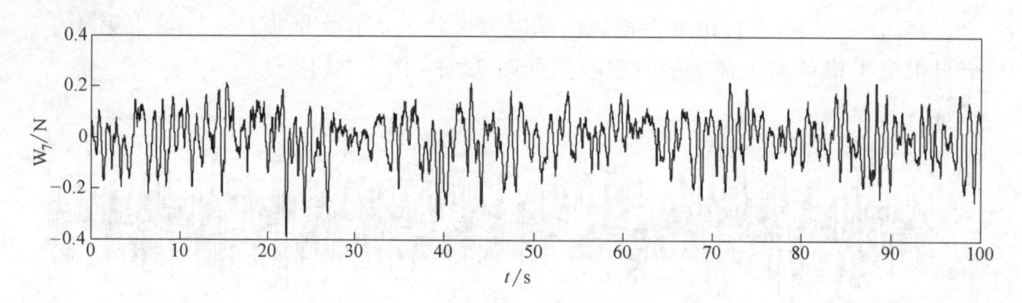

图 7.72　第 7 个自由度上横风向风荷载时程

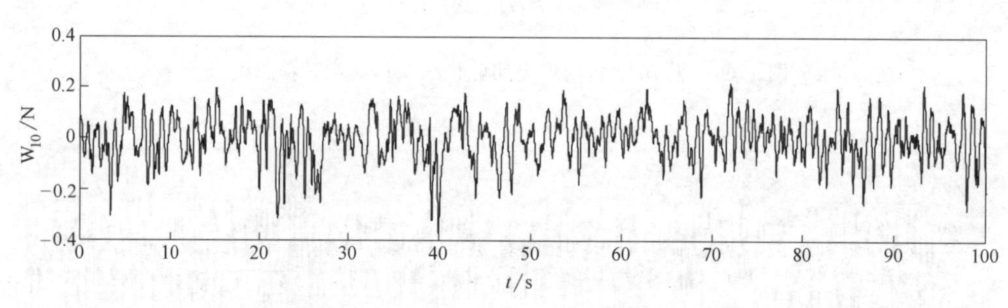

图 7.73　第 10 个自由度上横风向风荷载时程

7.3.2　模拟计算参数确定

数值模拟用来模拟试验结果，颗粒直径为 6mm，质量比为 1%，阻尼器腔体尺寸为 8.5cm×8.5cm，两层，模拟参数汇总表见表 7.24。

表 7.24　系统参数取值汇总表

	参　数	取值
主体结构	总质量/kg	19.2
	圆频率/(rad/s)	13.63
	阻尼比	0.003
阻尼器腔体	质量/kg	0.01
	圆频率/(rad/s)	13.63
	阻尼比	0.005
颗粒	总质量/kg	0.182
	等效圆频率/(rad/s)	13.63
	恢复系数	0.5
	等效阻尼比	0.2
	填充率(%)	27.5
	颗粒密度/(kg/m³)	7644
	直径/mm	6

因为木制阻尼器腔体的阻尼比很难确定，在实际模拟中采用试错计算的方式获得。图 7.74 所示为主体结构顶部振动响应在不同腔体阻尼比下的变化曲线。数据显示，当阻尼比

小于 0.05 时，主体结构的振动响应基本维持在一个特定的水平。这个现象展示了当阻尼器腔体阻尼比小于 0.05 时，最终结果受阻尼器腔体阻尼比的影响很小。考虑到阻尼器腔体与主体结构之间通过四根等长的尼龙线相连，并且阻尼器腔体能够自由地在模型顶部空间运动，阻尼很小，因此可推断其阻尼比较小，假定为 0.05。

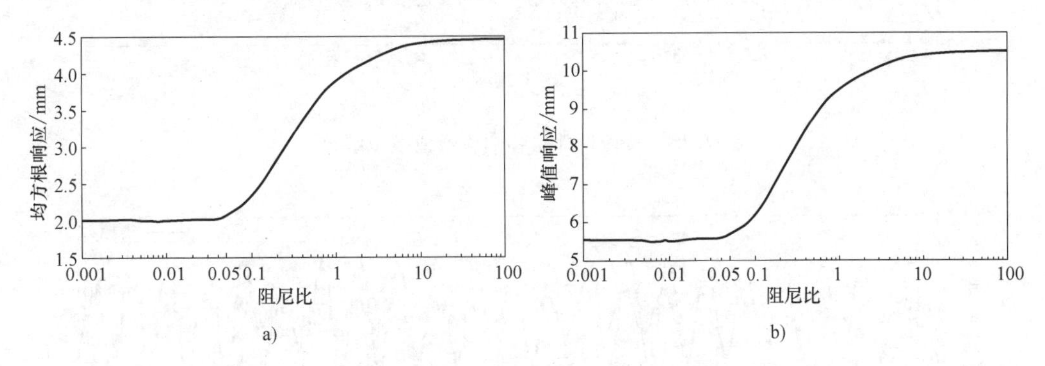

图 7.74　不同阻尼器腔体阻尼比下主体结构顶部振动响应

a）位移均方根响应　b）位移峰值响应

7.3.3　模拟结果

通过建立的振动模型，采用 4 阶龙格库塔方法进行数值模拟。试验结果与模拟结果对比见表 7.25，其中σ_x和$\sigma_{\ddot{x}}$分别为主体结构第 10 个自由度的位移和加速度均方根响应，x 和 $\ddot{x}$ 分别为对应的位移和加速度响应。x_{max}和$\ddot{x}_{max}$分别为位移和加速度峰值响应。

表 7.25　试验结果与模拟结果对比汇总表

	σ_x/mm			$\sigma_{\ddot{x}}$/cm·s^{-2}		
	试验	模拟	误差(%)	试验	模拟	误差(%)
无控	4.05	4.16	2.66	77.73	76.31	-1.82
有控	2.00	2.00	0.00	37.64	37.90	0.70
	x_{max}/mm			$\ddot{x}_{max}$/cm·s^{-2}		
	试验	模拟	误差/%	试验	模拟	误差/%
无控	11.02	11.61	5.40	203.51	204.83	0.65
有控	5.56	5.55	-0.27	127.61	123.32	-3.36

通过表 7.25 可以看出，在无控条件下，数值模拟结果与试验结果能够较好地吻合，这表明风荷载和主体结构动力特性的模拟是合理的，风荷载和主体结构的简化模拟是进行有控结构附加 PTMD 模拟的关键和基础所在。同时，附加 PTMD 有控结构的模拟同样在表 7.25 中进行了对比分析，结果表明，提出的简化方法能够在合理的范围内有效地模拟试验结果。

图 7.75 和图 7.76 显示了 10s 的数值模拟高分辨率结果，同时对无控结构和有控结构进行了对比。可以看出，PTMD 在风荷载激励下具有良好的减振控制效果，时程曲线与第 3 章中试验结果具有良好的相似性，有控结构加速度响应中的高频成分能够清晰地在模拟结果中显示。

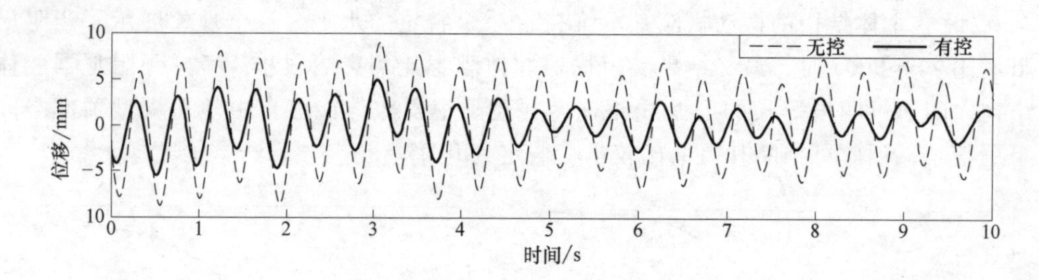

图 7.75　模型顶部位移响应数值模拟结果

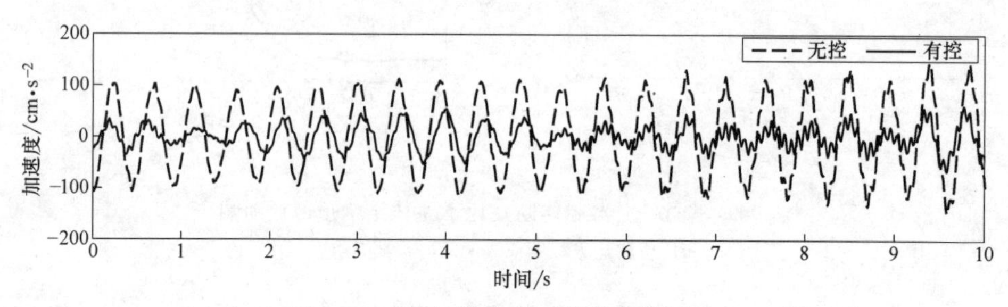

图 7.76　模型顶部加速度数值模拟结果

通过以上模拟结果可以看出，对颗粒阻尼器进行适当的简化，通过合理的等效原则将多颗粒简化为单颗粒，能够获得合理的无控和有控工况下的模拟结果。数值模拟结果显示，无论加速度、位移均方根和峰值响应均能够与试验结果得到较好地吻合。

第8章 颗粒阻尼技术在结构振动控制应用的设计讨论

前面几章已经分别介绍了颗粒阻尼技术的理论分析和数值模拟方法，以及振动台试验和风洞试验。本章将介绍作者团队自行研发并已获得国家发明专利授权的一些实用化产品设计，为颗粒阻尼技术的工程应用提供思路。

8.1 颗粒阻尼器的产品设计

8.1.1 缓冲型悬吊式颗粒调谐质量阻尼器

专利信息：鲁正，吕西林，施卫星，发明专利，缓冲型悬吊式颗粒调谐质量阻尼器[224]，专利号：ZL2012103328377，专利申请日：2012.09.11，授权公告日：2015.02.18。

1. 发明内容

为了解决传统调谐质量阻尼器调谐频带窄、设置耗能阻尼器价格昂贵的问题，以及传统颗粒阻尼器由于颗粒堆叠以及弹性碰撞导致的耗能能力有限、调谐能力差的问题，本发明提出了一种缓冲型悬吊式颗粒调谐质量阻尼器，该装置结合调谐质量阻尼器和颗粒阻尼器各自优点，并加以改进，即通过钢索与主体结构铰接，在一个或多个腔体内部填充颗粒并附加缓冲材料，形成缓冲型悬吊式颗粒调谐质量阻尼器。本阻尼器构造简单、碰撞耗能能力好、调频能力强、水平方向上多维控制效果好。在风或/和地震作用下，一个或多个腔体内的颗粒群可以伴随阻尼器腔体通过钢索系统沿着振动输入的方向提供调谐结构振动频率的作用，同时通过颗粒间、颗粒与阻尼器腔体间的摩擦、碰撞耗散能量，颗粒只设置一层和附加缓冲材料，均能够增加耗能能力。限位装置的设置可以保证阻尼器在超强风或/和地震下，不至于摆动幅度过大而撞击结构产生破坏。

为了实现上述目的，本发明采取如下技术方案。

本发明的缓冲型悬吊式颗粒调谐质量阻尼器包括阻尼器腔体 1、颗粒群 2、缓冲材料 3、钢索 4 和限位装置 5。阻尼器腔体 1 为长方体或圆柱体结构，阻尼器腔体 1 为一个或多个，多个阻尼器腔体 1 为水平或竖直方向设置，每个阻尼器腔体 1 内部平铺一层颗粒群 2，阻尼器腔体 1 内壁上覆盖有缓冲材料 3，钢索 4 将预埋件与阻尼器腔体 1 铰接，一个或多个阻尼器腔体 1 外部设置有限位装置 5，以防止其振动过大撞坏结构；在风或/和地震等作用下，该装置能够在水平方向上，沿着多个方向振动，一方面通过调谐结构自振频率，另一方面通过颗粒群 2 的滚动、滑动、摩擦、碰撞转移和耗散结构的动能，通过缓冲材料 3 增加碰撞耗散的能量。

本发明中，所述颗粒群 2 由若干个圆形颗粒组成，圆形颗粒直径为 2~50mm 的钢球、混凝土球、玻璃球或陶瓷球中的一种及以上。

本发明中，颗粒群 2 在水平面占用面积为阻尼器腔体 1 水平面积的 40%~80%，颗粒群 2 的体积应为阻尼器腔体 1 体积的 5%~20%。

本发明中，缓冲材料 3 包括橡胶、泡沫塑料或珍珠棉中一种以上，以增加碰撞所耗散的能量。

本发明中，钢索将结构内设置的预埋件与阻尼器腔体铰接，使得阻尼器能够在水平方向上沿着多个方向振动，以抵抗不同方向作用的风或/和地震荷载。

本发明中，在阻尼器腔体的外部设置限位装置，以防止其在巨大的强风或/和地震作用下产生过大的位移，撞击结构而造成破坏。

本发明采用钢索将主体结构内设置的预埋件与阻尼器腔体铰接，在一个或多个腔体内部填充颗粒并附加缓冲材料，并在阻尼器外部设置限位装置，形成缓冲型悬吊式颗粒调谐质量阻尼器。在风或/和地震等作用下，该装置能够在水平方向上沿着多个方向振动，一方面通过调谐结构自振频率，另一方面通过颗粒群的滚动、滑动、摩擦、碰撞转移和耗散结构的动能，加入缓冲材料后尤其可以增加碰撞所耗散的能量。

2. 发明优点

1）本发明颗粒群可以伴随阻尼器腔体通过钢索系统沿着振动输入的方向提供调谐结构振动频率的作用，能够在水平向的多个振动方向减震。

2）本发明采用附加缓冲材料的方法，增加颗粒与阻尼器腔体碰撞所消耗的能量，提高其耗能效率。

3）本发明构造形式简单，采用可靠耐久廉价的颗粒作为附加阻尼的提供载体，结合调谐质量阻尼器和颗粒阻尼器的优点，通过调谐质量和颗粒摩擦碰撞耗能，降低了设置传统阻尼器的造价，从而适用性和经济性更强。

3. 实施方式

如图 8.1 所示，为本发明的一种缓冲型悬吊式颗粒调谐质量阻尼器实施例，其主要包括

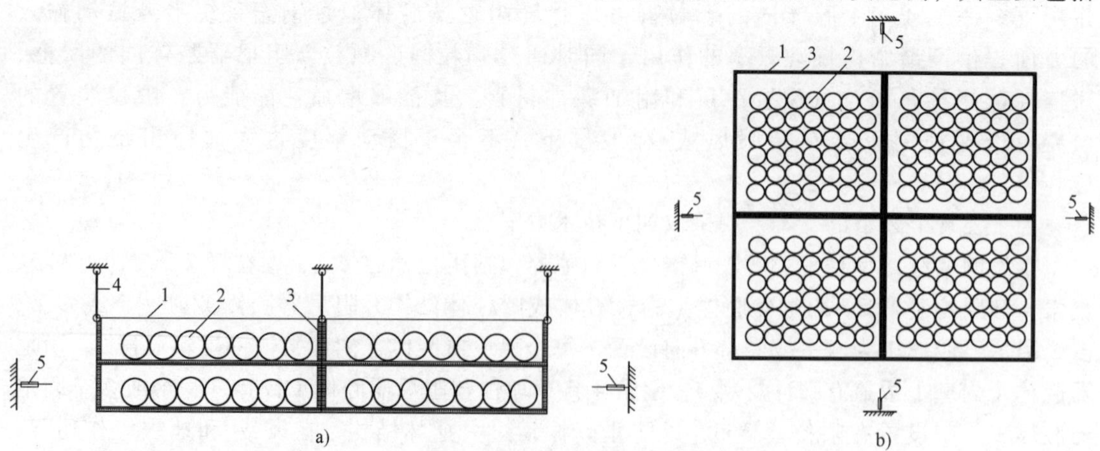

图 8.1　缓冲型悬吊式颗粒调谐质量阻尼器

a）正立面示意图　b）平面示意图

1—阻尼器腔体　2—颗粒群　3—缓冲材料　4—钢索　5—弹簧限位装置

阻尼器腔体 1、在腔体内平铺一层的颗粒群 2、缓冲材料 3、钢索 4 和弹簧限位装置 5。

阻尼器腔体 1 是由 5~10mm 厚的钢板焊接而成的长方体空箱，通过钢索 4 将阻尼器腔体 1 与结构内的预埋件铰接在一起，阻尼器悬吊于梁柱节点、楼面设备层或高耸结构，比如电视塔的休息平台处。颗粒群 2 在阻尼器腔体 1 内平铺一层，其尺寸以及阻尼器腔体 1 的尺寸和钢索 4 的长度应根据结构的频率依据相关理论求得。颗粒群 2 在水平面占用面积应为阻尼器腔体 1 水平面积的 40%~80%，颗粒群 2 的体积应为阻尼器腔体 1 体积的 5%~20%。阻尼器腔体内壁贴上缓冲材料 3（比如 5mm 厚的橡胶或者泡沫塑料等）。

8.1.2　新型二维调谐质量阻尼器

专利信息：鲁正，施卫星，李晓玮，发明专利，新型二维调谐质量阻尼器[225]，专利号：ZL2012104064249，专利申请日：2012.10.23，授权公告日：2014.09.17。

1. 发明内容

本发明的目的在于提出一种新型二维调谐质量阻尼器，该装置结合调谐质量阻尼器和颗粒阻尼器的各自优点，并加以改进，即将阻尼器空腔分隔，每个腔体内只容纳一层颗粒群，保证最大限度地发挥颗粒群的运动能力，并在空腔内部粘贴缓冲材料，增强碰撞的耗能能力。本发明抛弃了单摆调谐质量阻尼器的悬吊形式，改用摩擦摆支座，通过将阻尼器空腔体固定在四个角部的摩擦摆支座上，腔体便可以随摩擦摆支座盖板在圆弧滑道上摆动。滑块与盖板的特殊关节的设计可以保证阻尼器腔体在运动过程中始终保持水平，并且该阻尼器的运动不受方向的约束，对任意方向的振动均有减震耗能作用。同时，不仅颗粒间、颗粒与阻尼器腔体间的碰撞、摩擦可以耗散能量，摩擦摆支座摆动过程中，滑块与滑道之间的摩擦也能耗散振动能量。限位装置的设置可以保证阻尼器在超强风或/和强地震作用下，不至于摆动幅度过大而撞击结构产生破坏。

为了实现上述目的，本发明采取如下技术方案。

本发明提出的一种新型二维调谐质量阻尼器，包括阻尼器腔体 1、颗粒群 2、缓冲材料 3 和摩擦摆支座 4；阻尼器腔体 1 为长方体或圆柱体空腔，阻尼器腔体 1 是一个或多个，多个阻尼器腔体 1 水平或竖直方向布置，每个阻尼器腔体 1 内部平铺一层颗粒群 2，阻尼器腔体 1 内壁上粘贴有缓冲材料 3；其特点在于：阻尼器腔体 1 底部四周固接于四个摩擦摆支座 4 上，使阻尼器腔体 1 随滑块沿球面滑动时能保持水平；每个摩擦摆支座 4 由盖板 5、连接轴 6、底座 7、滑块 8、滑道 9 和限位装置 10 组成，底座 7 上方开有下凹球形，所述下凹球形表面为滑道 9，滑块 8 位于滑道 9 上方，滑块 8 底面涂有复合摩擦材料，当滑块 8 在滑道 9 上滑动时产生摩擦力辅助消耗能量，滑块 8 由位于上部的凸起的半球形关节和位于下部的柱形体连接而成一体，滑块 8 底面半径与滑道 9 半径相同，滑块 8 上部的凸起的半球形关节与连接轴 6 底部凹槽的部位对接；连接轴 6 顶部固定于盖板 5 下方，盖板 5 盖于底座 7 上方，盖板 5 与底座 7 之间设置有限位装置 10，以防止其发生过大摆动，盖板 5 与底座 7 之间通过固定栓板 11 连接。

本发明中，所述颗粒群 2 由若干个球形颗粒组成，可以是直径 2~50mm 的钢球、混凝土球、玻璃球或陶瓷球中的一种或多种。颗粒群 2 水平面投影面积为阻尼器腔体 1 水平面积的 40%~80%，颗粒群 2 的体积应为阻尼器腔体 1 体积的 5%~20%。

本发明中，所述缓冲材料 3 包括橡胶、泡沫塑料或珍珠棉中的一种或多种，以增加碰撞耗能能力。

本发明中，采用四个摩擦摆支座 4，放置于阻尼器腔体 1 底部的四个角部。四个摩擦摆支座 4 型号完全相同，可以对水平任意方向的振动起到减震作用。摩擦摆支座 4 中的滑块 8 与连接轴 6 之间采用半球形的关节连接，可以保证上部盖板 5 以及阻尼器腔体 1 保持水平。

本发明中，在摩擦摆支座 4 的盖板 5 与底座 7 之间设置限位装置 10。该限位装置 10 具有在小位移下不工作、在大位移下提供拉力防止摆动幅度过大的功能。

2. 发明优点

1）颗粒群的碰撞由阻尼器腔体运动而激发，阻尼器的频率主要由摩擦摆支座提供，并通过设置限位装置来调整。摩擦摆支座可以提供水平向任意方向的摆动，所以该阻尼器对水平任意方向的振动都有减震效果。

2）本发明采用附加缓冲材料的方法，增加颗粒与腔体碰撞所消耗的能量，提高耗能效率。

3）本发明构造形式简单，采用可靠耐久廉价的颗粒作为附加阻尼的提供载体，结合调谐质量阻尼器和颗粒阻尼器的优点，通过调频质量、颗粒碰撞与摩擦、摩擦摆支座的摩擦来消耗能量，降低了传统阻尼器的造价，从而适用性和经济性更强。

3. 实施方式

下面结合附图详细说明本发明的具体实施方式。

如图 8.2 所示，阻尼器腔体 1、颗粒群 2、缓冲材料 3 和摩擦摆支座 4。摩擦摆支座 4 由盖板 5、连接轴 6、底座 7、滑块 8、滑道 9、限位装置 10 和固定栓板 11。其特点在于：摩擦摆支座 4 的滑道 9 为不锈钢材料制作的下凹球形表面，并在滑块 8 底面涂有复合摩擦材料，当滑块 8 在滑道 9 上滑动时产生摩擦力辅助消耗能量，摩擦材料往往采用聚四氟乙烯（PTFE）。在滑块 8 的上表面设置一半球形关节，滑块 8 底面半径与下部滑道 9 半径相同，上部凸起的半球形关节与连接轴 6 下部凹进的部位对接。在阻尼器腔体 1 下四角处分别固定四个摩擦摆支座 4，从而阻尼器腔体 1 随滑块沿球面滑动时能保持水平。阻尼器腔体 1 为长方体或圆柱体空腔。阻尼器腔体 1 可以是一个或多个，多个阻尼器腔体 1 可以水平或竖直方向布置，每个腔体 1 内部平铺一层颗粒群 2，阻尼器腔体 1 内壁上粘贴有缓冲材料 3。阻尼器腔体 1 固接于四个摩擦摆支座 4 的盖板 5 上，盖板 5 与底座 7 之间设置有限位装置 10，以防止其发生过大摆动。在风或/和地震作用下，该装置能够在水平方向上沿着多个方向振动，一方面通过调谐结构自振频率，另一方面通过颗粒群 2 的滚动、滑动、摩擦、碰撞转移和耗散结构的动能，粘贴缓冲材料 3 可以增加碰撞所耗散的能量。而且对于摩擦摆支座，当滑块 8 在滑道 9 上滑动时产生的摩擦力也可以帮助消耗能量。

阻尼器腔体 1 是由 5~10mm 厚的钢板焊接而成的长方体空腔，在空腔的内壁和底面粘贴缓冲材料 3。缓冲材料 3 可以用橡胶、泡沫塑料或者珍珠棉等材料制作，厚度在 5mm 左右。阻尼器空腔 1 固定在四个摩擦摆支座 4 的盖板 5 上，盖板 5 上的连接轴 6 通过半球形关节搁置在滑块 8 上，并随滑块 8 一起沿着圆弧形滑道 9 摆动，连接轴 6 与滑块 8 的半球形关节可以保证盖板 5 摆动时始终保持水平。按照要求的频率设计滑道 9 的曲率半径，使得阻尼器频率与结构频率协调。限位装置 10 是在小位移下不工作、大位移时提供较高拉力的限位索。在一个或多个阻尼器空腔 1 内摆放一层颗粒群 2，颗粒群 2 水平面投影面积应为阻尼器腔体 1 水平面积的 40% ~ 80%，颗粒群 2 的体积应为阻尼器腔体 1 体积的 5% ~ 20%。在运送阻尼器过程中，可以通过安装固定栓板 11 防止阻尼器的摆动，固定栓板 11 要求具有一定的弯曲刚度，在使用过程中将固定栓板 11 拆除便可以实现摆动。

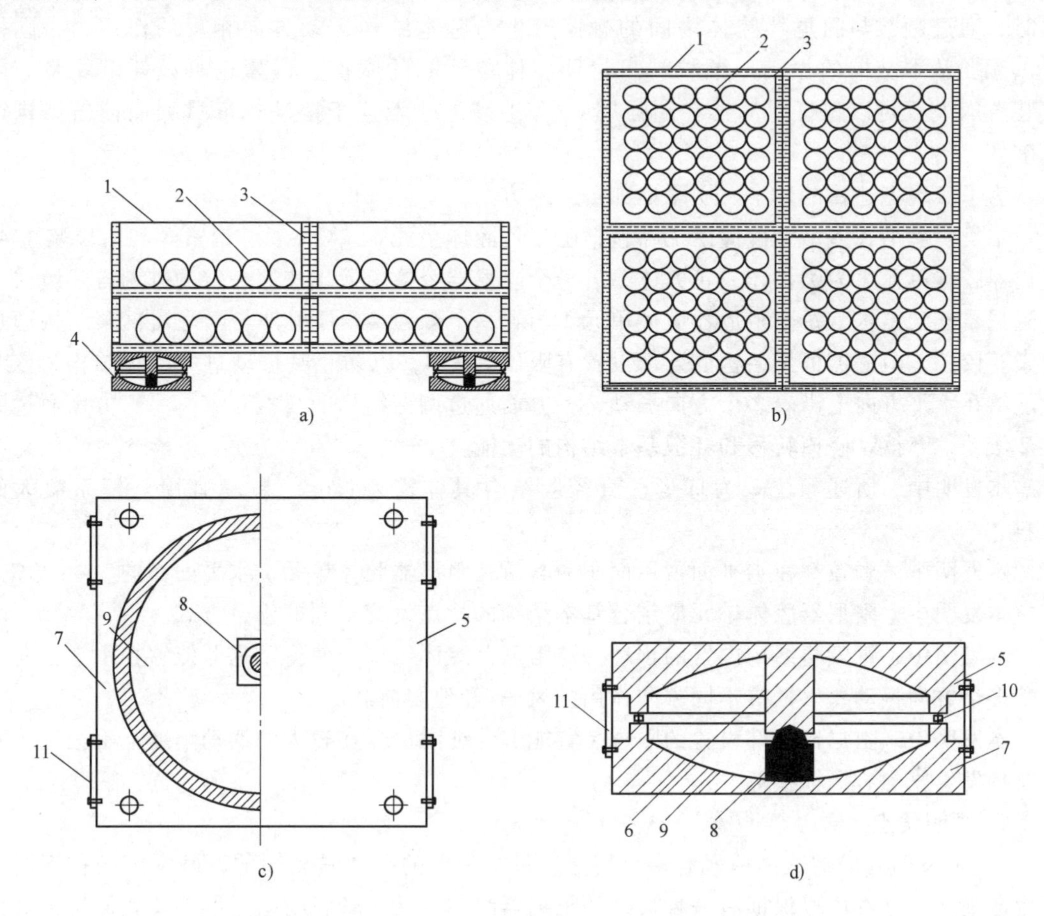

图 8.2 新型二维调谐质量阻尼器

a）正立面示意图 b）平面示意图 c）摩擦摆支座的半剖平面示意图 d）摩擦摆支座的立面示意图

1—阻尼器腔体 2—颗粒群 3—缓冲材料 4—摩擦摆支座 5—盖板

6—连接轴 7—底座 8—滑块 9—滑道 10—限位装置 11—固定栓板

8.1.3 悬吊式多单元碰撞阻尼器

专利信息：鲁正，王佃超，发明专利，悬吊式多单元碰撞阻尼器[226]，专利号：ZL2013104632010，专利申请日：2013.10.08，授权公告日：2015.12.23。

1. 发明内容

为了解决传统调谐质量阻尼器调谐频带窄，设置耗能阻尼器昂贵的问题，以及传统颗粒阻尼器由于颗粒堆叠以及弹性碰撞导致的耗能能力有限的问题，同时也为了解决传统冲击阻尼器噪声大、信息调整的滞后性问题，本发明提出一种悬吊式多单元碰撞阻尼器，该装置结合调谐质量阻尼器和冲击阻尼器各自优点，并加以改进，即通过钢索与主体结构铰接，在每个阻尼器腔体单元内置一个颗粒，并将不同的腔体单元以一定的方式组合起来，形成悬吊式多单元碰撞阻尼器。本阻尼器构造简单、调频能力强、碰撞耗能能力好、水平方向上多维控制效果好。在风或/和地震作用下，每个腔体单元内的颗粒可以伴随阻尼器腔体，通过钢索系统，沿着振动输入的方向起到调谐基本结构振动频率的作用，同时，通过颗粒与阻尼器腔体之间的碰撞产生与基本结构运动方向相反的作用力，同样可以减弱基本结构的振动。颗粒与阻尼器腔体单元间的摩擦、碰撞也可以耗散能量。限位装置的设置可以保证阻尼器在超强风或/和地震下，不至于摆动幅度过大而撞击结构产生破坏。

为了实现上述目的，本发明采取如下技术方案。

本发明悬吊式多单元碰撞阻尼器包括阻尼器腔体单元 1、颗粒 2、钢索 3 和限位装置 4，阻尼器腔体单元 1 为圆柱体或正方体，若干个阻尼器腔体单元 1 按照一定的排列方式组成一个阻尼器框架结构，每个阻尼器腔体单元 1 内置一个颗粒 2，预埋件与阻尼器框架结构通过钢索 3 铰接，阻尼器框架结构的外部设置有限位装置 4，以防止其振动过大撞坏结构；该装置能够在水平方向上沿着多个方向振动，一方面通过调谐结构的自振频率，另一方面通过颗粒 2 滚动、摩擦、碰撞转移和耗散基本结构的动能。

本发明中，所述颗粒 2 为球形，直径应结合具体需要设定。颗粒宜用恢复系数大的材料。

本发明中，颗粒 2 在水平面占用面积为其所在阻尼器腔体单元 1 水平面积的 5%~20%。

本发明中，阻尼器腔体单元应结合基本结构的特点设置不同的组合方式。

本发明中，钢索将结构内置的预埋件与阻尼器腔体铰接，使得阻尼器能够在水平方向上沿着多个方向振动，以抵抗不同方向作用的风或/和地震荷载。

本发明中，阻尼器外部设置的限位装置能够保证阻尼器在较大的摆动幅度下不至于与基本结构发生剧烈碰撞而损坏。

2. 发明优点

1）本发明阻尼器腔体单元有多个尺寸，每个颗粒的尺寸是相同的，基本结构在不同的频率激励下，基本可以保证有一种尺寸的阻尼器腔体单元内颗粒与阻尼器腔体碰撞达到最优的减震效率，这就能在更大的频率范围内减小基本结构的振动。

2）本发明阻尼器腔体单元可以按照基本结构的特点设置不同的组合方式，这样可以使阻尼器布置位置更为灵活，以达到最好的减震效果。

3）本发明实现了调谐质量阻尼器与冲击阻尼器的组合，使其既可以发挥调谐质量阻尼器的优点，同时又可以将冲击阻尼器在运动过程中产生的与基本结构运动方向相反的作用力叠加在阻尼器的运动上，使阻尼器可以在更大的范围内运动，更加有效的调谐基本结构的运动。

4）本发明构造形式简单灵活，可以采用廉价的颗粒作为附加阻尼的提供载体，降低了设置传统阻尼器和冲击阻尼器的造价，从而适用性和经济性更强。

3. 实施方式

下面结合附图详细说明本发明的具体实施方式。

如图 8.3 所示为本发明的一种悬吊式多单元碰撞阻尼器实施实例，其主要包括阻尼器腔体单元 1、颗粒 2、钢索 3 和限位装置 4。

阻尼器腔体单元 1 是由 5~10mm 厚的钢板焊接而成的圆柱体或正方体形的空腔，不同尺寸的阻尼器腔体单元 1 通过一定的方式组合在一起形成一个阻尼器。通过钢索 3 将阻尼器与结构内的预埋件铰接在一起，阻尼器悬吊于结构顶层、楼面设备层或高耸结构，比如电视塔的休息平台处。每个阻尼器腔体单元 1 放置一个颗粒 2。钢索 3 的长度应根据结构的频率依据相关理论求得。颗粒 2 在水平面占用面积应为阻尼器腔体单元 1 水平面积的 5%~20%。

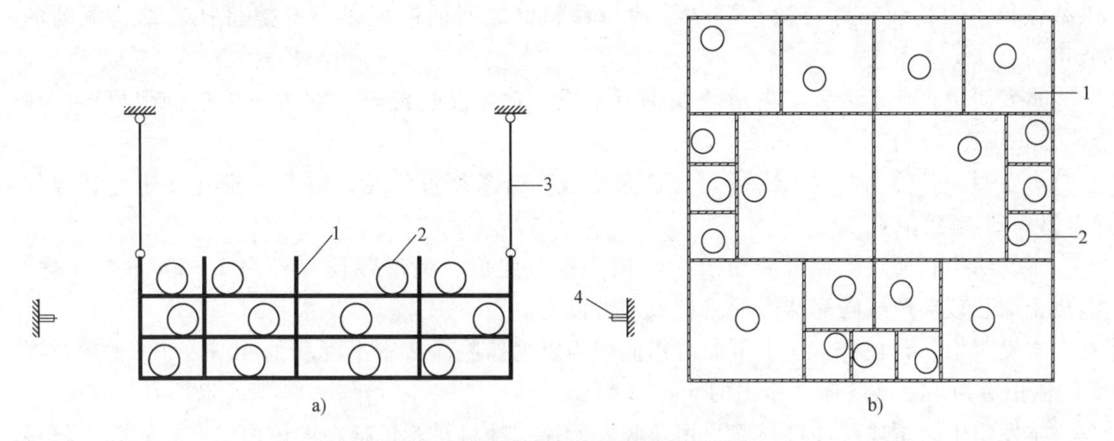

图 8.3 悬吊式多单元碰撞阻尼器

a）阻尼器悬吊后正立面示意图 b）阻尼器腔体单元的一种组合方式的示意图

1—阻尼器腔体单元 2—颗粒 3—钢索 4—限位装置

8.1.4 一种碰撞阻尼器

专利信息：鲁正，张逢骝，发明专利，一种新型碰撞阻尼器[227]，专利号：ZL2013105913257，专利申请日：2013.11.22，授权公告日：2016.1.20。

1. 发明内容

为了解决传统颗粒阻尼器在振动前期以及振动幅度较小时减震性能不佳等问题，本发明提出了一种新型碰撞阻尼器，从根本上弥补颗粒阻尼器的以上缺陷并提高其阻尼性能，形成一种减震性能更强、耗能能力更好、对结构损伤更小的新型碰撞阻尼器，有着重大的工程意义。在风或/和地震作用下，传动装置将放大阻尼器腔体的运动响应，从而使颗粒与腔体碰撞时的相对速度与加速度增加，在有效减少了阻尼器在振动前期的响应时间的同时，也使碰撞在小幅度振动下也能有效进行；通过加入缓冲材料，颗粒与腔体碰撞产生的动量，由于碰撞接触时间的延长，使控制力更平缓地施加在结构上，与此同时，阻尼器的耗能能力也将有很大的提升；不仅如此，阻尼器腔体与部分颗粒的质量产生的惯性力也将对结构施加控制作用。根据初步试验研究，在同等工况下，本发明碰撞阻尼器的减震效率相比传统颗粒阻尼器可提升 30%以上。

为了实现上述目的，本发明采取如下技术方案。

本发明的新型碰撞阻尼器包括传动装置 1、阻尼器腔体 2、腔体滑轨 3、颗粒群 4、缓冲材料 5 和限位装置 6。阻尼器腔体 2 为长方体或圆柱体空腔，阻尼器腔体 2 内平铺一层颗粒群 4，腔体滑轨 3 与结构固结，腔体滑轨 3 的滑动部分与阻尼器腔体 2 固结，阻尼器腔体 2 通过腔体滑轨 3 可在结构平面内沿腔体滑轨 3 方向自由运动，传动装置 1 两端分别与结构和阻尼器腔体 2 连接，由于传动装置 1 的放大效应，阻尼器腔体 2 将与结构保持相同的运动方向，且以更大的速度进行运动，缓冲材料 5 布置在阻尼器腔体 2 内部或/和包裹在颗粒群 4 表面，平面内垂直双方向上布置腔体滑轨 3 和阻尼器腔体 2 后，在风或/和地震的作用下该装置能以相比结构布置平面更大的响应进行振动，颗粒群 4 与阻尼器腔体 2 运动产生的惯性力以及颗粒群 4 与阻尼器腔体 2 碰撞产生的动量通过传动装置传递到结构上，为结构提供减振控制力，颗粒群与颗粒群、结构与颗粒群之间的碰撞以及摩擦将耗散结构振动的能量。

本发明中，传动装置 1 由滑轮及钢索组成，钢索绕过滑轮，钢索一端连接阻尼器腔体 2，另一端连接结构。

本发明中，传动装置 1 由齿轮与链条组成，链条绕过齿轮，链条一端连接阻尼器腔体 2，另一端连接结构。

本发明中，所述颗粒群 4 由若干个圆形颗粒组成，圆形颗粒直径为 2~50mm 的钢球、混凝土球、玻璃球或陶瓷球中的一种或一种以上。

本发明中，颗粒群 4 在水平面占用面积为阻尼器腔体 2 水平面积的 40%~80%，颗粒群 2 的体积应为阻尼器腔体 2 体积的 5%~20%。

本发明中，所述缓冲材料 5 采用橡胶。所述缓冲材料 5 包括在腔体内壁布置橡胶等材料或/和在颗粒表面包裹橡胶等材料。

本发明中，通过在结构不同方向上布置该阻尼器，可降低结构在水平方向上的振动，以抵抗不同方向作用的风或/和地震荷载。

本发明中，在阻尼器腔体 2 与腔体滑轨之间布置有限位装置，以防止在大位移响应下阻尼器的运动超过限度而破坏。

本发明在阻尼器腔体与结构之间布置滑轨，利用结构自身的不利变形使阻尼器腔体能够以更大的速度进行运动，这样一方面加剧了颗粒的碰撞，显著增加了阻尼器的动量转换效率与耗能能力，另一方面阻尼器运动产生的惯性力对结构振动同样起到了控制作用，在此基础上，缓冲材料的引入进一步增加了阻尼器的耗能能力。

2. 发明优点

1）使颗粒与腔体碰撞时的相对速度与加速度增加，在有效减少了阻尼器在振动前期的响应时间的同时也使碰撞在小幅度振动下也能有效进行。

2）通过加入缓冲材料，颗粒与腔体碰撞产生的冲量由于碰撞接触时间的延长使控制力更平缓地施加在结构上，与此同时阻尼器的耗能能力也将有很大的提升。

3）阻尼器腔体与部分颗粒的质量产生的惯性力也将对结构施加控制作用，使阻尼器对结构施加的控制力进一步提升，并且能适应各种频段的结构振动。

3. 实施方式

下面结合附图详细说明本发明的具体实施方式。

如图 8.4 所示，所述装置包括传动装置 1、阻尼器腔体 2、腔体滑轨 3、颗粒群 4、缓冲材料 5、限位装置 6。阻尼器腔体 2 为长方体或圆柱体空腔，腔体 2 内平铺一层颗粒群 4，腔体滑轨 3 与结构固结，滑动部分与阻尼器腔体 2 固结，使其可在结构平面沿滑轨方向自由运动，传动装置 1 分别与结构和阻尼器腔体连接，由于传动装置 1 的放大效应，阻尼器腔体 2 将与结构保持相同的运动方向且以更大的速度进行运动，缓冲材料 5 布置在腔体内部或/和包裹在颗粒表面，平面内垂直双方向上布置此装置后，在风或/和地震的作用下该装置能以相比结构布置平面更大的响应进行振动，一方面颗粒群 4 与阻尼器腔体 2 运动产生的惯性力以及颗粒群 4 与阻尼器腔体 2 碰撞产生的动量通过传动装置传递到结构上，为结构提供减震控制力，另一方面颗粒——颗粒与结构——颗粒之间的碰撞、摩擦将耗散结构振动的能量。所述颗粒群 4 由若干个圆形颗粒组成，圆形颗粒直径为 2~50mm 的钢球、混凝土球、玻璃球或陶瓷球中一种或以上。所述颗粒群 4 在水平面占用面积为阻尼器腔体 2 水平面积的 40%~80%，颗粒群 2 的体积应为阻尼器腔体 2 体积的 5%~20%。

新型碰撞阻尼器不再直接固定在结构上部，而是固定在一个腔体滑轨上，所以该阻尼器可以在结构顶层自由地左右移动。通过两条钢索绕过结构上部两端的滑轮与容器连接，此时，当结构有向右的相对位移时，由于钢架的几何性质，阻尼器右侧的钢索会拉紧并牵引阻尼器相对于结构上部继续向右运动，如此往复，该新型碰撞阻尼器的响应将相对于结构顶部的响应有所放大，使得在结构响应较小时，阻尼器仍能以较大速度进行往复运动，从而使颗粒更容易与容器内壁进行碰撞，并且由于相对速度增大，碰撞将更加剧烈。如图 8.4 所示为本发明的几种碰撞阻尼器实例，图 8.4c 的传动装置为滑轮与钢索，图 8.4d 的传动装置为齿轮与链条。两者的作用机理类似。

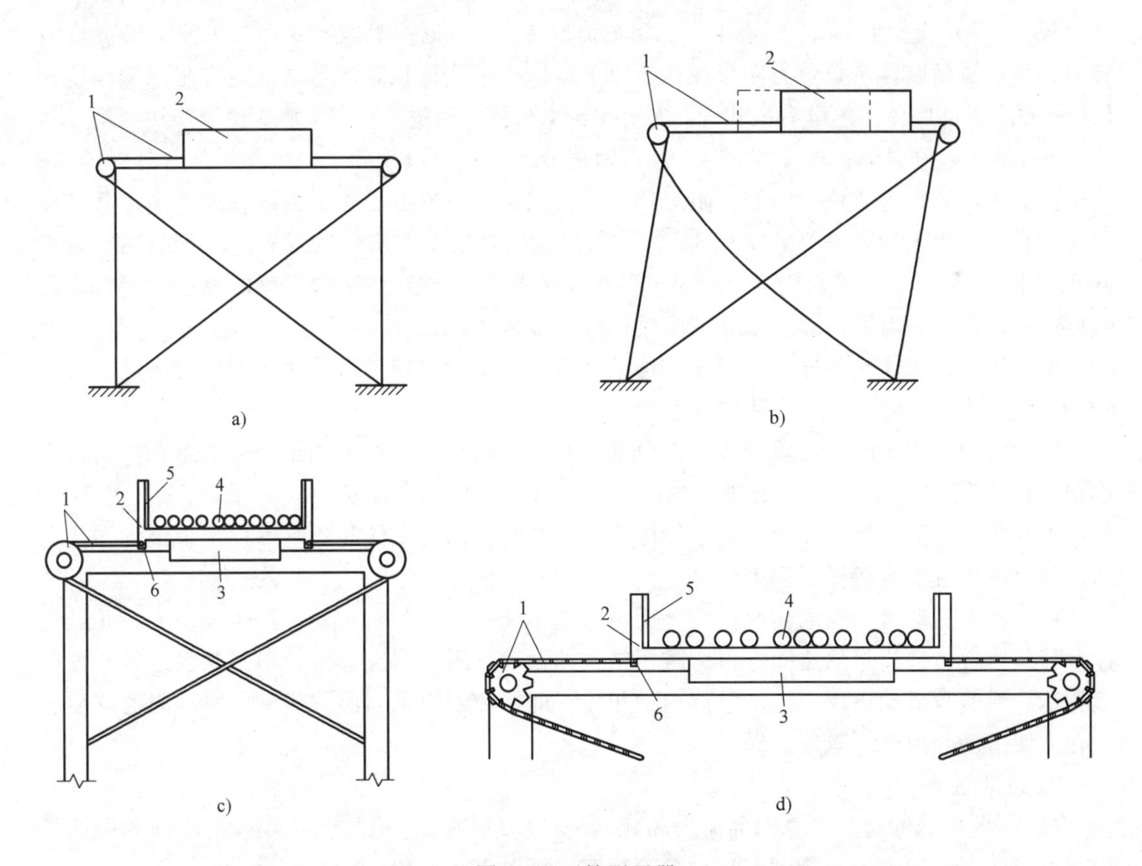

图 8.4　碰撞阻尼器

a）工作原理示意图——变形前的状态　b）工作原理示意图——变形后的状态

c）一种不同传动装置的阻尼器立面示意图　d）另一种不同传动装置的阻尼器和立面示意图

1—传动装置　2—阻尼器腔体　3—腔体滑轨　4—颗粒群　5—缓冲材料　6—限位装置

阻尼器腔体 2 是由 5~10mm 厚的钢板焊接而成的长方体空箱，通过腔体滑轨 3 与结构连接，阻尼器布置于层间楼板或顶层楼板的外侧。由于需要布置钢索或链条，该装置特别适用于加有斜撑的钢结构建筑。颗粒群 4 在阻尼器腔体 2 内平铺一层，其尺寸以及阻尼器腔体 2 的尺寸应根据结构的频率依据相关理论求得。颗粒群 4 在水平面占用面积应为阻尼器腔体 2 水平面积的 40%~80%，颗粒群 4 的体积应为阻尼器腔体 2 体积的 5%~20%。阻尼器腔体内壁贴上缓冲材料 5（比如 5mm 厚的橡胶或者泡沫塑料等）。

8.1.5 新型调谐颗粒质量阻尼器

专利信息：李培振，张泽楠，张丛嘉，刘烨，鲁正，发明专利，新型调谐颗粒质量阻尼器[228]，专利号：ZL2013105499007，专利申请日：2013.11.08，授权公告日：2016.01.20。

1. 发明内容

本发明的目的是提供一种新型调谐颗粒质量阻尼器。该阻尼系统构造简单、实用性强。在风振、地震作用下，系统的受力均匀、稳定、节省材料，又保证耗能体系稳固、有效，对建筑结构起到很好的保护作用。

本发明为实现上述目的，通过以下技术方案实现：新型调谐颗粒质量阻尼器包括阻尼器固定板 1、质块滑动腔体 2、连接杆 6、阻尼器腔体 7、阻尼器隔舱板 8 和多级配阻尼颗粒 9；其中，质块滑动腔体 2 数量为四个或四个以上，以正多边形顶点的形式固定在阻尼器固定板 1 上；质块滑动腔体 2 内设有质块 3、连接弹簧 4 和黏滞阻尼器 5，质块 3 位于质块滑动腔体 2 内，可做低阻尼滑动；连接弹簧 4、黏滞阻尼器 5 与质块滑动腔 2 内壁与质块 3 外侧连接；连接杆 6 两端分别与质块 3 内侧、阻尼器腔体 7 相连；阻尼器腔体 7 为圆柱体结构，其竖直方向含有两个以上的阻尼器隔舱板 8，每个阻尼器隔舱板 8 上均匀放置有多级配阻尼器颗粒群 9；阻尼器腔体 7 在平面内运动与基本结构运动相反，产生与结构相反的控制力，多级配阻尼颗粒群 9 可在阻尼器隔舱板 8 上多维振动摩擦碰撞耗能。

本发明中，所述连接杆 6 的两端在连接处有一定幅度的转动，质块 3 的滑动通过连接杆 6 的传递控制阻尼腔体 7 在平面内的运动。

本发明中，所述阻尼器隔舱板 8 上分别放置有不同种主体颗粒和细颗粒的组合。其中主体颗粒粒径为 10mm，材料为钢珠，细颗粒粒径 1mm，材料为铝粉。

本发明中，所述阻尼器通过阻尼器固定板 1 与受振结构主体相连，可以选择倒置固定在结构顶部或正置安装在楼层面上。

结构发生振动时，阻尼器腔体在平面内与基本结构发生相对运动，产生控制力，并通过连接杆与质块传递给阻尼器固定板，减弱结构的振动。阻尼器腔体内部阻尼颗粒进行摩擦碰撞耗能。弹簧与滑动质块、滑动腔体内壁相连，间接控制阻尼器腔体运动，黏滞阻尼器使质块在质块滑动腔内做低阻尼运动。

2. 发明优点

1）本发明能够对水平方向的风振和地震的结构反应进行控制，并能根据不同方向的结构自振周期调整相应的弹簧刚度与黏滞阻尼器，可以自动复位。

2）本发明综合利用了调谐质量阻尼器与颗粒阻尼器的性能特点，增强耗能减震效果。

3）本发明可倒设在结构顶部或正设在结构层面间，易于使用。

4）本发明采用分层式的阻尼颗粒群布置方式，通过在不同的阻尼器隔舱板上添加阻尼颗粒群，从而控制频率，多层次多阶段地实现对结构的质量调谐和减震控制。

3. 实施方式

下面通过实施例结合附图进一步说明本发明。

如图 8.5 所示为本发明的新型调谐颗粒阻尼器，包括阻尼器固定板 1、质块滑动腔体 2、质块 3、连接弹簧 4、黏滞阻尼器 5、连接杆 6、阻尼器腔体 7、阻尼器隔舱板 8 和多级配阻尼颗粒 9。质块 3 可在质块滑动腔体 2 内做低阻尼滑动。连接弹簧 4、黏滞阻尼器 5 与质块滑动腔 2 内壁与质块 3 外侧连接，连接杆 6 与质块 3 内侧与阻尼器腔体 7 相连；阻尼器腔体 6 为圆柱体，竖直方向含有两个以上的阻尼器隔舱板 8，每个阻尼器隔舱板 8 上均匀放置有多级配阻尼器颗粒群 9；阻尼器腔体 7 在平面内运动与基本结构运动相反，产生与结构相反的控制力，多级配阻尼颗粒群 9 可以在阻尼器隔舱板 8 上多维振动摩擦碰撞耗能。

阻尼器固定板 1 为钢板，通过高强螺栓连接在结构构件预留的锚板上。质块滑动腔体 2 通过螺栓连接固定在阻尼器固定板 1 处，内部布置连接弹簧 4 与阻尼器 5，质块 3 可在内部移动。连接杆 6 两端通过螺栓连接质块 3 与阻尼器腔体 7，两端均可转动。阻尼器腔体 7 内部分多层，分别放置多级配阻尼颗粒群。

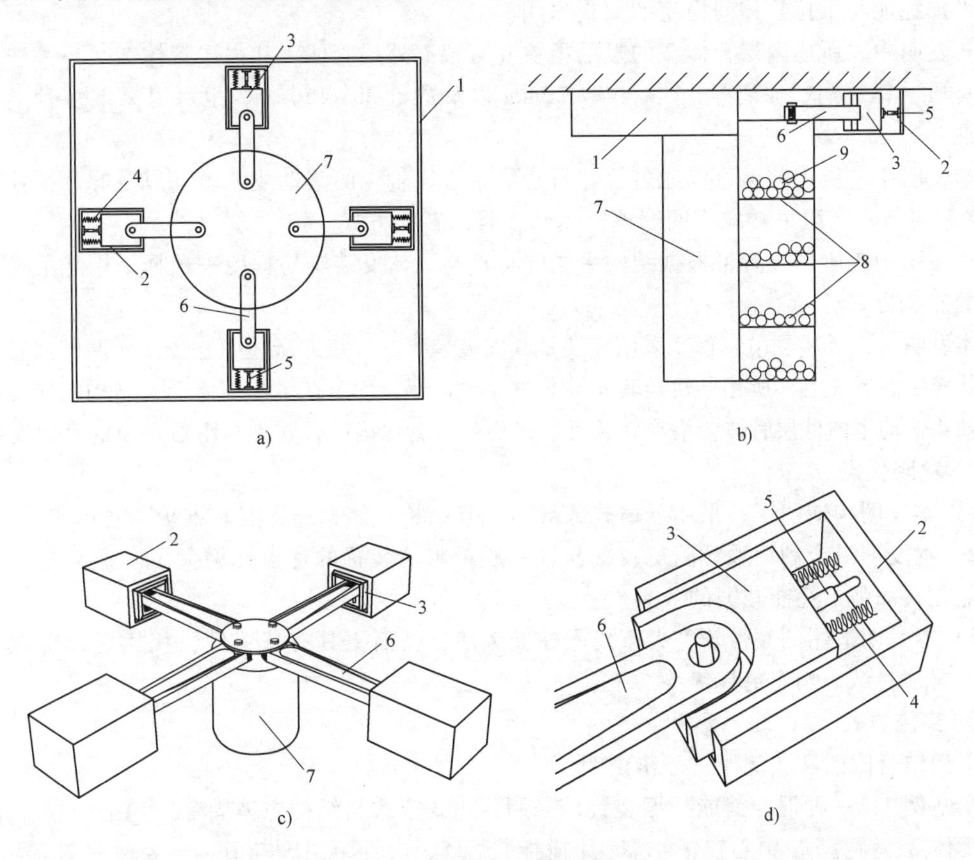

图 8.5　新型调谐颗粒阻尼器

a）俯视图　b）侧立面图　c）三维立体图　d）质块滑动腔体局部图

1—阻尼器固定板　2—质块滑动腔体　3—质块　4—连接弹簧　5—黏滞阻尼器

6—连接杆　7—阻尼器腔体　8—阻尼器隔舱板　9—多级配阻尼颗粒

8.1.6 一种混合消能减振装置

专利信息：李培振，张丛嘉，刘烨，张泽楠，鲁正，发明专利，一种混合消能减振装置[229]，专利号：ZL2013105485589，专利申请日：2013.11.08，授权公告日：2015.07.29。

1. 发明内容

本发明的目的在于提供一种具有混合耗能机制的混合消能减振装置。

本发明提出的具有混合耗能机制的混合消能减振装置，包括外层管体1、内层管体2、弹簧3、中心转轴4、叶片搅拌装置5、内置阻尼颗粒6、连接轴承7、悬吊装置8、安装装置9与缓冲材料10，其中内层管体2内设有阻尼颗粒6，外层管体1和内层管体2间通过弹簧3连接组成连接管体，外层管体1和内层管体2间组成的空间填充有缓冲材料10；中心转轴4两端齿轮内侧设有连接轴承7，中心转轴4外设有叶片搅拌装置5，所述连接管体通过悬吊装置8的带齿段与中心转轴4两侧齿轮外端与结构连接，结构振动时通过齿带传动带动中心转轴4绕连接轴承7转动，连接管体随之转动，位于中心转轴4上的叶片搅拌装置5加剧内置阻尼颗粒6在内层管体2空腔内壁的摩擦耗能；内外层管体之间的弹簧3使得其装置具有更多方向与更大程度的转动与振动，进而加剧耗能，而内外层管体之间的缓冲材料10，起着增加耗能与维持管体间稳定的双重作用。

本发明中，所述内层管体2的阻尼颗粒6可根据外层管体1和内层管体2大小来选取不同的材质（钢、铜、玻璃等）、大小8~20mm以及数量30~150个，也可以采取多种形式颗粒的混合。

本发明中，所述装置可以通过管体自身绕中心转轴4的滚动或者转动以及叶片搅拌装置5的转动再带动与阻尼颗粒6的摩擦以达到多重的耗能方式。

本发明中，所述装置可根据结构主体的特点与具体安装难易程度来选择采用悬吊式或导轨式的安装方式。

本发明中，所述悬吊装置8采用导轨及其安装装置9代替，所述中心转轴4两端放置在导轨及其安装装置9上，所述导轨及其安装装置9通过螺栓固定在结构主体上，结构响应时在中心转轴4带动下内外层管体会沿导轨滚动，进而带动管体内叶片转动与阻尼颗粒的摩擦滚动。

2. 发明优点

1）本发明构造明了，采用悬吊式或导轨式与结构主体相连，安装维护相对简单。

2）本发明混合利用颗粒阻尼装置与调谐质量阻尼装置的优点，增大了减振频带，多样的耗能方式加强了耗能减振的效果。

3）本发明适用的频带较宽，不局限在低频段，因而更具有普适性，相比普通颗粒或质量阻尼器，对结构响应更具优势。

3. 实施方式

下面结合附图和实例作进一步说明。

实施例1：一种混合消能减振装置，采用悬吊式方式与结构主体固定，包括外层管体1、内层管体2、弹簧3、中心转轴4、叶片搅拌装置5、内置阻尼颗粒6、连接轴承7、悬吊装置8和安装装置9以及内外层管体间的缓冲材料10。内层管体2内置阻尼颗粒，其内部构造可修改，如添加螺纹使得腔体转动时颗粒的竖直方向运动加剧，提高减震效果；如图8.6c、d所示叶片搅拌装置5由三部分组成，分别为滚轮、滚轴与叶片。叶片形式可变，可采取四叶形、螺旋叶形等；弹簧 3 为柔性弹簧，当腔体运动时弹簧产生变形从而使内部腔体产生振动，进而加剧颗粒的碰撞程度；如图 8.6a 所示，悬吊装置 8 可通过改变吊绳的长度对应不同结构来起到调谐不同响应频率的作用。将一定数量的某种或多种颗粒体组成颗粒体系 6 置于内层管体 2 内，用于碰撞及摩擦耗能减振，之后将叶片搅拌装置 5 安装到容器内，在运动时叶片转动对颗粒体系起到搅拌的作用。此过程中颗粒体系与叶片和腔体摩擦、碰撞耗能，颗粒体系 6 自身组成颗粒体间相互碰撞及摩擦耗能。

实施例 2：一种混合消能减振装置，采用导轨式与结构主体固定，包括外层管体 1、内层管体 2、弹簧 3、中心转轴 4、叶片搅拌装置 5、内置阻尼颗粒 6、连接轴承 7、导轨及其安装装置 9、以及内外层管体间的缓冲材料 10。如图 8.6e、f 所示，导轨通过螺栓固定在结构主体上，中心转轴 4 两端放置在导轨上，结构响应时在中心转轴 4 带动下内外层管体会沿导轨滚动，进而带动管体内叶片转动与阻尼颗粒的摩擦滚动。导轨式的实施方式除用导轨及其安装装置 9 代替悬吊装置 8 外，其余与实施例 1 相同。

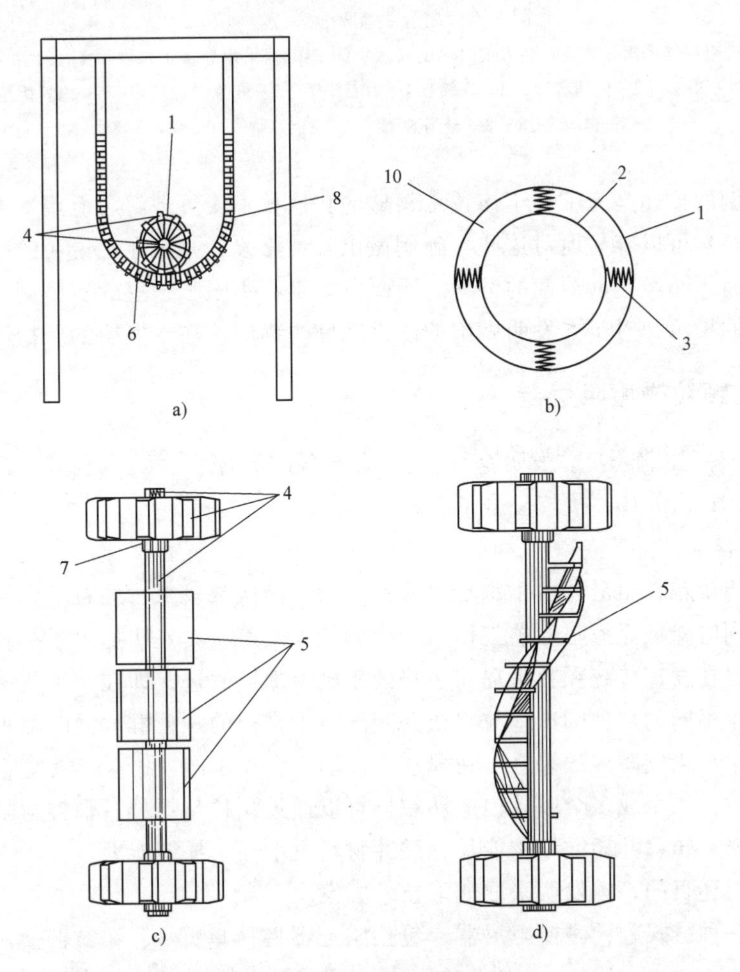

图 8.6　混合消能减振装置

a）阻尼器采用悬吊装置时的主视图　b）阻尼器内外层管体部分的细部图

c）阻尼器的内部构造图，包括中心转轴 4 及其两端的齿轮，叶片搅拌装置 5 形式 1

d）阻尼器的内部构造图，包括中心转轴 4 及其两端的齿轮，叶片搅拌装置 5 形式 2

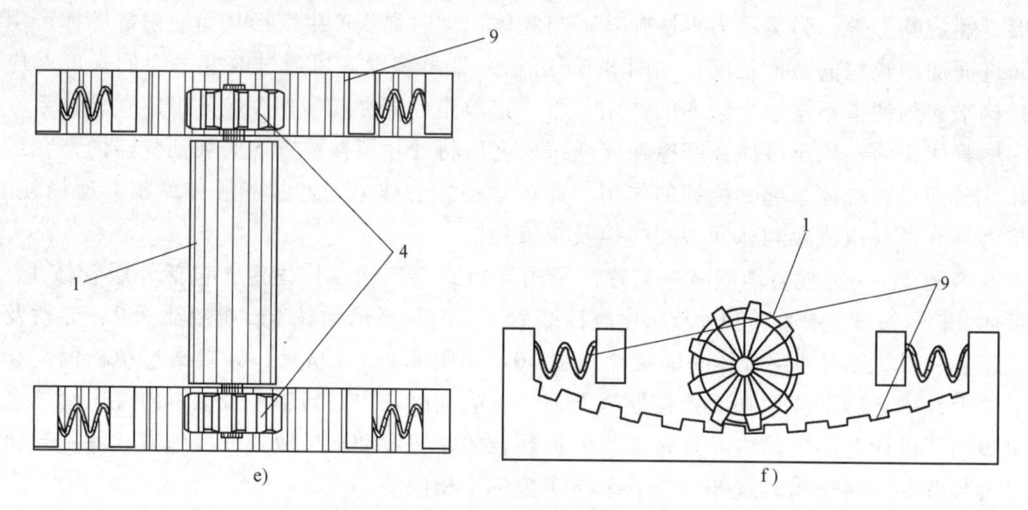

图 8.6　混合消能减振装置（续）

e）阻尼器采用导轨式安装方式时的俯视图　f）阻尼器采用导轨式安装方式时的主视图
1—外层管体　2—内层管体　3—弹簧　4—中心转轴　5—叶片搅拌装置　6—内置阻尼颗粒
7—连接轴承　8—悬吊装置　9—安装装置　10—缓冲材料

上述实施例的描述是为了便于该技术领域的普通技术人员理解和应用本发明。熟悉本领域技术的人员显然可以容易地对这些实施例做出各种修改，并把在此说明的一般原理应用到其他实施例中而不必经过创造性的劳动。因此，本发明不限于这里的实施例，本领域技术人员根据本发明的揭示，对于本发明做出的改进和修改都应该在本发明的保护范围之内。

8.1.7　链式颗粒碰撞阻尼器

专利信息：鲁正，陈筱一，发明专利，链式颗粒碰撞阻尼器[230]，专利号：ZL2014105285708，专利申请日：2014.10.10，授权公告日：2016.08.31。

1. 发明内容

为了解决传统颗粒阻尼器由于颗粒尺寸一致而碰撞次数较少、颗粒堆叠导致的耗能能力有限的问题，同时降低碰撞阻尼器工作时产生的较大噪声，本发明提出了一种链式颗粒碰撞阻尼器，该装置在发挥传统颗粒阻尼器优势的基础上加以改进，即在一个或多个阻尼器腔体内部悬吊由大小不同的两种圆形颗粒组成并间隔对中排列的颗粒群，同时附加缓冲材料。本阻尼器构造简单、消能减震效果好。在风或/和地震等作用下，由于该阻尼器中相邻颗粒的尺寸不同，因此在一个或多个腔体内的颗粒群可以通过颗粒与颗粒、颗粒与阻尼器腔体间的多次摩擦、碰撞来转移并耗散结构能量，缓冲材料也增加了耗能能力。

为了实现上述目的，本发明采取如下技术方案。

本发明的一种链式颗粒碰撞阻尼器，包括阻尼器腔体单元 1、颗粒群 2、绳索 3 和缓冲材料 4。阻尼器腔体单元 1 为一个或多个，每个阻尼器腔体单元 1 为长方体或圆柱体结构，每个阻尼器腔体单元 1 内悬吊一层颗粒群 2，阻尼器腔体单元 1 内壁和底部覆盖有缓冲材料 4；颗粒群 2 由大小不同的两种圆形颗粒组成，每个圆形颗粒通过绳索 3 与阻尼器腔体单元 1 顶部相应的预埋件铰接，且相邻的两个大圆形颗粒中间夹一个小圆形颗粒的形式使其对中排列；多个阻尼器腔体单元 1 为水平或竖直设置；在风或/和地震等作用下，通过颗粒群的摩擦、碰撞来转移并耗散结构的动能，大小颗粒相间的链式排列可以提高颗粒间的碰撞效率，从而增加耗散，缓冲材料的引入进一步增加了阻尼器的耗能能力。

本发明中，所述颗粒群 2 由两种不同尺寸的三个或五个圆形颗粒组成，所述圆形颗粒是钢球、混凝土球、玻璃球或陶瓷球中的任一种或多种；圆形颗粒直径为 2~50mm，小圆形颗粒与大圆形颗粒质量比为 0.05~0.2。

本发明中，所述颗粒群 2 在水平面投影面积为阻尼器腔体单元 1 水平面积的 30%~50%，颗粒群 2 的体积为阻尼器腔体单元 1 体积的 5%~20%。

本发明中，所述缓冲材料 4 包括橡胶、泡沫塑料或针织棉中任一种或多种，以增加碰撞耗散的能量。

2. 发明优点

1）试验表明，与由尺寸一致的圆形颗粒组成的传统颗粒阻尼器相比，采用两种不同尺寸的圆形颗粒间隔排列使其球心对中碰撞的形式，在外激励下可以更快达到稳定状态，并且峰值位移和峰值加速度降低了 17%~33%。

2）本发明中颗粒群由部分小颗粒代替传统颗粒阻尼器中的大颗粒，减轻了颗粒群的质量，有效降低了碰撞时的噪声水平。

3）本发明阻尼器腔体单元构造形式简单，可以根据基本结构的特点设置不同的组合方式，使阻尼器布置位置更为灵活，适用于不同方向的地震作用，以达到较好的减震效果。

3. 实施方式

下面结合附图详细说明本发明的具体实施方式。

如图 8.7 所示，为本发明的一种链式颗粒碰撞阻尼器实施例，其主要包括阻尼器腔体单元 1、在腔体内悬吊的颗粒群 2、绳索 3 和缓冲材料 4。

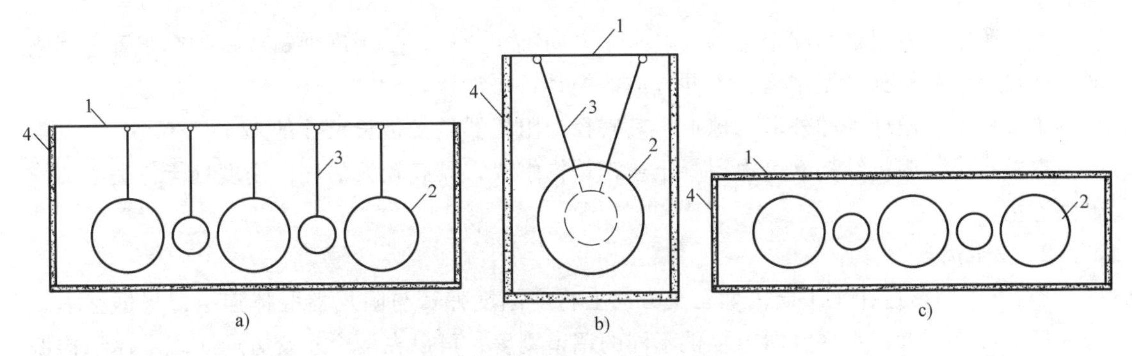

图 8.7　链式颗粒碰撞阻尼器

a）正立面图　b）侧立面图　c）俯视图

1—阻尼器腔体单元　2—颗粒群　3—绳索　4—缓冲材料

阻尼器腔体单元 1 是由 5~10mm 厚的钢板焊接而成的长方体或圆柱体形的空腔，通过一定的方式与结构固定。组成颗粒群 2 的每个颗粒通过绳索 3 与阻尼器腔体单元 1 顶部相应的预埋件铰接，且相邻的两个大圆形颗粒中间夹一个小圆形颗粒的形式使其对中排列。绳索 3 的长度应根据结构的频率依据相关理论求得。组成颗粒群 2 的圆形颗粒直径为 2~50mm，大圆形颗粒与小圆形颗粒质量比为 0.05~0.2，颗粒群 2 水平面投影面积为阻尼器腔体单元

1 水平面积的 30%~50%，颗粒群 2 的体积为阻尼器腔体单元 1 体积的 5%~20%。阻尼器腔体单元 1 内壁和底部贴上缓冲材料 4（如 5mm 厚的橡胶、泡沫塑料或针织棉）。

8.1.8 双向变刚度颗粒调谐质量阻尼器

专利信息：鲁正，王佃超，发明专利，双向变刚度颗粒调谐质量阻尼器[231]，专利号：ZL2015100148234，专利申请日：2015.01.13，授权公告日：2016.08.31。

1. 发明内容

本发明提出一种双向变刚度颗粒调谐质量阻尼器，包括阻尼器腔体 1、颗粒群 2、缓冲材料 3、变刚度弹簧 4、滚球 5 和固定结构 6。其中阻尼器腔体 1 为长方体或圆柱体结构，阻尼器腔体 1 内水平或竖直方向分隔成若干个阻尼器腔体单元，每个阻尼器腔体单元内平铺一层颗粒群 2，每个阻尼器腔体单元内壁上覆盖有缓冲材料 3；阻尼器腔体 1 外边框一侧和顶部分别通过变刚度弹簧 4 与固定结构 6 连接，所述固定结构 6 固定在基本结构上且具有较大的侧向刚度；两个变刚度弹簧 4 呈双向垂直正交布置，其刚度根据基本结构在相应方向上的不同振动频率呈非线性设置；滚球 5 布置于阻尼器腔体 1 底部，可在水平面内做无摩擦滚动；在风或/和地震作用下，所述阻尼器能够在水平面内两垂直方向上提供不同的调谐频率，同时，通过颗粒群 2 滚动、滑动、摩擦、碰撞转移和耗散基本结构的动能，加入缓冲材料 3 亦能增加碰撞耗散的能量。

本发明中，颗粒群 2 由若干圆形或不规则颗粒组成，颗粒截面最大尺寸为 2~50mm。颗粒材料为金属或非金属。

本发明中，颗粒群 2 在水平面内的占用面积为阻尼器腔体 1 底面面积的 20%~100%。

本发明中，缓冲材料 3 包括橡胶、泡沫塑料或珍珠棉中的一种或几种，以增加碰撞耗散的能量。

本发明中，阻尼器与固定结构 6 在水平方向上相连接，变刚度弹簧 4 呈正交布置，其刚度、连接位置应根据基本结构在不同方向的振动特点设置。

本发明中，滚球 5 的外形为球形，其直径为阻尼器最大边长尺寸的 1/3~1/6。

本发明中，固定结构 6 可由混凝土或钢结构组成，具有较大的侧向刚度且能与基本结构牢固连接。

2. 发明优点

1）本发明通过在水平面内两正交方向上将变刚度弹簧与阻尼器腔体连接，根据基本结构的运动特点可以在水平方向上提供不同的调谐刚度，可以在两个正交方向实现主体结构振动能量的靶向传递，大大提高了阻尼器的调谐耗能效率。

2）本发明采用变刚度的弹簧，通过共振的方式实现能量的单向传递，可将基本结构高阶模态的振动能量迅速降低，较传统阻尼器具有较高的耗能效率。

3）本发明采用附加缓冲材料的方法，增加颗粒与阻尼器腔体碰撞耗散的能量，提高了阻尼器的耗能效率。

4）本发明构造形式简单，采用可靠耐久廉价的颗粒作附加阻尼的提供载体，结合调谐质量阻尼器与颗粒阻尼器的优点，通过调谐质量和颗粒摩擦碰撞耗能，降低了设置传统阻尼器的造价，从而具有更强的适用性和经济性。

3. 实施方式

下面结合附图详细说明本发明的具体实施方式。

如图 8.8 所示，为本发明的一种双向变刚度颗粒调谐质量阻尼器实例。其主要包括阻尼器腔体 1、颗粒群 2、缓冲材料 3、变刚度弹簧 4、滚球 5 和固定结构 6。阻尼器腔体 1 为长方体或圆柱体结构，阻尼器腔体 1 为一个或多个，多个阻尼器腔体 1 为水平或竖直方向设置，每个阻尼器腔体 1 内平铺一层颗粒群 2，阻尼器腔体 1 内壁上覆盖有缓冲材料 3，一个或多个阻尼器腔体 3 组成一个阻尼器，阻尼器腔体 1 通过变刚度弹簧 4 与固定结构 6 相连，滚球 5 位于阻尼器腔体底部，可以在水平面内做无摩擦滚动，变刚度弹簧 4 采用正交布置，且刚度非线性，因此可以在结构不同的振动模态下调谐结构的振动频率。同时，通过颗粒群 2 滚动、滑动、摩擦、碰撞转移和耗散基本结构的动能，加入缓冲材料 3 亦能增加碰撞耗散的能量，固定结构 6 由混凝土或钢结构组成，具有较大的刚度，可以固定在主体结构振动较大的部位，从而可以有效地抑制结构的振动。

将阻尼器安装在结构振动较大的部位，在风和/或地震作用下，固定结构 6 随主体结构的振动而振动，通过预先设定变刚度弹簧 4 的非线性刚度，使其可以捕获主体结构在高阶振型下的振动频率，使得附加阻尼器与基本结构高阶频率发生共振，阻尼器下部滚球 5 的运动带动内部颗粒群 2 之间的摩擦、碰撞可迅速耗散阻尼器的振动能量。由于变刚度弹簧 4 刚度可变，能量传递至阻尼器后不能反向传递至主体结构，从而实现主体结构高阶模态振动能量靶向传递，大大提高了阻尼器的减震耗能效率。当结构只有一个自振频率时，可将变刚度弹簧的刚度设定为主体结构自振频率对应的刚度。

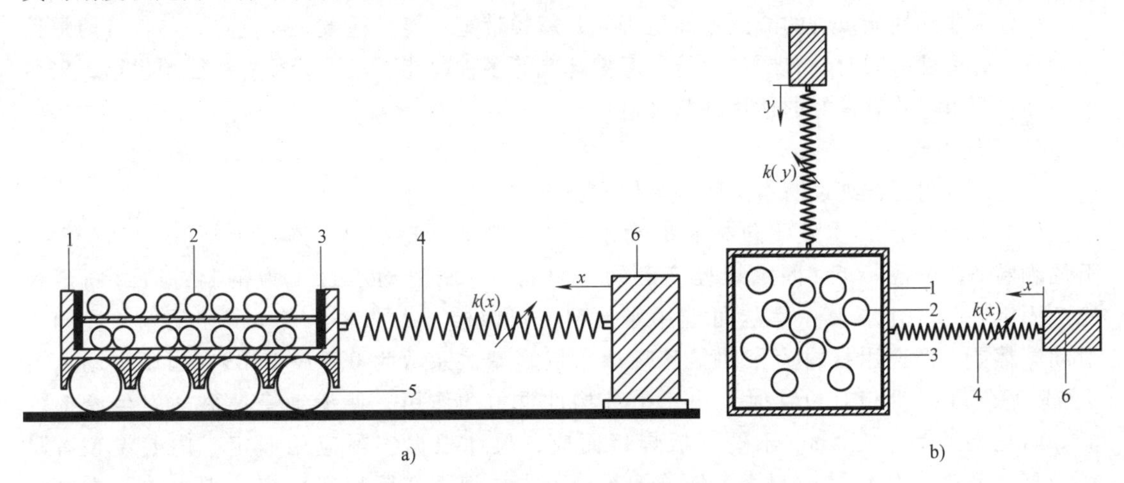

图 8.8　双向变刚度颗粒调谐质量阻尼器

a）俯视图　b）立面图

1—阻尼器腔体　2—颗粒群　3—缓冲材料　4—变刚度弹簧　5—滚球　6—固定结构

8.1.9　具有非线性刚度的颗粒阻尼器

专利信息：鲁正，张泽楠，李坤，发明专利，具有非线性刚度的颗粒阻尼器[232]，ZL2015107429737，专利申请日：2015. 11. 05，授权公告日：2017. 06. 13。

1. 发明内容

本发明的目的在于提供一种具有非线性刚度的颗粒阻尼器。

本发明提出的一种具有非线性刚度的颗粒阻尼器，包括底滑动承台1、滑动摩擦副2、连接弹簧3、阻尼箱4、阻尼颗粒5、分隔板6、固定螺栓7和缓冲材料8，其中底滑动承台1下部通过固定螺栓7与目标减振结构连接，上部开有凹槽，所述凹槽内设有凹型滑动摩擦副2；阻尼箱4底部与滑动摩擦副2顶部相连，阻尼箱4内部设置阻尼颗粒5与分隔板6，分隔板6根据实际需求将阻尼箱4内部分隔为若干子分区，每个子分区内放置若干个阻尼颗粒5，底滑动承台1两端和阻尼箱4两侧分别通过连接弹簧3进行相连，所述连接弹簧3为垂直布置；缓冲材料8设置在阻尼箱4与分隔板6内壁；振动时由于上部阻尼箱4与阻尼颗粒5的重力作用，滑动摩擦副2向上滑动过程中消耗颗粒阻尼器振动能量；阻尼颗粒5在振动时发生碰撞、摩擦与滚动，进一步消耗颗粒阻尼器振动能量；缓冲材料8进一步提高阻尼颗粒5与阻尼箱内壁碰撞时的耗能效果；所述连接弹簧3振动时发生非线性长度变化，产生结构的非线性控制力与阻尼器自身的回复力。

本发明中，缓冲材料8选用高分子聚氨酯软泡材料。

本发明中，滑动摩擦副2所选材料为具有较低摩擦系数与良好耐磨性能的摩擦材料，如聚四氟乙烯涂料层。

本发明中，阻尼颗粒5材料可选钢、铜或具有一定摩擦性能的高分子材料。所选粒径为5~30mm，也可各种粒径混合搭配，水平投影面积占相应分区的50%~80%。

本发明中，分隔板6可根据实际需求将阻尼箱横向或纵向分隔为若干子分区。

2. 发明优点

结合了非线性能量阱的减震耗能机理，减震频带宽、能量耗散快等优点，与传统阻尼器相比具有普适性，同时具有颗粒耗能，摩擦耗能等多种耗能手段，无须外部能源供给，安装维护相对简单，具有良好的适用性与经济性。

3. 实施方式

下面结合附图详细说明本发明的具体实施方式。

如图8.9所示，本发明包括底滑动承台1、滑动摩擦副2、连接弹簧3、阻尼箱4、阻尼颗粒5、分隔板6、固定螺栓7和缓冲材料8。底滑动承台1为钢制，通过固定螺栓7固定在结构上，其中螺栓可选用摩擦型高强螺栓。底滑动承台1与阻尼箱4之间为滑动摩擦副2，选用材料为聚四氟乙烯涂料层，摩擦系数为0.07~0.09，当底滑动承台1与阻尼箱4发生相对位移时，由于上部构件重力的作用，使滑动摩擦副2发生摩擦耗能。阻尼箱4为厚度5mm不锈钢板焊接而成，尺寸根据实际应用而定，内壁设置有材料为聚氨酯软泡的缓冲材料8。分隔板6分隔方式根据实际情况而定，图中分隔方式为实际运用实施的一种，分隔板内壁亦设置缓冲材料8，当颗粒与内壁发生碰撞时，缓冲材料8可进一步提高能量耗散，同时具有一定的降噪吸音的功能。阻尼颗粒5选用粒径为5~30mm的铜球，填充率为50%~80%，在风或/和地震作用下，阻尼器腔体内部阻尼颗粒之间、颗粒与内壁之间进行摩擦碰撞耗能。连接弹簧3两端与底滑动承台1、阻尼箱4铰接相连，且连接弹簧3为垂直布置，当底滑动承台1、阻尼箱4由于振动而发生相对位移时，使连接弹簧3发生相对于阻尼箱4水平位移的非线性长度变化，提供非线性的回复力。

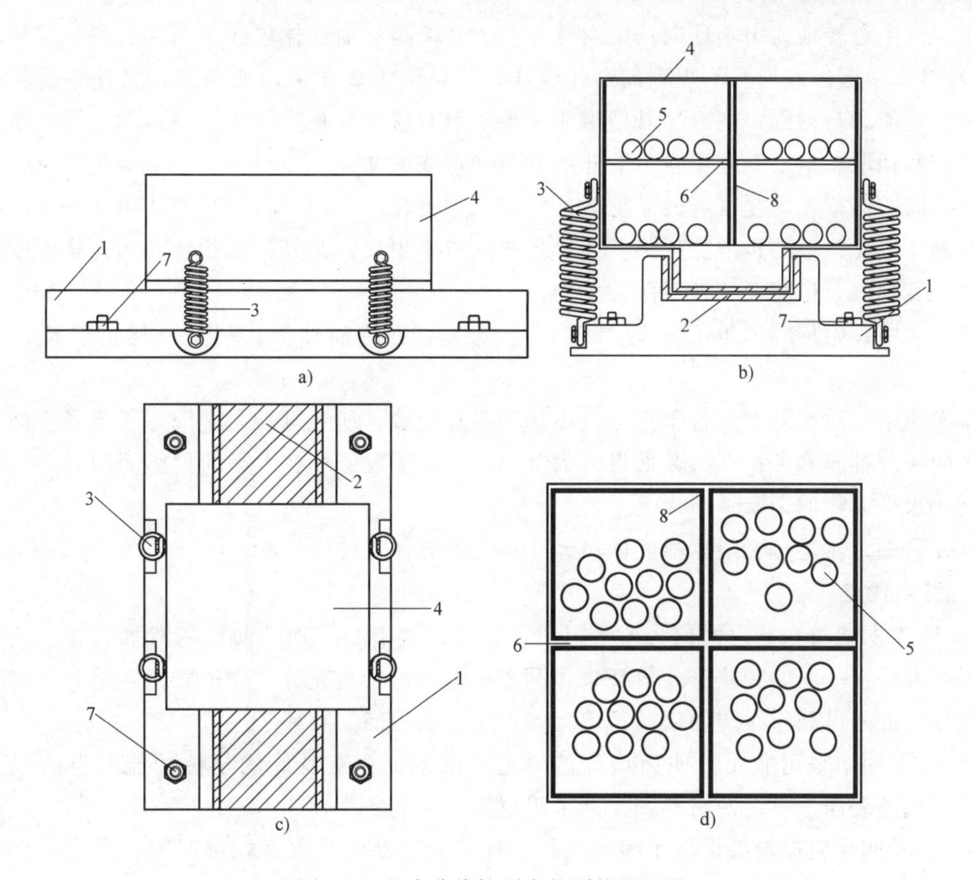

图 8.9　具有非线性刚度的颗粒阻尼器

a）侧视图　b）剖面图　c）俯视图　d）颗粒阻尼箱的剖面图

1—底滑动承台　2—滑动摩擦副　3—连接弹簧　4—阻尼箱　5—阻尼颗粒　6—分隔板　7—固定螺栓　8—缓冲材料

8.1.10　一种非线性轨道式颗粒阻尼器

专利信息：鲁正，杨玉玲，张泽楠，发明专利，一种非线性轨道式颗粒阻尼器[233]，专利号：ZL2015106990777，专利申请日：2015.10.26，授权公告日：2017.07.11。

1. 发明内容

本发明的目的在于提出一种非线性轨道式颗粒阻尼器，该装置在传统调谐质量阻尼器的基础上加以改进，在转轴周围环向对称设置 8 个阻尼腔体单元，同时在腔体内设置颗粒群。本阻尼器结合质量阻尼器及颗粒阻尼器的优点，构造简单、消能减震效果好。在风或/和地震作用下，该装置能提供更宽的减震频率，同时通过颗粒群的摩擦、碰撞以及质量体系自身的振动来转移并耗散结构的动能。

为了实现上述目的，本发明采取如下技术方案。

本发明提出的一种非线性轨道式颗粒阻尼器，包括外轨道 1、滚轮 2、缓冲元件 3、阻尼腔体单元 4 和颗粒群 5，其中两条外轨道 1 平行布置，分别通过固定装置与主体系统相连，两个滚轮 2 通过中心转轴相连，分别搁置于相应的外轨道 1 上，缓冲元件 3 固定于外轨道两端，用于对滚轮 2 进行限位，防止运动幅度过大时产生脱轨问题，阻尼器腔体单元 4 共有8个，以中心转轴为中心环向均匀对称布置，每个阻尼器腔体单元4内部布置一层颗粒群5，颗粒群5由圆形或形状不规则的颗粒组成。外轨道1表面采用曲面结构，使系统具有良好的复位功能和自动限位能力，外轨道1表层敷设有缓冲材料，便于滚轮运动，同时增加能量的转移和耗散。本发明利用轨道的非线性曲面形成的非线性控制力，系统滚轮自身的振动以及阻尼器腔体单元内颗粒群的摩擦碰撞等方式进行耗能，同时将阻尼腔体单元外置，有利于加剧腔体单元的滚动，增加耗能，使本系统的效率更高，此外，非线性的曲面轨道设计使系统具有良好的复位功能和自动限位能力。

本发明中，阻尼腔体单元4通过连杆连接在中心转轴外侧，利于滚轮的转动，增加耗能。

本发明中，颗粒群5由若干圆形或不规则颗粒组成，所述颗粒是金属球、混凝土球或陶瓷球中的任一种或多种；颗粒截面尺寸为2~50mm；颗粒群5在水平面投影面积为阻尼器腔体单元4水平面积的20%~100%。

本发明中，所述每个阻尼器腔体单元4均为长方体或球体结构。

2. 发明优点

1）本发明通过在竖直面内将8个阻尼腔体单元沿中心转轴环向均匀对称布置，使传统阻尼器中堆叠在一起的颗粒群分散开来，利于在运动中实现充分的碰撞摩擦耗能，且将阻尼腔体及颗粒群外设利于系统的启动，使耗能效率更加提高。

2）本发明中采用非线性曲面设计的轨道，使系统具有良好的复位功能和自动限位能力，同时轨道表面敷设缓冲材料，提高了阻尼器的耗能效率。

3）本发明在轨道端部设置了缓冲元件，在滚轮运动到达轨道端部时限制其运动，以防止阻尼器运动幅度过大时出现脱轨问题，提高阻尼器作用的耐久性及稳定性。

3. 实施方式

下面结合附图详细说明本发明的具体实施方式。

如图8.10所示，为本发明的一种非线性轨道式颗粒阻尼器实施例，其主要包括外轨道1、滚轮2、缓冲元件3、阻尼腔体单元4和颗粒群5。

外轨道1为非线性的曲面设计，并通过固定装置与主体系统相连，表面敷设缓冲材料，滚轮2通过中心转轴连接并搁置在外轨道1上，环向对称布置的阻尼腔体单元4与中心转轴相连，阻尼器腔体单元4为个长方体或球体结构，每个阻尼器腔体单元4内部布置一层颗粒群5，颗粒群5由圆形或形状不规则的颗粒组成，材料可以是金属、混凝土、玻璃或陶瓷中的任一种或多种。系统结合了质量阻尼器和颗粒阻尼器的优点，通过轨道的非线性曲面形成的非线性控制力，颗粒群的摩擦、碰撞以及腔体单元自身的振动来转移并耗散结构的能量。

通过对实施例中装置的研究发现，附加该非线性轨道式颗粒阻尼器之后，主体结构的减振率可以达到60%，而传统的调谐质量阻尼器的减振率一般在30%左右，且其在风振和地震作用下均有较好的效果，相比之下，对于风振的减振效果更优。

8.1.11 非线性颗粒碰撞阻尼器

专利信息：鲁正，杨玉玲，张泽楠，发明专利，非线性颗粒碰撞阻尼器[234]，专利号：ZL2015106133139，专利申请日：2015.09.24，授权公告日：2017.07.28。

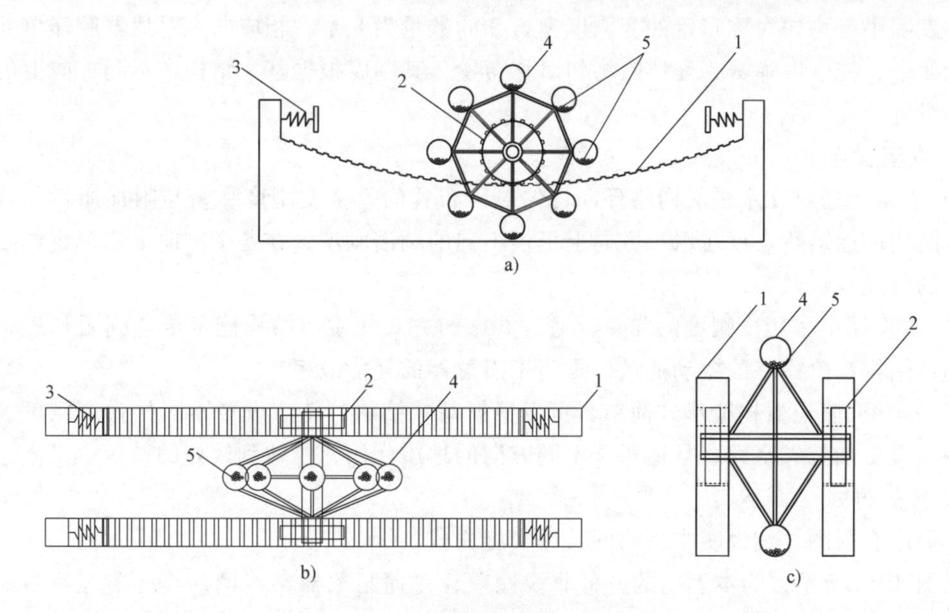

图 8.10　一种非线性轨道式颗粒阻尼器

a）正视图　b）俯视图　c）侧视图

1—外轨道　2—滚轮　3—缓冲元件　4—阻尼腔体单元　5—颗粒群

1. 发明内容

为了解决传统调谐质量阻尼器减振频带较窄且只能在水平方向上提供某一特定调谐频率的问题，同时降低阻尼器成本，本发明的目的在于提出一种非线性颗粒碰撞阻尼器，该装置在传统调谐质量阻尼器的基础上加以改进，在附加质量周围环向对称设置 8 个变刚度弹簧，同时在阻尼器腔体设置颗粒群。本阻尼器构造简单、消能减震效果好。在风或/和地震作用下，该装置在各个方向上提供不同的刚度调谐频率，且弹簧刚度非线性变化，同时通过颗粒群的摩擦、碰撞来转移并耗散结构的动能。

为了实现上述目的，本发明采取如下技术方案。

本发明提出的一种非线性颗粒碰撞阻尼器，包括附加法兰外环 1、质量内环 2、变刚度弹簧 3、阻尼器腔体单元 4 和颗粒群 5，附加法兰外环 1 通过螺栓与主体系统相连，附加法兰外环 1 和质量内环 2 同心布置，质量内环 2 通过环向均匀对称布置的变刚度弹簧 3 与附加法兰外环 1 相连，所述质量内环 2 上均匀分布有阻尼器腔体单元 4，阻尼器受体单元 4 与变刚度弹簧 3 一端相连；且阻尼器腔体单元 4 与变刚度弹簧 3 的数量相等，阻尼器腔体单元 4 为单个的长方体或圆柱体结构，每个阻尼器腔体单元 4 内部布置一层颗粒群 5，使用时，根据实际需要，设定合理的变刚度弹簧的弹簧刚度及阻尼器腔体单元 4 的质量大小，可在水平面内各个方向上提供不同的刚度以调谐结构的频率；在风/和地震作用下，该装置在各个方向上提供不同的刚度调谐频率，且弹簧刚度非线性变化，同时通过颗粒群的摩擦、碰撞来转移并耗散结构的动能。

本发明中，所述颗粒群 5 由若干圆形或形状不规则的颗粒组成，颗粒截面最大尺寸为 2~50mm，颗粒材料为金属、混凝土、玻璃或陶瓷中的任一种或多种。

本发明中，所述颗粒群 5 在水平面投影面积为阻尼器腔体单元 4 水平面积的20%~100%。

本发明中，均匀对称布置的变刚度弹簧3的数量为8个，相应的，阻尼器腔体单元4的数量为8个；变刚度弹簧3呈环向均匀对称布置，其刚度根据基本结构在不同方向上的振动特点而设置。

2. 发明优点

1）本发明通过在水平面内将环向均匀对称布置的8个变刚度弹簧与附加质量相连，根据基本结构的运动特点可在水平方向上提供不同的调谐刚度，在各个方向上实现主体结构振动能量的传递及耗散。

2）本发明中采用变刚度的弹簧，通过共振的方式使主体结构能量传递到阻尼器，迅速降低基本结构高阶模态的振动能量，提高了阻尼器的耗能效率。

3）本发明阻尼器构造形式简单，可以根据基本结构的特点设置不同的弹簧刚度，使阻尼器的布置更加节省空间，且适用于不同方向的地震作用，能达到较好的减震效果。

3. 实施方式

下面结合附图详细说明本发明的具体实施方式。

如图8.11所示，为本发明的一种非线性颗粒碰撞阻尼器实施例，其主要包括附加法兰外环1、质量内环2、变刚度弹簧3、阻尼器腔体单元4和颗粒群5。

附加法兰外环1通过螺栓与主体系统相连，质量内环2通过环向均匀对称布置的8个变刚度弹簧3与法兰外环1相连，阻尼器腔体单元4为单个的长方体或圆柱体结构，每个阻尼器腔体单元4内部布置一层颗粒群5，颗粒群5由圆形或形状不规则颗粒组成，材料可以是金属、混凝土、玻璃或陶瓷中的任一种或多种。通过合理设置弹簧法的刚度及附加质量的大小，可以在水平面内各个方向上提供不同的刚度以调谐结构的频率。

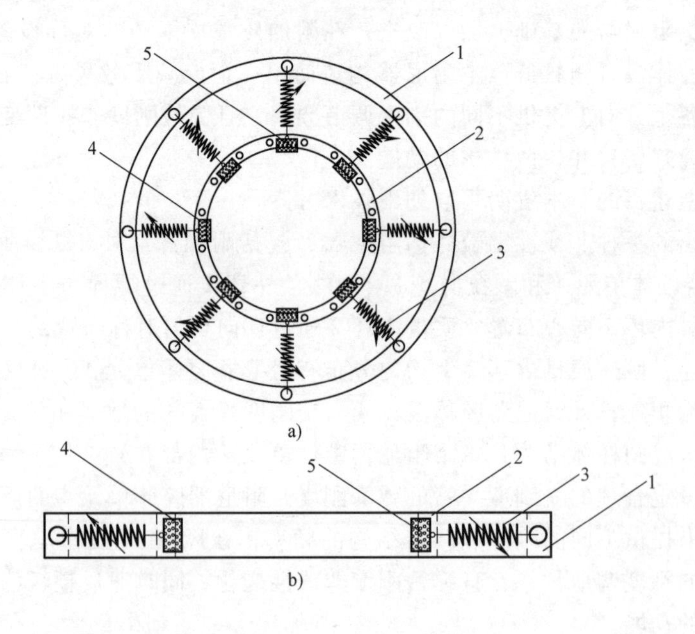

图8.11 非线性颗粒碰撞阻尼器

a）俯视图 b）立面图

1—附加法兰外环 2—质量内环 3—变刚度弹簧 4—阻尼器腔体单元 5—颗粒群

通过对实施例中装置的研究发现，附加该非线性颗粒碰撞阻尼器之后，主体结构的减振率可以达到 60%，而传统的调谐质量阻尼器的减振率一般在 30%左右，且其在风振和地震作用下均有较好的效果，相比之下，对于风振的减震效果更优。

8.1.12　组合型多相减振装置

专利信息：鲁正，刘国良，黄彪，发明专利，组合型多相减振装置[235]，专利号：ZL 2015107986745，专利申请日：2015. 11. 19，授权公告日：2017. 12. 08。

1. 发明内容

本发明的目的是提供一种综合利用球体颗粒、黏性液体、机械部件、筛网组成的组合型多相减震装置，该装置减震频带宽、噪声小、效果理想。

本发明采取如下技术方案。

本发明提出的一种组合型多相减振装置，包括容器 1、可移动颗粒体系 2、固定颗粒体系 3、黏性液体 4、弹簧体系 5 和筛网 14，其中所述筛网 14 镶嵌于容器 1 内下部，将容器 1 下部分割成若干空间，每个空间内放置有球体颗粒 13；所述可移动颗粒体系 2 和固定颗粒体系 3 垂直放置于容器 1 内上部，一组球体颗粒体系 3 位于两组可移动颗粒体系 2 之间，容器 1 内装有黏性液体 4；所述可移动颗粒体系 2 由横向放置的第一圆柱体、第一轴承杆和固定板 8 组成，相邻的第一圆柱体沿着横向平行布置；第一圆柱体中部沿直径开孔，所述第一轴承杆依次穿过沿横向布置的圆柱体中部开孔部位，第一轴承杆两端穿过固定板 8 上预留孔洞 11，其端部连接运动轨道 9；所述运动轨道 9 固定于容器 1 内壁上，所述运动轨道 9 水平布置；位于同一水平面上相邻的运动轨道 9 之间设有固定卡槽 10；所述固定板 8 通过弹簧体系 5 连接容器 1 内壁；所述固定颗粒体系 3 由横向放置的第二圆柱体和第二轴承杆组成，第二圆柱体沿着横向平行布置；第二圆柱体中部沿直径开孔，所述第二轴承杆依次穿过第二圆柱体中部开孔部位，所述第二轴承杆两端分别连接容器 1 内壁上的固定卡槽 10；所述黏性液体 4 由一种或多种液体混合而成，可在容器 1 内振荡，其作用机理类似于调谐液体阻尼器，通过液体晃荡时自由表面的破碎波效应和液体与容器壁的摩擦作用消耗能量，液体晃荡对容器侧压力提供对结构的非线性恢复力，减小结构振动幅度；在容器 1 内，可移动颗粒体系 2 与固定颗粒体系 3 相互碰撞耗能，弹簧体系 5 的恢复力帮助可移动颗粒体系 2 与固定颗粒体系 3 实现撞击；黏性液体 4 分别与可移动颗粒体系 2 和固定颗粒体系 3 上的圆柱体相互摩擦耗能，同时颗粒之间组成的孔洞，可增加流体黏性，提高耗能能力；黏性溶液 4 与球体颗粒 13 或球体颗粒 13 间相互摩擦耗能；筛网 14 与球体颗粒 13 间碰撞摩擦耗能；通过液相和固相的组合来进行减振。

本发明中，所述容器 1 内部设有弹簧体系 5，通过恢复力使可移动颗粒体系 2 向固定颗粒体系 3 方向发生移动，实现有效碰撞耗能，同时设置弹簧体系参数和可移动颗粒体系 2 的质量，使可移动颗粒体系 2 的运动频率与结构基频调谐，提高减振耗能效率。

本发明中，所述固定板 8 上设有弹簧挂钩 12，所述弹簧挂钩 12 与弹簧体系 5 匹配。

本发明中，所述第一圆柱体和第二圆柱体的表面光滑，半径不能太大，且不能太靠近液面。

本发明中，所述筛网 14 由不锈钢制成。

本发明中，所述球体颗粒 13 直径大于筛网 14 孔径，且每个被划分的空间里均有若干个球体颗粒。

本发明中，所述容器 1 中可根据固定器或者悬吊器与被减振结构相连，将阻尼器安装在结构上达到耗能减振效果。可采取固定器使阻尼器通过螺母固定于框架结构内部，可采取悬吊器使阻尼器通过吊杆悬吊在主结构内部。

本发明中，所述该黏性液体 4 可采取黏度系数不同的一种或多种稳定液体，可分层或混合。

本发明中，所述运动轨道 9 和固定卡槽 10 的设计可方便替换连杆可移动颗粒体系 2、固定颗粒体系 3。

2. 发明优点

1）本发明结构清晰简单，且采用可更换的内部连杆颗粒体系及液体，可长期有效帮助结构减振耗能。

2）本发明混合利用颗粒阻尼装置、调谐液体阻尼装置的优点，增大减振频带，增强减振耗能效果。

3）内置横向圆柱体使液体绕流时产生附加的晃动质量，从而有效增加了液体的晃动质量，提高液体晃动阻尼，提高耗能效率。

4）弹簧不仅可实现连杆颗粒体系产生有效碰撞，同时使可移动颗粒体系 2 运动与结构基频调谐，增加耗能效果。

3. 实施方式

下面通过实施例结合附图进一步说明本发明。

请参阅图 8. 12a ~ c 是本发明实验装置整体结构各个方向视图示意图。

容器 1 为长方体，容纳所有耗能物质。可移动颗粒体系 2 由一种或多种材料制成的一种或者多种球体颗粒 13、轴承杆 7 和内置横向圆柱体 6 组成。固定颗粒体系 3 由一种或者多种材料制成的一种或者多种轴承杆 7 和内置横向圆柱体 6 组成。黏性液体 4 由一种或者多种稳定液体组成，可分层或混合。其物理性质要求耐热、不易挥发、不易燃，化学物质稳定，黏性系数视被控结构要求的耗能能力而定。若为多种液体混合使用，要求不能发生过激化学反应，最好不发生任何化学反应，对颗粒无腐蚀作用。运动轨道 9 和固定卡槽 10 可以方便阻尼装置在使用过程中更换固定颗粒体系 3、可移动颗粒体系 2。

具体的，请参阅图 8. 12a ~ c 是本发明实验装置整体结构各个方向视图示意图。图中轴承杆 7 通过容器 1 侧面运动轨道 9 和容器 1 相连，可以自由滚动；内置横向圆柱体 6 串在轴承杆 7 上；固定板开孔洞 11，直径与轴承杆 7 匹配，使得轴承杆 7 可固定于固定板 8 上。固定板 8 边侧突起若干个弹簧挂钩 12，可与弹簧体系 5 相连，弹簧体系 5 另一端与容器 1 相连。将一定数量的某种或者多种球体颗粒 13 置于筛网 14 内，颗粒间、颗粒和筛网间可碰撞及摩擦耗能。之后向容器 1 内注入一定量的某种黏性液体 4，通过液体晃荡，对容器的侧压力可作为结构恢复力，减小结构运动幅度，同时颗粒间的小孔起到晶格作用，增加液体黏性，提高耗能能力。此过程中黏性液体 4 自身组成分子之间可能摩擦耗能，黏性液体 4 与可移动颗粒体系 2、固定颗粒体系 3 上的圆柱体 6 之间可能摩擦耗能，可移动颗粒体系 2 与固定颗粒体系 3 可互相碰撞耗能，球体颗粒 13 颗粒之间或和筛网 14 间相互碰撞和摩擦耗能。黏性液体 4 的种类与体积可根据实际应用情况进行调节。在确定可移动颗粒体系 2、固定颗粒体系 3 与黏性液体 4 后，可根据被控结构的动力特性设计弹簧体系 5 的参数（数量、刚度系数)，使可移动颗粒体系 2 与被控结构调谐运动，达到更加的减振效果。

在图 8.12d 所示颗粒详图中，内置横向圆柱体 6 中部沿直径开孔，用于和轴承杆 7 相连，横向圆柱体 6 直径稍大于轴承杆 7 的直径，便于圆柱体 6 沿轴承杆 7 滑动碰撞。

图 8.12e、f 分别是固定板 8 的主视图和侧视图，固定板开孔洞 11，直径与轴承杆 7 匹配，使得轴承杆 7 可固定于固定板 8 上，固定板 8 边侧突起若干个弹簧挂钩 12，可与弹簧体系 5 相连，弹簧体系 5 另一端与容器 1 相连。

图 8.12g、h 分别是固定颗粒体系 3 和可移动颗粒体系 2 结构详图。可移动颗粒体系 2 由球体颗粒 13、内置横向圆柱体 6、轴承杆 7 和固定板 8 组成；固定颗粒体系 3 由横向圆柱体 6 和轴承杆 7 组成。

图 8.12i、j 是容器 1 剖面图及其 1—1 剖面图。容器 1 上分别刻有运动轨道 9 和固定卡槽 10，直径与轴承杆 7 匹配，运动轨道 9 可使横向圆柱体 6 自由滑动，固定卡槽 10 将固定颗粒体系 3 与容器 1 固定连接。

图 8.12k 是筛网 14 的立面图。筛网 14 由三个横向、纵向和水平的片网组成，筛网的边缘部分与容器 1 的内壁紧密连接起来。球体颗粒 13 分别在划分的四个空间内运动。

上述对实施例的描述是为了便于该技术领域的普通技术人员能理解和应用本发明。熟悉本领域技术的人员显然可以容易地对这些实施例做出任何修改，并把在此说明的一般原理应

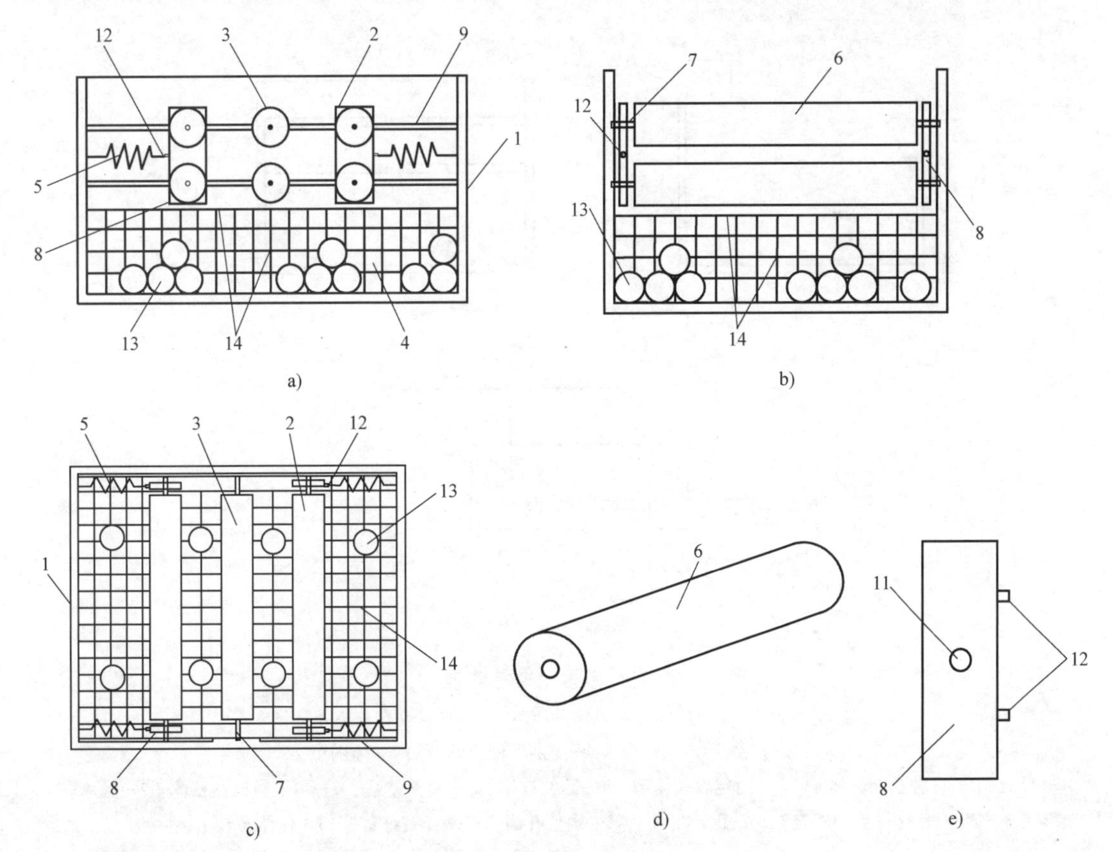

图 8.12　组合型多相减振装置

a) 主视图　b) 侧视图　c) 俯视图　d) 内置横向圆柱体详图　e) 固定板主视图

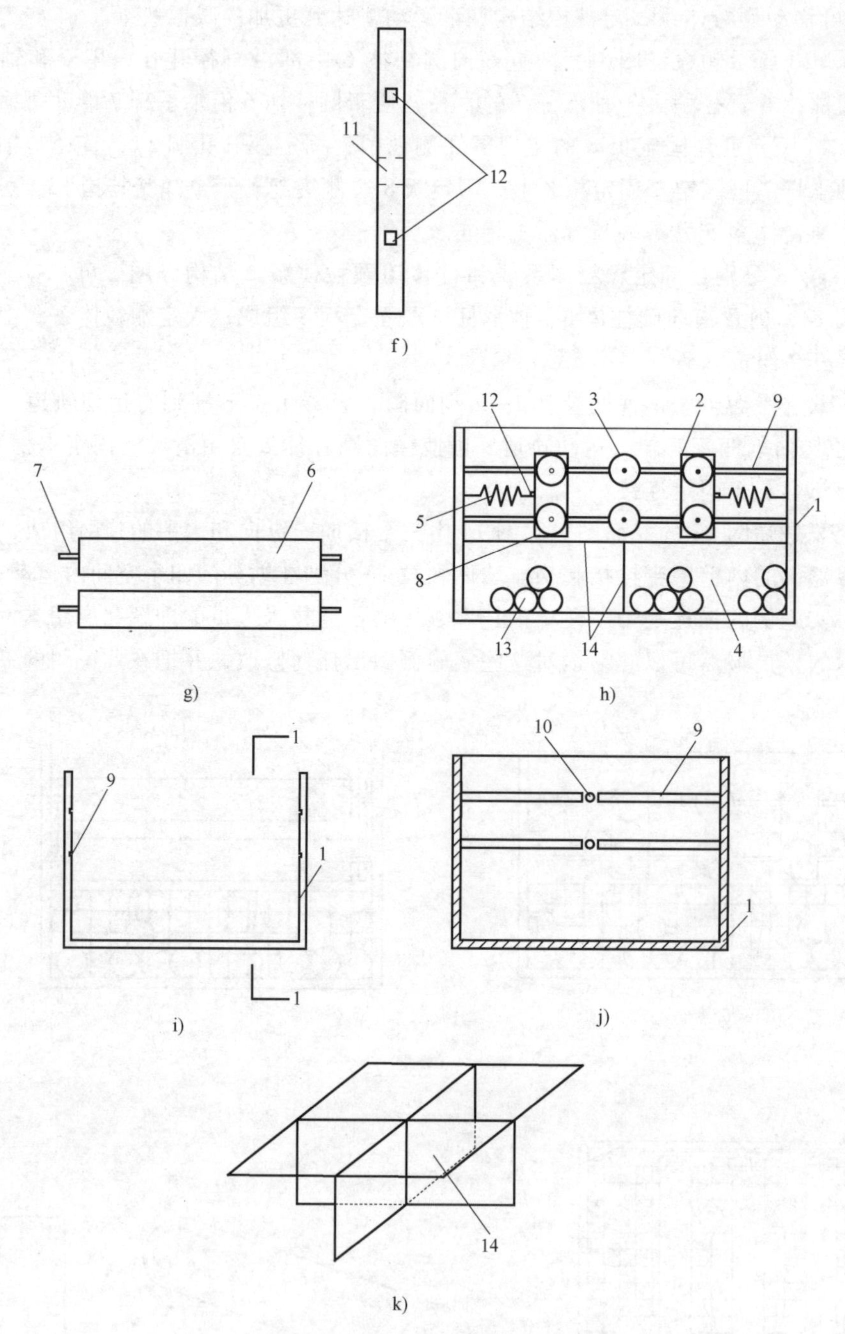

图 8.12 组合型多相减振装置（续）

f）固定板视图 g）固定颗粒体系详图 h）可移动颗粒体系详图

i）容器详图 j）容器 1—1 剖面图 k）筛网立体图

1—容器 2—可移动颗粒体系 3—固定颗粒体系 4—黏性液体 5—弹性体系 6—内置横向圆柱体 7—轴承杆 8—固定板 9—运动轨道 10—固定卡槽 11—预留孔洞 12—弹簧挂钩 13—球体颗粒 14—筛网

用到其他实施例中而不必经过创造性的劳动。因此，本发明不限于这里的实施例，本领域技术人员根据本发明的揭示，对于本发明做出的改进和修改都应该在本发明的保护范围之内。

8.1.13　非线性轨道式协同调谐阻尼器

专利信息：鲁正，程健，王贤林，于昌辉，发明专利，非线性轨道式协同调谐阻尼器[236]，专利号：ZL2016103067407，专利申请日：2016.05.11，授权公告日：2017.12.26。

1. 发明内容

为了克服调谐质量阻尼器减振频带窄和控制振型单一等不足，本发明提供一种非线性轨道式协同调谐阻尼器，在传统调谐质量阻尼器的基础上，引入调谐液体阻尼器，黏滞液体阻尼器以及目前主要应用于航空航天、机械制造领域的颗粒阻尼器，将它们有机结合，充分发挥多种阻尼器的优势，从而实现应用范围广、产生的附加质量小、减震频带宽、减震效果明显等要求，满足土建工程的实际需求。

本发明提出的一种非线性轨道式协同调谐阻尼器，包括阻尼器外部腔体单元 1、弹簧体系 2、黏性液体 3、内部腔体单元 4、缓冲材料 5 和颗粒群 6，其中阻尼器外部腔体单元 1 为长方体结构，其底部沿长度方向布置有两条凹槽轨道 7；内部腔体单元 4 为长方体结构，其底部沿长度方向设有两条与凹槽轨道 7 结构相匹配的细长方体突出结构，通过所述细长方体突出结构使内部腔体单元 4 能够沿凹槽轨道 7 来回滑动；内部腔体单元 4 内的四周和底部均覆盖有缓冲材料 5，内部腔体单元 4 填充有颗粒群 6，颗粒群 6 由大小不同的圆形颗粒组成；内部腔体单元 4 沿长度方向的两侧通过弹簧体系 2 与阻尼器外部腔体单元 1 的内壁相连，阻尼器外部腔体单元 1 内填充有黏性液体 3；在风或/和地震等作用下，内部腔体单元 4 沿凹槽轨道 7 向某一方向运动，使黏性液体 3 受到挤压，从而产生与内部腔体单元 4 运动反向的黏滞力，同时黏性液体 3 通过阻尼器外部腔体单元 1 和内部腔体单元 4 之间的狭长间隙流向另一侧，使内部腔体单元 4 的受力逐渐减小，以实现内部腔体单元 4 的移动，耗散阻尼器的动能；在此过程中黏性液体通过与阻尼器外部腔体单元 1 或内部腔体单元 4 之间的摩擦，以及在晃动过程中产生的动侧力同样提供了减振作用；弹簧体系 2 调谐阻尼器的自振频率，并有效减小体系的加速度；在内部腔体单元 4 中，颗粒与颗粒之间以及颗粒与内部腔体单元 4 的腔壁之间的碰撞和摩擦协同消耗振动体的能量。

本发明中，黏性液体 3 采取黏性系数不同的一种或多种稳定液体，多种稳定液体混合时不发生反应。

本发明中，内部腔体单元 4 下方的两条细长方体突出结构关于内部腔体单元 4 的中轴线对称，内部腔体单元 4 的长度为阻尼器外部腔体单元 1 的长度的 30%~40%，宽度为内部腔体单元 4 放置在凹槽轨道上时前后两侧面与阻尼器外部腔体单元 1 内壁间隔分别为 3~5mm，顶部与阻尼器外部腔体单元 1 盖板间隔为 2~3mm。

本发明中，缓冲材料 5 采用橡胶、泡沫塑料或针织棉中任一种或多种，以增加碰撞所耗散的能量。

本发明中，颗粒群 6 由三种尺寸不同的圆形颗粒组成，所述圆形颗粒是钢球或混凝土球中的任一种，圆形颗粒直径分别为 4mm，6mm 和 8mm，三者的质量比为 3∶2∶1。

本发明中，内部腔体单元 4 和颗粒群 6 的质量，以及弹簧体系 2 的相关参数（如数量、劲度系数等）应根据内部腔体与颗粒群体系的运动频率和结构基频率进行设置，使得两者频率相调谐以提高减振效率。

2. 发明优点

1）本发明综合多种阻尼器的优势，通过多种减震机制，达到良好的效果。其应用范围更广，减震频带更宽，减震效果更好，相对传统调谐质量阻尼器而言，能更好地满足现代土建工程的实际复杂需求。

2）本发明构造形式简单，易于安装，不需要对原结构进行较大改动，同时材料廉价易得，可充分利用相关建筑材料，制造成本较低。

3）采用尺寸大小不同的颗粒群，可以充分利用空间，增加颗粒间的接触摩擦，和等大颗粒群相比，也有利于颗粒的运动。

3. 实施方式

下面结合附图详细说明本发明的具体实施方式。

如图 8.13 所示，为本发明的一种非线性轨道式协同调谐阻尼器，其主要包括：阻尼器外部腔体单元 1、弹簧体系 2、黏性液体 3、内部腔体单元 4、缓冲材料 5 和颗粒群 6。

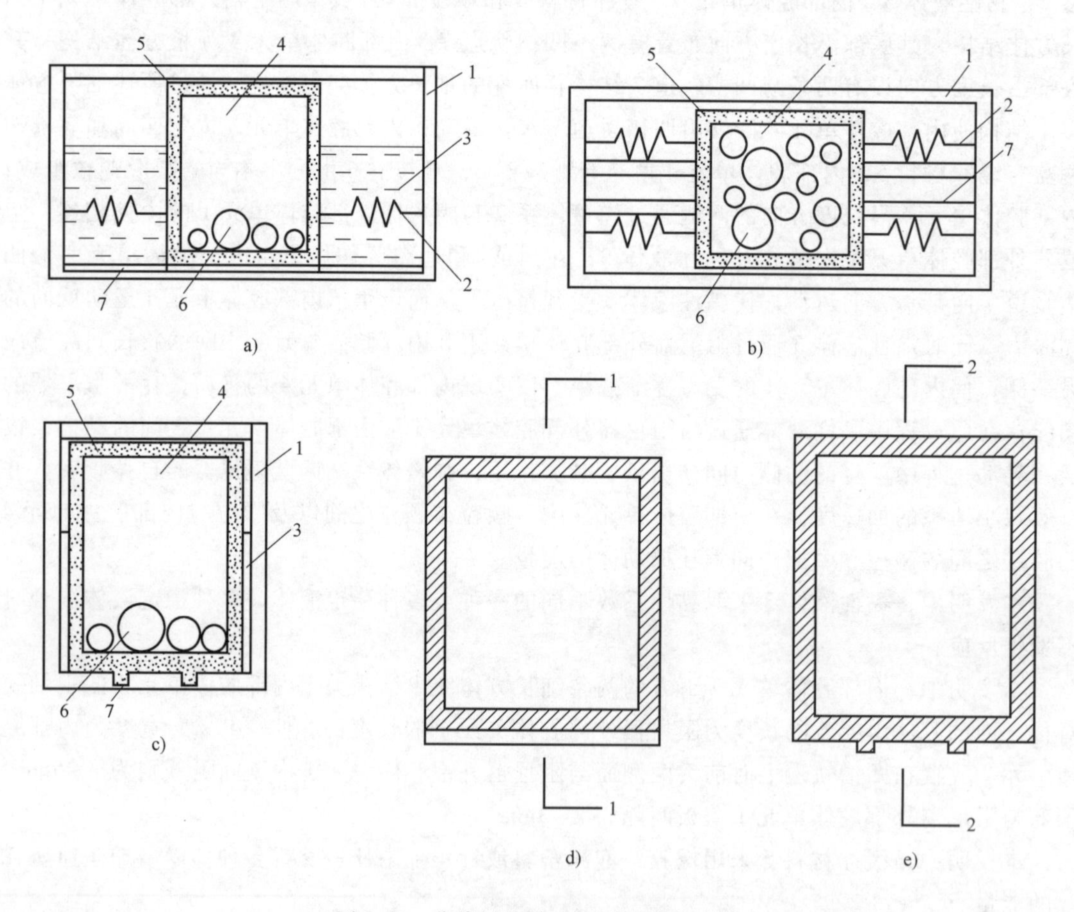

图 8.13 非线性轨道式协同调谐阻尼器

a）主视图 b）俯视图 c）侧视图 d）内部腔体单元 2—2 剖面图 e）内部腔体单元 1—1 剖面图

1—阻尼器外部腔体单元 2—弹簧体系 3—黏性液体 4—内部腔体单元 5—缓冲材料 6—颗粒群 7—凹槽轨道

阻尼器外部腔体单元 1 和内部腔体单元 4 由钢板紧密焊接加工而成，其中外部腔体单元 1 的内壁，底部和可拆卸盖板以及内部腔体单元 4 的外侧涂以防锈涂料，避免钢板锈蚀；阻尼器外部腔体单元 1 的底部设有两条关于中轴线对称的凹槽轨道 7；外部腔体单元 1 通过悬吊或支承方式与主体结构相连。内部腔体 4 底部设置有和凹槽轨道 7 相匹配的两处细长方体突出结构，使内部腔体单元 4 可以沿凹槽来回运动；同时内部腔体 4 通过弹簧体系 2 与外部腔体单元 1 的内壁相连接以调谐内部腔体单元 4 的运动；内外腔体之间填充有一种或多种稳定的黏性液体 3，当多种液体混合时应保证它们性质稳定，不发生化学反应。内部腔体 4 内壁和底部覆盖有橡胶、泡沫塑料或针织棉等缓冲材料 5，厚度为 5mm；其中填充有颗粒群 6，颗粒群 6 由直径分别为 4mm，6mm，8mm，质量比为 3∶2∶1 的三种圆形颗粒组成，圆形颗粒可采取钢球或混凝土球中的任一种；内部腔体 4 和颗粒群 6 的质量以及弹簧体系 2 的相关参数（如数量、劲度系数等）应根据内部腔体与颗粒群体系的运动频率和结构基频率进行设置，使得两者频率相调谐以提高减振效率。

8.1.14　悬吊式材料阻尼器

专利信息：

鲁正，张泽楠，杜江，发明专利，悬吊式材料阻尼器[237]，专利号：ZL2016101577208，专利申请日：2016. 03. 21，授权公告日：2017. 12. 26。

1. 发明内容

本发明的目的在于提供一种悬吊式材料阻尼器。

本发明提出的一种悬吊式材料阻尼器，包括底板 1、高分子微层泡沫材料层 2、传力杆 3、滑动板 4、万向铰 5、质量箱 6、分隔板 7、阻尼颗粒 8、吊杆 9、弹簧 10、合金杆 11 和固定螺栓 12，其中：悬吊式新型材料阻尼器由底板 1 通过固定螺栓 12 与结构主体相连；底板 1、顶板和 4 根合金杆 11 连接构成阻尼器框架，质量箱 6 位于阻尼器框架内，质量箱 6 顶部通过吊杆 9 与阻尼器框架的顶板连接，质量箱 6 两侧分别通过单向铰与传力杆 3 一端相接，传力杆 3 另一端与局部阻尼装置相连；所述局部阻尼装置由高分子微层泡沫材料层 2、滑动板 4 和固定板构成，两个固定板之间固定有两个高分子微层泡沫材料层 2，两个高分子微层泡沫材料层 2 之间固定有滑动板 4，所述滑动板 4 两端分别穿过相应的滑动杆，滑动杆两端分别固定于两块固定板上；滑动板 4 可沿滑动杆来回移动。

4 根合金杆 11 外均套有弹簧 10；质量箱 6 内部设置有阻尼颗粒 8 与分隔板 7，分隔板 7 将质量箱 6 分隔成若干子分区，每个区间内将设有阻尼颗粒，阻尼颗粒 8 在振动时发生摩擦碰撞消耗系统能量；发生振动时，质量箱沿振动方向发生摆动，阻尼颗粒通过滚动碰撞与摩擦耗散基本结构的能量，同时两侧高分子微层泡沫材料层发生拉伸与压缩，提供阻尼与非线性回复力。

本发明中，所述底板 1 和顶板为长方形结构，4 根合金杆 11 的两端分别连接底板 1 和顶板的四个角点，以限制阻尼器框架与结构主体间的水平运动，同时作为弹簧 10 的导向杆，并对竖向的振动进行控制。

本发明中，高分子微层泡沫材料层 2 为通过微层共挤出技术获得的具有可控微泡结构的新型高分子热塑性弹性微层泡沫阻尼材料层，由两种或多种不同性质的高分子材料形成规整完善的交替层状复合结构，其中一种高分子材料发泡而另一种以上高分子材料不发泡，具有优异阻尼性能。

本发明中，阻尼颗粒 8 材料采用金属材料或具有摩擦性能的高分子材料。

本发明中，颗粒群的水平投影面积占容器水平面积的 50%~80%，粒径为 5~40mm。

本发明中，分隔板 7 两侧与质量箱 6 内壁均设有作为缓冲耗能材料的高分子微层泡沫材料层，厚度根据工程实际而定。

本发明中，吊杆 9 长度根据结构振动特性设定，为两端铰接的连杆。

2. 发明优点

本发明实现了调谐质量阻尼器与颗粒阻尼器的有效结合，既发挥了调谐质量阻尼器的特点，又利用了颗粒阻尼器颗粒碰撞耗能的优势并充分利用高分子微层泡沫材料层其高阻尼与可控非线性的特点，使得振动过程中，能量基于靶向能量传递原理以不可逆的方式传至振子，并有效拓宽阻尼器的减振频带、同时为新型材料的工程应用提供载体。该阻尼器构造简单，布置灵活，具有多种耗能途径，耐久性好，可靠度高，具有良好的适用性与经济性。

3. 实施方式

下面结合附图详细说明本发明的具体实施方式。

如图 8.14 所示，本发明主要包括底板 1、高分子微层泡沫材料层 2、传力杆 3、滑动板 4、万向铰 5、质量箱 6、分隔板 7、阻尼颗粒 8、吊杆 9、弹簧 10、合金杆 11、固定螺栓 12。螺栓 12 可选用摩擦型高强螺栓，将钢制的阻尼器底板 1 通固定于结构主体振动较大的部位；阻尼器四角螺栓固定合金杆 11，以支撑阻尼器同时作为弹簧 10 导向杆，从而对竖向的振动进行控制。质量箱 6 通过两端设有轴承的吊杆 9 与阻尼器框架上部连接，从而沿振动方向发生摆动，吊杆 9 长度根据结构振动特性而定。高分子微层泡沫材料 2 可由热塑性聚氨酯弹性体与聚乳酸两种材料经微层共挤出装置制作，聚乳酸层为发泡层，热塑性聚氨酯层为实心层。内部分隔板 7 两侧贴有高分子微层泡沫材料层 2，以增加碰撞耗能，并同时将质量箱 6 划分为若干子区间，每个子区间内平铺一层阻尼颗粒 8，粒径直径为 5~40mm，填充率为 40%~80%，材料选用金属或摩擦系数较大的材料。

质量箱 6 两侧通过轴承与钢制传力杆 3 相接。传力杆 3 另一侧与由高分子微层泡沫材料层 2 与钢制滑动板 4 构成的局部阻尼装置相连，发生振动时，滑动板 4 可沿杠杆做水平平动，对高分子微层泡沫材料层 2 拉伸和挤压，由此提供一定的阻尼与非线性回复力。

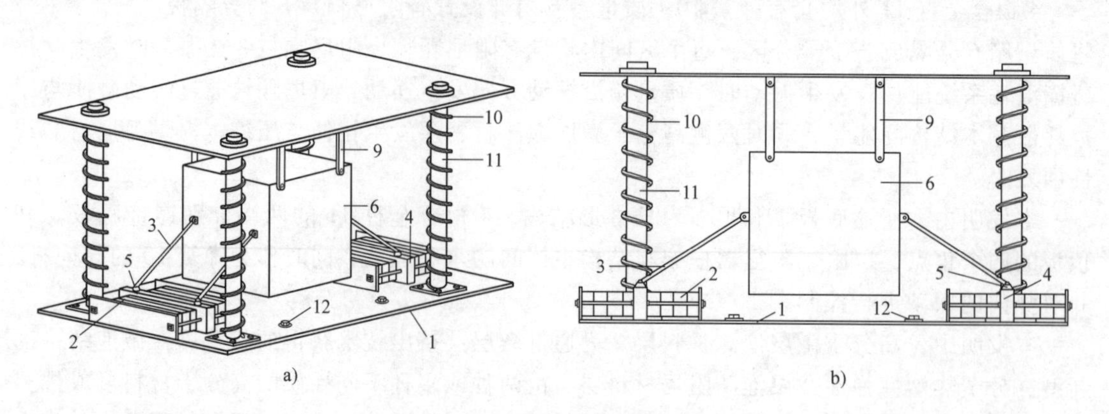

图 8.14　悬吊式材料阻尼器

a）整体图　b）侧视图 1

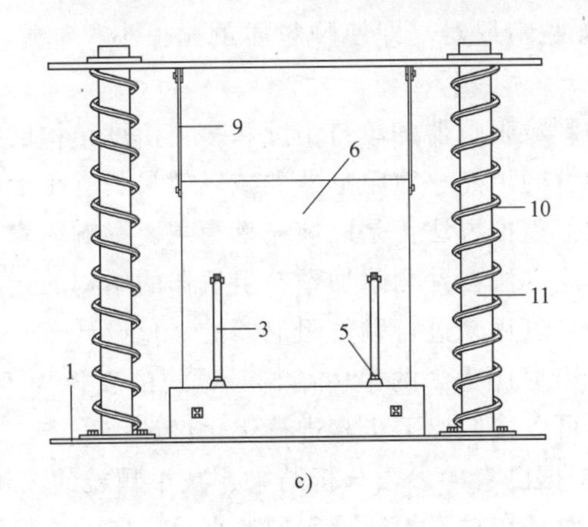

c)

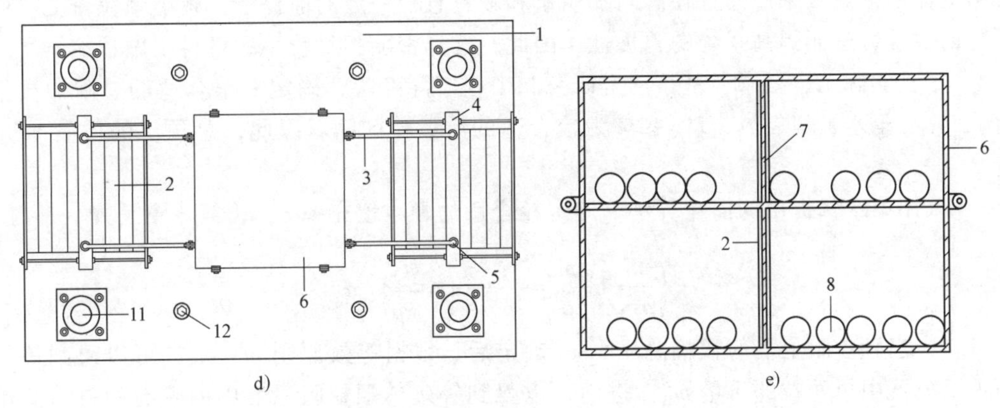

d)　　e)

图 8.14　悬吊式材料阻尼器（续）

c）侧视图 2　d）俯视图　e）质量箱的剖面图

1—底板　2—高分子微层泡沫材料层　3—传力杆　4—滑动板　5—万向铰　6—质量箱
7—分隔板　8—阻尼颗粒　9—吊杆　10—弹簧　11—合金杆　12—固定螺栓

8.2　颗粒阻尼器的设计要点

影响颗粒阻尼器减震性能的参数很多，包括内因和外因两个方面：内因主要包括颗粒个性（材料、形状、恢复系数、摩擦系数）、颗粒群体效应、颗粒与主体结构的质量比和尺寸比、容器形状和材料、阻尼器布置位置等；外因主要包括激励幅值和频谱特性等。通过对颗粒阻尼器减震特性的参数分析及试验验证，总结设计要点如下：

1）为了应对方向并不预知的多轴激励，建议实际工程使用圆柱体容器的多颗粒阻尼器。

2）为了提高减震效果，建议采用大小适中且具有较高恢复系数的颗粒，并增加质量，颗粒阻尼器宜放置在结构位移响应较大的位置。同时，采用数量较多的颗粒虽然不能增加最优减震效果，但是能增加系统的鲁棒性。

3）增加颗粒质量比能非线性地减小主体结构的响应，但是有一个限值。

4）只要激励强度大到足够激振起颗粒运动，主体结构的响应便不再与激励强度相关。

5）较大的回弹系数能让主体结构经受更宽的激励强度。

6）通过合理设计的颗粒阻尼器，即使颗粒质量比很小，都能有效减小阻尼主体结构在外界荷载下的动力响应。

具体而言，在对附加颗粒阻尼器的单自由度和多自由度结构的振动台和风洞试验的结果进行参数分析，均发现颗粒的填充率对阻尼器的减震效果具有很大的影响。第3章提出的基于一定等效原则的简化数值模拟方法正是以填充率为主要影响因素来对颗粒阻尼器的性能进行模拟。通过试验验证，此方法在预测附加颗粒阻尼器的结构的运动行为方面具有一定的准确性。因此，此简化方法可以用来进行颗粒阻尼器的优化设计。

给定一个质量为M、阻尼比为ξ的主体结构，颗粒的直径为D_p，激励已知。附加在主体结构顶上的颗粒阻尼器可以按照以下步骤进行优化设计：

1）确定颗粒类型　根据已有的参数分析结果，减小颗粒的密度在一定程度上可以增加颗粒阻尼器的减震效果。而且在总附加质量和颗粒直径一定的前提下，减小颗粒密度可以增加颗粒的数量，进而提高系统的鲁棒性。因此，选择密度相对较小的材料用做颗粒。

2）根据实际工程要求，基于已有研究和工程实际经验，确定一个合适的总附加质量比μ。例如，在土木工程领域，1%～2%为较合适的质量比区间。因此，总颗粒的质量m可以确定。

3）采用第3章提出的简化算法，确定较合适的颗粒填充率α。由第3章公式（3-4）得

$$\left(\frac{1}{\rho_p}-1\right)\frac{m}{\rho}=\frac{m_3}{2\rho}+\frac{\pi}{4}\left(6\frac{m_3}{\pi\rho}\right)^{\frac{2}{3}}d$$

可知，当颗粒阻尼器的颗粒总质量m确定后，根据等效原则$m=m_3$，可以得到等效的单颗粒阻尼器中单颗粒的质量m_3。进而，以得到等效单颗粒阻尼器中的颗粒的自由运动距离d与填充率之间的关系，如下式所示

$$d=f(\alpha) \tag{8-1}$$

也就是说，对于一个给定的填充率α，有一个相应的颗粒自由运动距离d。进而，附加单颗粒阻尼器的主体结构的无量纲响应x/σ可以按照第3章中的方法计算求得，如式（8-2）所示。这个响应可以近似看作与附加相同质量并且具有相同空隙体积的多颗粒阻尼器的主体结构在给定荷载下的响应相等

$$x/\sigma=g(d,\alpha) \tag{8-2}$$

式中　x、σ——分别是附加单颗粒阻尼器的主体结构和不附加阻尼器的主体结构的响应。

因此，根据已经确定的总附加质量比μ，可以确定较为合适的填充率α，使得x/σ的值较小。

4）根据公式$m=N\pi D_p^3\rho/6$，确定颗粒阻尼器中颗粒的数量N。

5）根据公式$\alpha=ND_p^2/(d_x/d_y)$，确定腔体的尺寸d_x/d_y。

至此，完成对颗粒阻尼器的优化设计。如果得到的结构响应不满足要求，可以变化填充率的取值并重复以上步骤进行优化设计。

第9章 半主动控制颗粒阻尼技术

由于半主动控制在不安装大型能源的条件下，可以提供与主动控制相当的适应性，因此近年来半主动控制装置引起了人们相当大的关注。事实上，许多装置可以依靠电池电源运转，而电池电源在发生如台风、龙卷风、地震且结构主电源失效的极端情况下是十分重要的。根据目前公认的定义，半主动控制装置不增加控制系统的机械能（包括结构与装置），但具有可动态变化以在最大程度上减少结构系统的响应的特质。因此与主动控制系统相比，半主动控制系统并不具备降低结构系统（在有限输入/有限输出框架中）稳定性的潜在特性。

9.1 半主动控制颗粒阻尼技术的基本概念

半主动控制颗粒阻尼技术是在以往颗粒阻尼技术基础上引入了先进的半主动控制技术而形成的半主动控制颗粒阻尼技术，颗粒阻尼技术的基本概念前文已经进行了详细的介绍，这里主要就半主动控制技术进行简单介绍，然后再引入半主动控制颗粒阻尼技术的相关内容。

半主动控制（Semi-active Control）是根据结构反应，进而通过改变结构的刚度或阻尼，自适应调整结构动力特性来达到减震控制目的的一种振动控制技术。它具有控制效果接近主动控制但仅需极少能源输入的优点，而且由于是受限输入/受限输出系统，不存在主动控制那样的控制失稳问题。当能源供给中断时，可立即变为被动控制系统而发挥控制作用，因而具有广阔的应用前景。

半主动控制颗粒阻尼技术是采用半主动控制的相关原理对结构颗粒阻尼系统进行实时参数调整，既能拓宽以往颗粒阻尼器的减震频带，提高减震效率和耐久性，为颗粒阻尼器的结构工程应用提供了另一新的实现途径，同时相比主动控制能源消耗大量减少，符合资源节约型的可持续发展理念。南京航空航天大学陈前课题组[238]对直流电磁场作用下电磁颗粒阻尼器的减震效果进行了理论分析和试验研究，结果表明，在一定振动强度下，可以通过施加直流电磁场的方法，加大颗粒体与振动系统间的动量交换，提高对结构振动的抑制作用，同时增大磁颗粒之间的接触压力，由此加大摩擦力，进而提高阻尼器的摩擦耗能。该方法为扩大颗粒阻尼器的适用范围，对抑制不同强度的振动提供了基础，使颗粒阻尼能够适应不同振动环境的要求。结果说明颗粒阻尼器可以由被动振动控制方法发展为半主动振动控制手段，该研究为这一潜在发展提供了有益探索。S F Masri 和 R K Miller[239]，等对一种非线性半主动控制颗粒阻尼装置进行了初步试验探索，他们通过对带有可调整间隙碰撞阻尼器进行联动参数优化。针对由随机动态环境造成的多自由度系统的非线性振动控制问题，提出了一种简单但有效的方法。它运用带有可调整约束的非线性附加质量阻尼器，并根据整个非线性系统的情况将阻尼器布置在特定的位置，并进行了数值模拟。通过模拟结果可以得到这种半主动控制颗粒阻尼技术的工作效率，如图 9.1 所示。

由图 9.1 可以看出，被动颗粒阻尼器在一定程度上减弱了结构的振动响应，但是它的工作性能却因其不能适应基本结构响应瞬息万变的特点而受到了限制。把半主动控制颗粒阻尼器布置到同样的基本结构上，可以看出明显好于被动颗粒阻尼器的效果，这是因为间隙随时间不断调整，碰撞引起的作用力能够在最有利的时机对结构产生作用。这种联动控制算法不需要对结构特性参数有准确的了解，而只需对布置有阻尼器的对应结构位置进行测量，从而运用这种自调整的方法来决定每个阻尼器的间隙大小，以达到优化每个装置减震性能的目的。Masri[233] 曾针对一个三自由度体系研究了阻尼器布置的不同位置对顶部相对位移的控制作用，结果表明，若其他条件保持一致，将半主动控制颗粒阻尼器布置在结构的顶部将是最好的，这给我们之后的研究提供了很好的指导作用。同时 Masri 对这种控制方法进行了稳定性分析、数值模拟以及力学模型试验，且分析结果都表明了这种半主动控制颗粒阻尼技术的原理可行，性能可靠，前景可观。

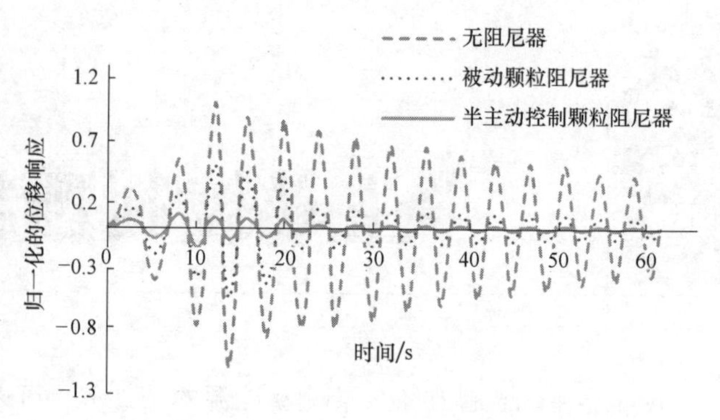

图 9.1　不同工况系统响应比较

由以上可知，Masri 等开展的理论研究与试验研究已经表明半主动控制系统的效果明显优于被动装置的效果，由此在一系列广泛的动荷载条件下，能有效削减结构振动响应。

9.2　半主动控制颗粒阻尼器的产品设计

9.2.1　半主动控制颗粒阻尼器相关发明专利

目前本课题组拥有的获得国家知识产权局授权的半主动控制颗粒阻尼技术方面的发明专利如下：

鲁正，王佃超，吕西林，发明专利，半主动控制碰撞阻尼器[240]，专利号：ZL2013104619035，专利申请日：2013.10.08，授权公告日：2015.10.28。

1. 发明内容

为了解决传统冲击阻尼器调谐频带窄、设置耗能阻尼器价格昂贵、耗能能力有限的问题，本发明提出一种半主动控制碰撞阻尼器，该装置结合被动控制冲击阻尼器与主动控制冲击阻尼器各自优点，并加以改进，即引入一个联动的中控系统，通过一种交替出现的脉冲控制方法，在适当的时候主动输入很少的外部能量，使基本结构和附加质量块之间发生动量交换，产生与基本结构运动方向相反的力，来达到减震的目的。本阻尼器碰撞耗能能力好，调谐能力强，水平方向上多维控制效果好，构造简单，输入能量少。在风或/和地震等的作用下，一对或多对阻尼器固定面板内的附加质量块可以随基本结构产生与基本结构运动方向相反的运动。在适当的时候，通过碰撞挡件控制器控制碰撞挡件与附加质量块凸出件的碰撞，一方面通过动量交换产生与基本结构运动方向相反的控制力，以有效减少结构的振动；另一方面，通过碰撞挡件与附加质量块凸出件的非弹性碰撞，使基本结构的机械能快速耗散。综合以上两种减震机制，该半主动控制碰撞阻尼器可以达到良好的减震效果。

为了实现上述目的，本发明采用如下的技术方案。

本发明的一种半主动控制碰撞阻尼器，包括阻尼器固定面板 1、嵌板 2、附加质量块运动轨道 3、碰撞挡件 4、碰撞挡件控制器 5、附加质量块 6 和附加质量块凸出件 7。附加质量块凸出件 7 固定于附加质量块 6 上，阻尼器固定面板 1 成对平行布置，数量为一对或多对，若为多对，可在不同方向设置；每对阻尼器固定面板 1 在其长边中间内侧设置一条附加质量块运动轨道 3，该附加质量块运动轨道 3 与阻尼器固定面板 1 底边平行；附加质量块 6 能在附加质量块运动轨道 3 运动；附加质量块运动轨道 3 两侧平行于附加质量块运动轨道 3 的方向设置嵌板 2；四组碰撞挡件 4 分别安装在嵌板 2 上；位于附加质量块运动轨道 3 两侧相对应的两组碰撞挡件 4 的布置方向相反，使附加质量块 6 沿阻尼器固定面板 1 做单向运动；碰撞挡件控制器 5 连接碰撞挡件 4，用以控制碰撞挡件 4，使碰撞挡件 4 能在适当的时候伸出和收缩；在风或/和地震等作用下，在水平方向上，通过碰撞挡件控制器 5 脉冲式地控制碰撞挡件 4 的伸出，引发碰撞挡件 4 与附加质量块凸出件 7 之间的剧烈碰撞。每组碰撞挡件 4 有 12~24 个。

本发明中，碰撞挡件 4 和附加质量块凸出件 7 宜用恢复系数大于 0.6 的材料，如硬钢，且碰撞挡件须能被磁铁吸引。

本发明中碰撞挡件 4 安装在嵌板 2 上，数量为 4 组，每组有 12~24 个。每组碰撞挡件 4 的数量应根据实际需要设置。

本发明中碰撞挡件控制器，通过监测基本结构的位移零点以及附加质量块与基本结构的相对运动方向，触发碰撞挡件的伸出，以形成碰撞，产生控制力。

2. 发明优点

1）本发明中引入联动控制系统，通过碰撞挡件控制器控制碰撞挡件的伸出与收缩，可以在基本结构的位移为零且附加质量块与基本结构的运动方向相反时伸出，从而触发碰撞挡件与附加质量块上的凸出件的碰撞，产生与基本结构运动方向相反的控制力，减小基本结构的振动，以达到理想的减震效果。

2）本发明所需的外界输入能量极少，且减震效果远远好于被动式控制装置，可以与主动控制装置相媲美。

3）本发明构造形式简单，阻尼器固定面板与基本结构固接，能保证系统稳定，同时，还降低了设置传统阻尼器的造价，从而具有很好的实用性和经济性。

4）本发明几乎不需要基本结构的信息，可以适用于线性和非线性的基本结构，只需监测基本结构与附加质量块的相对位移，且控制优化算法简单，时滞小。

3. 实施方式

如图 9.2 所示为本发明半主动控制碰撞阻尼器，其主要包括阻尼器固定面板 1、嵌板 2、附加质量块运动轨道 3、碰撞挡件 4、碰撞挡件控制器 5、附加质量块 6 和附加质量块凸出件 7。其中附加质量块凸出件 7 为附加质量块 6 的一部分。阻尼器固定面板 1 成对平行布置，数量为一对或多对，若为多对，可在不同方向设置；每对阻尼器固定面板 1 在其长边中间内侧设置一条附加质量块运动轨道 3，该轨道与阻尼器固定面板 1 的底边平行；在附加质量块运动轨道 3 两边平行于附加质量块运动轨道 3 的方向设置嵌板 2；四组碰撞挡件 4 安装在嵌板 2 上，附加质量块运动轨道 3 两侧的碰撞挡件 4 的布置方向相反，从而可以保证附加质量块 6 沿阻尼器固定面板 1 做单向运动；此外，碰撞挡件 4 由碰撞挡件控制器 5 控制，在适当的时候伸出和收缩。在风或/和地震等作用下，该装置能够在水平方向上通过碰撞挡件控制器 5 脉冲式地控制碰撞挡件 4 的伸出，引发碰撞挡件 4 与附加质量块凸出件 7 之间的剧烈碰撞。该碰撞力远大于附加质量块 6 本身的质量，作用时间极短，数值很大，且与基本结构的运动方向相反，可以有效抑制基本结构的振动；同时，在碰撞过程中也使基本结构机械能快速耗散，从而达到良好的减震效果。碰撞挡件 4 安装在嵌板 2 上，数量为 4 组，每组有 12~24 个。

阻尼器固定面板 1 的作用是固定嵌板并为附加质量块的运动提供轨道，因此，阻尼器固定面板的材料只要满足这两种条件就可以任意选定，但要保证不易发生变形。阻尼器固定面板的尺寸与间距要结合具体情况来确定。在阻尼器固定面板内侧中间，沿平行于阻尼器面板长边方向设置附加质量块运动轨道，要求运动轨道光滑，且不易变形，以保证附加质量块沿轨道做低阻尼运动。沿轨道两边平行于轨道方向各布置一个嵌板，每对阻尼器共需固定四个嵌板，每个嵌板内布置一组碰撞挡件，碰撞挡件的尺寸可以根据具体的条件作相应的调整，碰撞挡件在阻尼器固定面板上的布置情况如图 9.2b 所示。附加质量块的形状可以根据实际情况进行调整，但是需要保证附加质量块可以沿着阻尼器固定面板提供的轨道进行低阻尼运动，同时附加质量块上应布置与碰撞挡件发生碰撞的若干个凸出件。碰撞挡件与附加质量块凸出件的布置关系如图 9.2c 所示。附加质量块凸出件与碰撞挡件宜用恢复系数大于 0.6 的材料，如硬钢，且碰撞挡件须能被磁铁吸引。

本装置具体实施过程如下：将阻尼器安装在基本结构上，当基本结构受到风或/和地震作用时，基本结构发生振动，附加质量块随着基本结构沿轨道运动，两者运动方向相反；碰撞挡件控制器可以监测结构的位移和速度，使碰撞挡件在基本结构的位移为零且附加质量块与基本结构的运动方向相反时伸出，从而脉冲式地触发碰撞挡件与附加质量块上的凸出件的碰撞。在碰撞挡件伸出的瞬间，碰撞挡件与附加质量块凸出件发生非弹性碰撞，使附加质量块相对于基本结构产生反向的控制力。碰撞发生后，碰撞挡件控制器可以控制碰撞挡件收缩到原来的位置，使附加质量块可以继续在相反方向做低阻尼的运动。该半主动控制碰撞阻尼器，一方面通过动量交换产生与基本结构运动方向相反的控制力，以有效减少结构的振动；另一方面，通过碰撞挡件与附加质量块凸出件的非弹性碰撞，使基本结构的机械能快速耗散，以进一步增强减震效率。

9.2.2 半主动控制颗粒阻尼装置的实施

Masri，Nishitani 以及 Paulet-Crainiceanu 等的研究表明，设计合适的半主动冲击阻尼器，可以取得比同等级被动控制阻尼器更好的控制效果，而完全主动控制系统通过利用脉冲产生的直接控制力来进行结构控制，与半主动控制系统相比，其性能甚至更优，然而需要考虑在宽泛的动力荷载条件下的有效减震能力。

半主动控制颗粒阻尼器采用非线性附加质量阻尼器，其具有可调节的运动约束装置，并可安置在结构的任一位置。其控制算法并不需要系统的数学模型。主体结构在每个布置半主

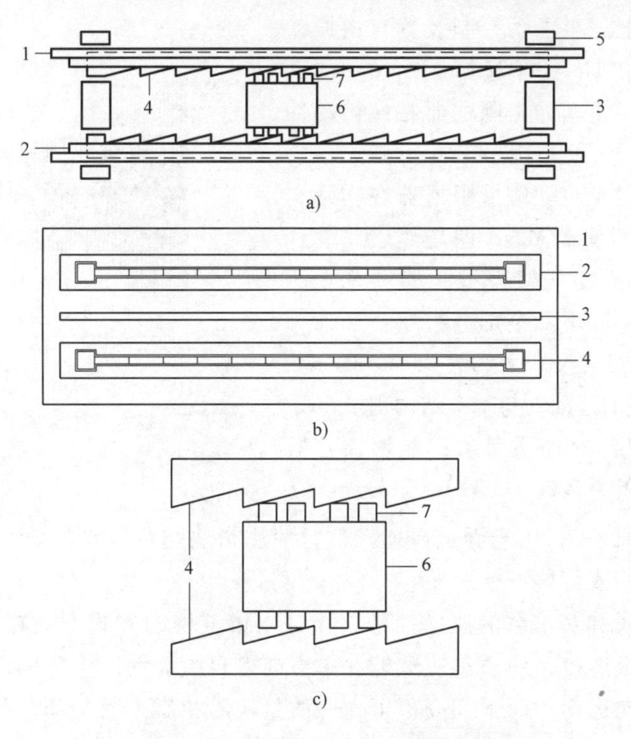

图 9.2　半主动控制碰撞阻尼器装置

a）俯视图　b）碰撞挡件在阻尼器固定面板上的布置情况示意图

c）碰撞挡件与附加质量块凸出件的布置关系示意图

1—阻尼器固定面板　2—嵌板　3—附加质量块运动轨道　4—碰撞挡件

5—碰撞挡件控制器　6—附加质量块　7—附加质量块凸出件

动控制装置附近的振动程度决定了该阻尼器的主动控制间距尺寸与碰撞时间。半主动控制颗粒阻尼装置通过可控的运动约束装置来调整阻尼器的关键参数，而非采用直接施加主动控制力的方法来衰减主体结构的振动。同时采用李亚普诺夫直接法也证明了该半主动控制算法来衰减非线性主体结构的响应是拉格朗日稳定的。

图 9.3 所示是用来评估半主动控制算法有效性的试验装置。图 9.4 所示为该装置主体结构的归一化位移与速度响应。

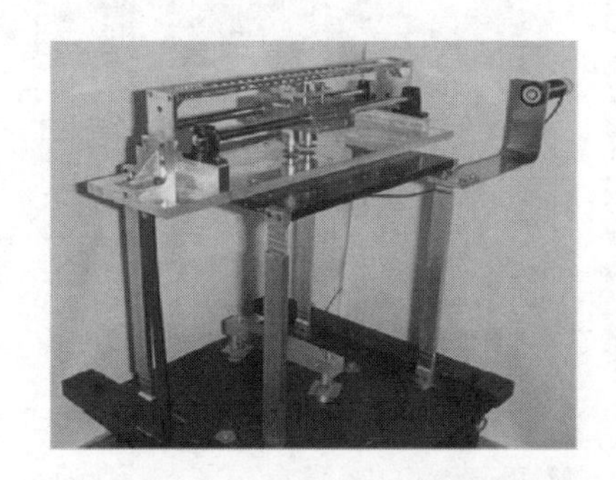

图 9.3　半主动冲击阻尼器的试验装置图

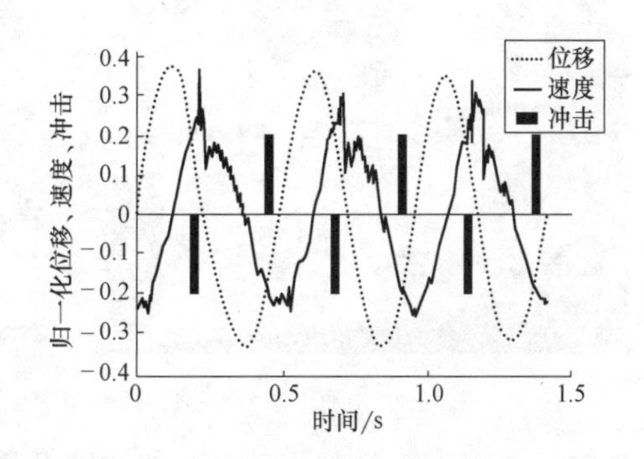

图 9.4　半主动控制装置的归一化位移、速度响应

图 9.5 所示为上述半主动控制装置自由振动下的位移响应，位移 1in = 0.0254m，由图中的衰减曲线可以看出，半主动冲击阻尼器相比被动冲击阻尼器效果更好。

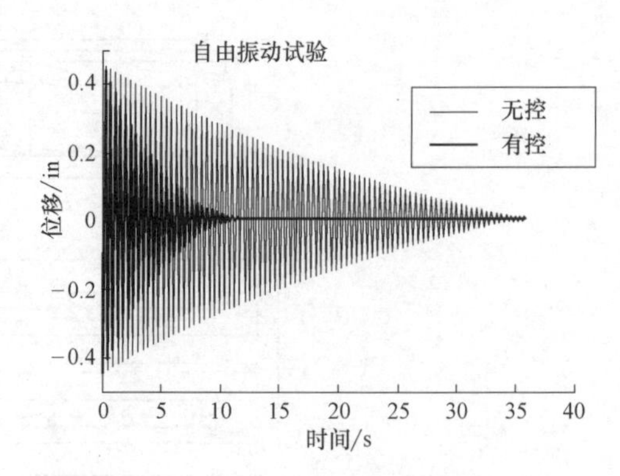

图 9.5　装有半主动冲击阻尼器的单自由度力学模型的自由振动位移响应

同时，为了探讨半主动碰撞阻尼器在实际实验室条件下的工作性能，Masri 课题组[233]设计并制作了一个单自由度框架模型，如图 9.6 所示。整个试验装置由以下几个部分组成：

1）一个矩形容器（尺寸大约为 35cm×35cm），用于限制附加质量块的运动，与基本结构刚接。

2）一个轴承式的附加质量块，能够在容器面板凹槽内进行低阻力运动。

3）四个可移动嵌板，用来固定碰撞挡件，使质量块与基本结构进行碰撞。四个嵌板可以沿中心线进行前移或后移。

4）四组 16 个用弹簧承载的碰撞挡件，挡件以铰链楔的方式安装在嵌板上，间隔 2cm。这些挡件用钉与嵌板连接，使质量块只能在单方向上自由运动。上部的两组嵌板可允许质量块沿容器长轴单方向运动，而下部嵌板可允许质量块沿相反方向运动。并且嵌板都由电磁力控制进行棘轮动作。

本装置的优点是免去了用来检测结构运动状态的传感器，并简化了阻尼器启动关闭算法，不再需要使用计算机来进行最佳间隙值的计算，且后者能够大大降低决策过程所花费的时间，从而弥补了机械起动所产生的延迟。

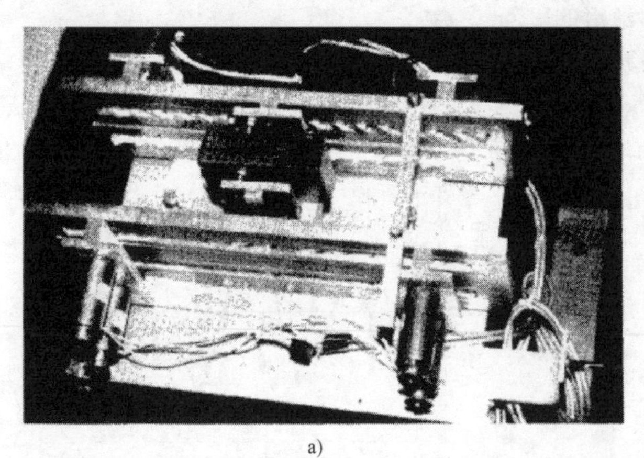

a)

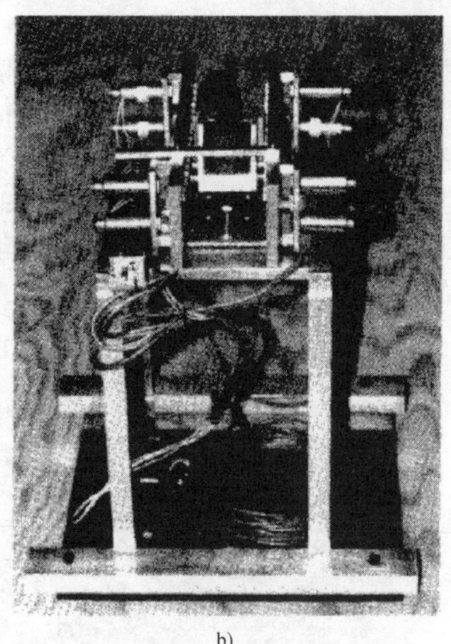

b)

图 9.6　模型试验装置

a）俯视图　b）前视图

上述整个系统的逻辑运算由一台 Z-80 微型机运用 FORTH 进行，当计算机检测到系统位移达到零点时就会执行“碰撞指令”，这个指令会联通继电器电路，其电流通过电磁螺线管产生电磁力以打开嵌板上的挡件，从而引发所需要的质量块碰撞。螺线管可以在 4μs 将挡件调整到“碰撞位置”（大约为系统自振周期的 1/20）。

图 9.6 中的结构阻尼器质量比 $\mu=0.10$。当结构受正弦扫频激振时，布置有阻尼器的结构响应峰值约为不布置时的 45%，而在进行随机激振时这个比例约为 42%。可以发现在实际实验室条件下阻尼器的工作性能比理论预期要低，这主要是因为：

1）模型中的控制夹具材料为金属铝，其恢复系数要小于理论分析采用的硬钢。当 e 较高时，可以有效地减少碰撞耗散的能量，从而可以使阻尼器得到较好的性能。

2）挡件间的距离不够小，质量块不能总是在最优时刻进行碰撞。

3）控制单元拼装时的制造误差产生了大量的反弹（非线性静区），加剧了质量块与结构之间碰撞时的机械能耗散（导致动量交换效率的下降）。

以上的这些问题可以通过采用更适合的材料以及高精度的制作工艺来解决。

总体来看，半主动控制颗粒阻尼技术具有其自身的特点和优点，也将成为今后基于颗粒阻尼技术进行结构振动控制研究和应用的热点。

参考文献

[1] Housner G W, Bergman L A, Caughey T K, et al. Structural Control: Past, Present, and Future [J]. Journal of Engineering Mechanics, ASCE, 1997, 123 (9): 897-971.

[2] 唐家祥，刘再华. 建筑结构基础隔震 [M]. 武汉：华中理工大学出版社，1993.

[3] Soong T T, Spencer B F. Supplemental Energy Dissipation: State-of—the-Art and State-of-the-Practice [J]. Engineering Structures, 2002, 24 (3): 243-259.

[4] Ou J P, Wu B, Soong T T. Recent Advances in Research on Applications of Passive Energy Dissipation System [J]. 地震工程与工程振动，1996，16 (3): 72-96.

[5] 闫峰. 粘滞阻尼墙耗能减振结构的试验研究和理论分析 [D]. 上海：同济大学，2004.

[6] Zhang R H, Soong T T, Mahmoodi P. Seismic Response of Steel Frame Structures with Added Viscoelastic Dampers [J]. Earthquake Engineering and Structural Dynamics, 1989, 18: 389-396.

[7] Tsai C S, Lee H H. Application of Viscoelastic Dampers to High-Rise Buildings [J]. Jouranl of Structural Engineering, ASCE, 1993, 119: 1222-1233.

[8] Kasai K, Munshi J A, Lai M L, et al. Viscoelastic Damper Hysteretic Model: Theory, Experimental and Application [J]. Proceedings of ACT-17-1 on seismic isolation, energy dissipation and active control, 1993, 2: 521-532.

[9] Sheng K L, Soong T T. Modeling of Viscoelastic Dampers for Structural Application [J]. Jouranl of Engineering Mechanics, ASCE, 1995, 121: 694-701.

[10] Zhang R H, Soong T T. Seismic Design of Viscoelastic Dampers for Structural Application [J]. Journal of Structural Engineering, 1992, 118: 1375-1392.

[11] Soong T T, Lai M L. Correlation of Experimental Results and Predictions of Viscoelastic Damping of a Model Structure [J]. Proceeding of Damping, 1991, 91: 1-9.

[12] Chang K C, Lai M L, Soong T T, et al. Seismic Behavior and Design Guidelines for Steel Frame with Added Viscoelastic Dampers [R]. State University of New York at Buffalo, Buffalo, N. Y.: New York, 1993.

[13] Chang K C, Lai M L, Soong T T. Effect of Ambient Temperature on Viscoelastically Damped Structure [J]. Journal of Structure Engineering, 1992, 118 (7): 1955-1973.

[14] Kasai K, Fu Y, Lai M L. Finding of Temperature-Insensitive Viscoelasstic Damper Frames [J]. Proceedings of the First World Conference on Structural Control, 1994, 1: 3-12.

[15] Makris N. Complex-Parameter Kelvin Model for Elastic Foundations [J]. Earthquake Engineering and Structural Dynamics, 1994, 23 (3): 251-264.

[16] Blondet M. Dynamic Response of Two Viscoelastic Dampers [R]. Project of No. Es-2046. Department of Civil Engineering, University of California, Berkeley: California, 1994.

[17] 郝东山，秦洪涛，叶于政. 足尺钢框架结构附加耗能减震阻尼装置的试验研究 [J]. 工程抗震，1994 (3): 15-18.

[18] 吴波，郭安薪. 粘弹性阻尼器的性能研究 [J]. 地震工程与工程振动，1998，18 (2): 108-116.

[19] 周云，徐赵东，邓雪松. 粘弹性阻尼器的性能试验研究 [J]. 振动与冲击，2001，3: 73-77+101.

[20] 李爱群，程文瀼. 工程结构隔震、减震与振动控制研究进展 [C]. 第六届全国地震工程学会会议，南京：2002.

[21] Foutch D A, Wood S L, Brady P A. Seismic Retrofit of Non-ductile Reinforced Concrete Frames Using Viscoelastic Dampers [J]. Proceeding of ACT-17-1 on seismic isolation, energy dissipation and active control, 1993, 2.

[22] 欧进萍，邹向阳. 高层钢结构粘弹性耗能减振试验与分析 [J]. 哈尔滨建筑大学学报，1999，32

(4): 1-6.

[23] 徐赵东，赵鸿铁，沈亚鹏，等. 粘弹性阻尼结构的振动台试验. 建筑结构学报，2001，22 (5): 6-10.

[24] Harris C M, Crede C E. Shock and Vibration Handbook [M]. New York: McGraw-Hill, 1976.

[25] Douglas P T. History, Design, and Applications of Fluid Dampers in Structural Engineering [C]. Proceedings of Structural Engineers World Congress, Japan, 2002.

[26] Constantinou M C, Symans M D. Experimental and Analytical Investigation of Seismic Response of Structures with Supplemental Fluid Viscous Dampers [R]. Techanic report, No. NCEER-92-0032. State University of New York at Buffalo, Buffalo, N. Y.: N. Y, 1992.

[27] Makris N, Constantinou M C. Analytical Model of Viscoelastic Fluid Dampers [J]. Journal of Structural Engineering, ASCE, 1993, 119: 3310-3325.

[28] Arima F, Miyazaki M. A Study on Buildings with Large Damping Using Viscous Damping Walls [J]. Proceedings of Ninth World Conference on Earthquake Engineering, Japan, 1988, 5: 821-826.

[29] Miyazaki M, Kitada Y, Arima F, Hristov I. Farthquake Response Control Design of Buildings Using Viscous Damping Walls. Proceedings of 1st East Asia-Pacific Conference on Structural Engineering and Construction [C]. Bangkok, 1986, Vol. 3. pp. 1882-1891.

[30] Thomson William. Vibration Theory and Appllications [M]. Englewood, Cliffs, New Jersey: Prentice-Hall, 1965.

[31] Makris N, Constantinou M C. Fractional Derivative Model for Viscous Dampers [J]. Journal of Structural Engineering, 1991, 117 (9): 2708-2724.

[32] Pekcan G, Mander J. B, Chen S S. Fundemental Considerations for the Design of Non-Linear Viscous Dampers [J]. Earthquake Engineering & Structural Dynamics, 1999, 28: 1405-1425.

[33] 赵振东，王本利，马兴瑞，等. 油阻尼器对随机激励的响应研究 [J]. 地震工程与工程振动，2000，20 (1): 105-111.

[34] Sadek F, Mohraz B, Riley M A. Linear Procedures for Structures with Velocity-Dependent Dampers [J]. Journal of Structural Engineering, ASCE, 2000, 126 (8): 887-895.

[35] 翁大根，卢著辉，徐斌，等. 粘滞阻尼器力学性能试验研究 [J]. 世界地震工程，2002，18 (4): 30-34.

[36] 叶正强，李爱群，徐幼麟. 工程结构粘滞流体阻尼器减振新技术及其应用 [J]. 东南大学学报，2002，32 (3): 466-473.

[37] Constantinou M C, Symans M D. Seismic Response of Structures with Supplemental Fluid Dampers [J]. Structural Design of Tall&Special Buildings, 2010, 2 (2): 77-92.

[38] Reinhorn A M, Li C, Constantinou M C. Experimental and Analytical Investigation of Seismic Retrofit of Structures with Supplemental Damping: Part 1-Fluid Viscous Damping Devices [R]. NCEER Report. 95-0001. 1995, State University of New York at Buffalo, Buffalo, N. Y.: New York.

[39] 丁建华. 结构的粘滞流体阻尼减振系统及其理论与试验研究 [D]. 哈尔滨: 哈尔滨工业大学，2001.

[40] 贺强. 粘滞阻尼器抗震减震试验研究 [D]. 上海: 同济大学，2003.

[41] 谭在树，钱稼茹. 钢筋混凝土框架用粘滞阻尼墙减震研究. 建筑结构学报，1998 (2): 50-59.

[42] Pall A S, Marsh C. Response of Friction Damped Braced Frames [J]. Journal of the Structural Division, ASCE, 1982, 108 (ST6): 2325-2336.

[43] Grigorian C E, Popov E P. Slotted Bolted Connections for Energy Dissipation [J]. Proceeding of ACT-17-1 on seismic isolation, energy dissipation and active control, 1993 (2): 545-556.

[44] Aiken J D, Kelly J M. Earthquake Simulator Testing and Analytical Studies of Two Energy-Absorbing Systems for Multistory Structure [R]. Report No. UCB/EERC-90/03. 1990, Earthquake Engineering Research

Center, University of California, Berkeley, CA.

[45] 吴斌，欧进萍. 高层拟粘滞摩擦耗能结构的试验与参数研究 [J]. 世界地震工程，1999，15 (2)：17-27.

[46] 邹向阳. 粘弹性与拟粘滞摩擦耗能减振结构试验、分析与应用研究 [D]. 哈尔滨：哈尔滨工业大学，2000.

[47] Scholl R E. Design Criteria for Yield and Friction Energy Dissipation [J]. Proceedings of ACT-17-1 on Seismic Isolation, Energy Dissipation and Active Control, 1993, 2.

[48] Nims D K, Richter P J, Bachman R E. The Use of the Energy Dissipating Retraint for Seismic Hazard Mitigation [J]. Earthquake Spectra, 1993, 9 (3): 467-486.

[49] Tsiatas G, Daly K. Controlling Vibrations with Combination Viscous/Friction Mechanisms [J]. Proceedings of First World Conference on Structural Control, 1994, 1: WP4-3 -WP4-11.

[50] 周强. 带有耗能器平面钢框架体系数值分析与试验研究 [D]. 上海：同济大学，2000.

[51] Pall A S, Pall R. Friction-Dampers Used for Seismic Control of New and Existing Buildings in Canada [J]. Proceeding of ACT-17-1 on seismic Isolation, Energy Dissipation and Active Control, 1993, 2: 675-686.

[52] 吴波，李惠，林立岩，等. 东北某政府大楼采用摩擦阻尼器进行抗震加固的研究 [J]. 建筑结构学报，1998，19 (5)：28-36.

[53] 欧进萍，邹向阳，龙旭，等. 振戎中学食堂楼耗能减震分析与设计（Ⅰ）-反应谱法 [J]. 地震工程与工程振动，2001，21 (1)：109-114.

[54] 欧进萍，何政，龙旭，等. 振戎中学食堂楼耗能减震分析与设计（Ⅱ）-能力谱法与地震损伤性能控制设计 [J]. 地震工程与工程振动，2001，21 (1)：115-122.

[55] Kelly J M, Skinner R L, Heine A J. Mechanics of Energy Absorption in Special Devices for Use in Earthquake-Resistant Structures [J]. Bulletin of New Zealand National Society for Earthquake Engineering, 1972, 5 (3): 63-88.

[56] Aiken J D, Nims D K, Whittaker A S, Kelly J M. Testing of Passive Energy Dissipation Systems [J]. Earthquake Spectra, 1993, 9 (3): 335-370.

[57] Skinner R I, Kelly J M, Heine A J, et al. Hysteresis Dampers for the Protection of Structures from Earthquake [J]. National Society for Earthquake Engineering, 1980, 13 (1): 22-26.

[58] Monte M D, Robison H A. Lead Shear Damper Suitable for Reducing the Motion Induced by Wind and Earthquake [C]. Proceedings of the Eleventh World Conference on Earthquake Engineering Acapulco, Mexico, 1998.

[59] 倪立峰，李爱群，左晓宝，等. 形状记忆合金超弹性阻尼性能的试验研究 [J]. 地震工程与工程振动，2002，22 (6)：129-134.

[60] Dargush G F, Soong T T. Behavior of Metallic Plate Dampers in Seismic Passive Energy Dissipation System [J]. Earthquake Spectra, 1995, 11: 545-568.

[61] Tsai C S, Tsai K C. Tpea Devices as Seismic Damper for High-Rise Buildings [J]. Journal of Engineering Mechanics, ASCE, 1994, 121: 1075-1081.

[62] 欧进萍，吴斌. 摩擦型和软钢屈服型耗能器的性能与减振效果的试验比较 [J]. 地震工程与工程振动，1995，15：73-87.

[63] Xia C, Hanson R D. Influence of Adas Element Parameters on Building Seismic Response [J]. Journal of Structural Engineering, ASCE, 1992, 118: 1903-1918.

[64] Tsai K C, Chen H W, Hong C E, et al. Design of Steel Triangular Plate Energy Absorbers for Seismic-Resistant Construction [J]. Earthquake Spectra, 1993, 9: 505-528.

[65] 欧进萍，吴斌，龙旭. 耗能减振结构的抗震设计方法 [J]. 地震工程与工程振动，1998，18 (2)：

202-209.

[66] Perry C L, Fierro E A, Sedarat H, et al. Seismic Upgrade in San Francisco Using Energy Dissipation Devices [J]. Earthquake Spectra, 1993, 9 (3): 559-579.

[67] Ciampi V. Use of Energy Dissipation Devices, Based on Yielding of Steel for Earthquake Protection of Structures [C]. Proceedings of International Meeting on Earthquake Protection of Buildings, Ancona, Italy, 1991.

[68] Zuk W. Kinetic Strutures [J]. Civil Engng, 1968, 39 (12): 62-64.

[69] Yao J T P. Concept of Structural Control [J]. Journal of the structural Division, ASCE, 1972, 98 (7): 1567-1574.

[70] Soong T T, Chen Wai Fah. Active Structural Control : Theory and Practice [M]. New York: John Wiley&Sons. Inc., 1990.

[71] Loh C H, Lin P Y, Chung N H. Experimental Verification of Building Control Using Active Bracing System [J]. Earthquake Engineering & Structural Dynamics, 1999, 28 (10): 1099-1119.

[72] Kobori T. Future Direction on Research and Development of Seismic-Response-Controlled Structures [J]. Microcomputers in Civil Engineering, 1996, 11 (5): 297-304.

[73] Kobori T. Technology Development and Forecast of Dynamical Intelligent Building (D. I. B.) [J]. Joumal of Intelligent Material Systems and Structures, 1990. 1 (4): 391-407.

[74] Kobori, Takahashi Motoichi, Nasu Tadashi, et al. Seismic Response Controlled Structure with Active Variable Stiffness System [J]. Earthquake Engineering & Structural Dynamics, 1993, 22 (11): 925-941.

[75] Riche P J, Nim D K, Kelly J M, et al. The Edr-Energy Dissipating Restraint. A New Device for Mitigating Seismic Effective [J]. Structure Engineering association of California, Lake Tahoe, 1990.

[76] Nasu Tadashi, Kobori Takuji, Takahashi Motoichi, et al. Analytical Study on the Active Variable Stiffness System Applied to a High-Rise Building [J]. Journal of Structural Engineering B, 1995, 41: 33-39.

[77] 刘季，李敏霞. 变刚度半主动结构振动控制 [J]. 振动工程学报，1999 (02): 19-25.

[78] Takahashi Motoichi, Kobori Takuji, Nasu Tadashi, et al. Active Response Control of Buildings for Large Earthquakes-Seismic Response Control System with Variable Structural Characteristics [J]. Smart Materials & Structures, 1998, 7 (4): 522-529.

[79] Hrovat Davorin, Barak Pinhas, Rabins Michael. Semiactive Versus Passive or Active Tuned Mass Dampers for Structural Control [J]. Journal of Engineering Mechanics, 1983, 109 (3): 691-705.

[80] Kawashima K, Hasegawa K, Unjoh S, et al. Current Research Efforts in Japan for Passive and Active Control of Highway Bridges Against Earthquake [R]. NIST Special Publication, 1991: 187-209.

[81] 周福霖，谭平，阎维明. 结构半主动减震控制新体系的理论与试验研究 [J]. 广州大学学报（自然科学版），2002 (1): 69-74.

[82] 何亚东，何玉敖，黄金枝. 建筑结构半主动控制振动台试验研究 [J]. 建筑结构学报，2002 (4): 10-15.

[83] Masri S F, Caughey T K. On the Stability of the Impact Damper [J]. Journal of Applied Mechanics, 1966, 33: 586-592.

[84] Ibrahim R A. Vibro-Impact Dynamics, Modeling, Mapping and Applications [M]. Berlin: Springer, 2009.

[85] Lieber P, Jensen D P. An Acceleration Damper: Development, Design and Some Applications [J]. Transactions of the ASME, 1945, 67: 523-530.

[86] Masri S F. Analytical and Experimental Studies of Multiple-Unit Impact Dampers [J]. Journal of the Acoustical Society of America, 1969, 45 (5): 1111-1117.

[87] Papalou A, Masri S F. Performance of Particle Dampers under Random Excitation [J]. Journal of Vibration and Acoustics-Transactions of the Asme, 1996, 118 (4): 614-621.

[88] Panossian H V. Structural Damping Enhancement Via Non-Obstructive Particle Damping Technique [J]. Journal of Vibration and Acoustics, 1992, 114 (1): 101-105.

[89] Saeki M. Analytical Study of Multi-Particle Damping [J]. Journal of Sound and Vibration, 2005, 281 (3-5): 1133-1144.

[90] Panossian H V. Non-Obstructive Particle Damping Tests on Aluminum Beams [C]. Proceedings of the Damping 91Conference, San Diego California, 1991.

[91] 赵玲，刘平，卢媛媛. 非阻塞性微颗粒阻尼柱阻尼特性的实验研究 [J]. 振动与冲击，2009，28 (8)：1-5.

[92] 徐志伟，陈天宁，黄协清，等. 非阻塞性颗粒阻尼中颗粒摩擦耗能的仿真计算 [J]. 机械科学与技术，1999 (6)：890-892.

[93] 毛宽民，师汉民，黄其柏，等. Nopd的椭球状散体元建模 [J]. 工程力学，2000，17 (6)：65-71.

[94] Chen L A, Semercigil S E. A Beam Like Damper for Attenuating Transient Vibrations of Light Strucvtures [J]. Journal of Sound and Vibration, 1993, 164 (1): 53-65.

[95] 李伟，朱德懋，胡选利，等. 豆包阻尼器的减震特性研究 [J]. 航空学报，1999，20 (2)：168-170.

[96] Popplewell N, Semercigil S E. Performance of the Bean Bag Impact Damper for a Sinusoidal External Force [J]. Journal of Sound and Vibration, 1989, 133 (2): 193-223.

[97] Li K, Darby A P. A Buffered Impact Damper for Multi-Degree-of-Freedom Structural Control [J]. Earthquake Engineering & Structural Dynamics, 2008, 37: 1491-1510.

[98] 段勇，陈前. 软内壁颗粒阻尼器阻尼特性试验研究 [J]. 振动工程学报，2011，24 (2)：215-220.

[99] Shah B M, Pillet D, Bai X M, et al. Construction and Characterization of a Particle-Based Thrust Damping System [J]. Journal of Sound and Vibration, 2009, 326 (3-5): 489-502.

[100] 杜妍辰，王树林，朱岩，等. 带颗粒减振剂碰撞阻尼的减振特性 [J]. 机械工程学报，2008，44 (7)：186-189.

[101] 杨智春，李泽江. 颗粒碰撞阻尼动力吸振器的设计及实验研究 [J]. 振动与冲击，2010，29 (6)：69-71.

[102] Semercigil S E, Collette F, Huynh D. Experiments with Tuned Absorber-Impact Damper Combination. Journal of Sound and Vibration, 2002, 256 (1): 179-188.

[103] 鲁正，王佃超，吕西林. 颗粒调谐质量阻尼系统对高层建筑风振控制的试验研究 [J]. 建筑结构学报，2015 (11)：92-98.

[104] 许维炳，闫维明，王瑾，等. 调频型颗粒阻尼器与高架连续梁桥减震控制研究 [J]. 振动与冲击，2013 (23)：94-99.

[105] 李伟，胡选利，黄协清，等. 柔性约束颗粒阻尼耗能特性研究 [J]. 西安交通大学学报，1997 (7)：25-30.

[106] Semercigil S E, Lammers D, Ying Z. A New Tuned Vibration Absorber for Wide-Band Excitations [J]. Journal of Sound & Vibration, 1992, 156 (3): 445-459.

[107] 姚冰，陈前，项红荧，等. 颗粒阻尼吸振器试验研究 [J]. 振动工程学报，2014 (2)：201-207.

[108] Paget A L. Vibration in Steam Turbine Buckets and Damping by Impacts [J]. Engineering, 1937, 143: 305-307.

[109] 周宏伟. 颗粒阻尼及其控制的研究与应用 [D]. 南京：南京航空航天大学，2008.

[110] 戴德沛. 阻尼减振降噪技术 [M]. 西安：西安交通大学出版社，1986.

[111] Kerwin E M. Macro-Mechanisms of Damping in Composite Structures [C]. West Conshohocken. ASTM International, 1965.

[112] Lenzi A. The Use of Damping Material in Industrial Machine [D]. England: University of Southampton, 1985.

[113] Sun J C, Sun H B. Predictions of Total Loss Factors of Structures Part Ii: Loss Factors of Sand Filled Structure [J]. Journal of Sound and Vibration, 1986, 104 (2): 243-257.

[114] 屈维德. 冲击消振原理. 机械加工中的振动问题 [M]. 北京: 高等教育出版社, 1959.

[115] 邓危梧. 冲击减振器的效应及其基本参数的确定 [J]. 机械工程学报, 1964, 12 (4): 83-94.

[116] 张济生, 何康渝. 关于冲击减振机理的讨论 [C]. 中国机械工程学会机械动力学会第四届学术年会论文集, 天津, 1990.

[117] Roberson Robert E. Synthesis of a Nonlinear Dynamic Vibration Absorber [J]. Journal of the Franklin Institute, 1952, 254 (3): 205-220.

[118] Papalou A, Masri S F, Papalou A, et al. An Experimental Investigation of Particle Dampers under Harmonic Excitation [J]. Journal of Vibration & Control, 1998, 4 (4): 361-379.

[119] Papalou A, Masri S F. Response of Impact Dampers with Granular Materials under Random Excitation [J]. Earthquake Engineering & Structural Dynamics, 1996, 25 (3): 253-267.

[120] Friend R D, Kinra V K. Particle Impacting Damping [J]. Journal of Sound and Vibration, 2000, 233 (1): 93-118.

[121] Liu W, Tomlinson G R, Rongong J A. The Dynamic Characterisation of Disk Geometry Particle Dampers [J]. Journal of Sound and Vibration, 2005, 280 (3-5): 849-861.

[122] Wu C J, Liao W H, Wang M Y. Modeling of Granular Particle Damping Using Multiphase Flow Theory of Gas-Particle [J]. Journal of Vibration and Acoustics, 2004, 126 (2): 196-201.

[123] Fang X, Tang J. Granular Damping in Forced Vibration: Qualitative and Quantitative Analyses [J]. Journal of Vibration and Acoustics, 2006, 128 (4): 489-500.

[124] Xu Z W, Chan K W, Liao W H. An Empirical Method for Particle Damping Design [J]. Shock and Vibration, 2004, 11 (5-6): 647-664.

[125] 胡溧, 黄其柏, 许智生. 颗粒阻尼的回归分析研究 [J]. 中国机械工程, 2008, 19 (23): 2834-2837.

[126] 刘雁梅, 黄协清, 陈天宁. 非阻塞性颗粒阻尼加筋板振动功率流的研究 [J]. 西安交通大学学报, 2001, 35 (1): 61-65.

[127] 姚冰, 陈前. 基于粉体力学模型的颗粒阻尼研究 [J]. 振动与冲击, 2013 (22): 7-12.

[128] 涂福彬, 卜令方, 凌道盛. 基于多尺度方法的带颗粒阻尼悬臂梁自由振动半解析分析 [J]. 振动与冲击, 2013 (16): 134-139.

[129] Mao K M, Wang M Y, Xu Z W, et al. Dem Simulation of Particle Damping [J]. Powder Technology, 2004, 142 (2-3): 154-165.

[130] Saeki M. Impact Damping with Granular Materials in a Horizontally Vibrating System [J]. Journal of Sound and Vibration, 2002, 251 (1): 153-161.

[131] Lu Z, Masri S F, Lu X L. Parametric Studies of the Performance of Particle Dampers under Harmonic Excitation [J]. Sturctural Control and Health Monitoring, 2011, 18 (1): 79-98.

[132] Cempel C, Lotz G. Efficiency of Vibrational Energy Dissipation by Moving Shot [J]. Journal of Structural Engineering, 1993, 119 (9): 2642-2652.

[133] Xu Z W, Wang M Y, Chen T N. Particle Damping for Passive Vibration Suppression: Numerical Modelling and Experimental Investigation [J]. Journal of Sound and Vibration, 2005, 279 (3-5): 1097-1120.

[134] Yan Weiming, Xu Weibing, Wang Jin, et al. Experimental Research on the Effects of a Tuned Particle Damper on a Viaduct System under Seismic Loads [J]. Journal of Bridge Engineering, 2014, 19 (3): 165-184.

[135] Lu Z, Lu X L, Lu W S, et al. Shaking Table Test of the Effects of Multi-Unit Particle Dampers Attached to an Mdof System under Earthquake Excitation [J]. Earthquake Engineering & Structural Dynamics, 2012,

41 (5): 987-1000.

[136] Lu Zheng, Wang Dianchao, Li Peizhen. Comparison Study of Vibration Control Effects between Suspended Tuned Mass Damper and Particle Damper [J]. Shock & Vibration, 2014, 2014 (2): 1-7.

[137] Oledzki A. New Kind of Impact Damper—from Simulation to Real Design. Mechanism & Machine Theory, 1981, 16 (3): 247-253.

[138] Moore J J, Palazzolo A B, Gadangi R, et al. Forced Response Analysis and Application of Impact Dampers to Rotor-Dynamic Vibration Suppression in a Cryogenic Environment [J]. Journal of Vibration and Acoustics, 1995, 117 (3A): 300-310.

[139] Gibson B W. Usefulness of Impact Dampers for Space Applications [R]. Air Force Institute of Technoligy: Wright-Patterson AFB, OH, 1983.

[140] Torvik P J, Gibson W. Design and Effectiveness of Impact Dampers for Space Applications [J]. Design Engineering Division, ASME, 1987, 5: 65-74.

[141] Park W H. Mass-Spring-Damper Response to Repetitive Impact [J]. Journal of Manufacturing Science & Engineering, 1967, 89 (4).

[142] Skipor E, Bain L J. Application of Impact Damping to Rotary Printing Equipment [J]. Journal of Mechanical Design, 1980, 102: 338-343.

[143] Sato T, Takase M, Kaiho N, et al. Vibration Reduction of Pantograph-Support System Using an Impact Damper (Influence of Curve Track) [C]. Proceeding of International Conference on Noise & Vibration Engineering, ISMA, Leuven, Belgium, 2002.

[144] Sims N D, Amarasinghe A, Ridgway K. Particle Dampers for Workpiece Chatter Mitigation [J]. Manufacturing Engineering Division, ASME, 2005, 16 (1): 825-832.

[145] Fuse T. Prevention of Resonances by Impact Damper [J]. Americon Society of Mechanical Engineers, 1989, 182: 57-66.

[146] Aiba Takahiro, Murata Ryoji, Henmi Nobuhiko, et al. An Investigation on Variable-Attractive-Force Impact Damper and Application for Controlling Cutting Vibration in Milling Process [J]. Journal of the Japan Society for Precision Engineering, 1995, 61 (1): 75-79.

[147] 李伟，朱德懋，黄协清. 柔性约束颗粒阻尼于板结构的减振研究 [J]. 噪声与振动控制，1998，4 (1): 2-5.

[148] 王青梅，陈前. 基于碰撞理论的颗粒阻尼计算模型及试验研究 [J]. 振动、测试与诊断，2007，27 (4): 300-303.

[149] 段勇，陈前，林莎. 颗粒阻尼对直升机旋翼桨叶减振效果的试验 [J]. 航空学报，2009，30 (11): 2113-2118.

[150] 夏兆旺，单颖春，刘献栋，等. 颗粒阻尼应用于平板叶片减振试验 [J]. 振动、测试与诊断，2008 (9): 269-272.

[151] 胡溧，杨驰杰，杨启梁，等. 颗粒阻尼对封闭空腔内场点声压影响的试验研究 [J]. 科学技术与工程，2015 (24): 144-148.

[152] 闫维明，黄韵文，何浩祥，等. 颗粒阻尼技术及其在土木工程中的应用展望 [J]. 世界地震工程，2010，26 (4): 18-24.

[153] Xiao W Q, Huang Y X, Jiang H, et al. Energy Dissipation Mechanism and Experiment of Particle Dampers for Gear Transmission under Centrifugal Loads [J]. Particuology, 2016, 27: 40-50.

[154] Zhang C, Chen T N, Wang X P, et al. Influence of Cavity on the Performance of Particle Damper under Centrifugal Loads [J]. Journal of Vibration and Control, 2016, 22 (6): 1704-1714.

[155] Zhang C, Chen T N, Wang X P. Damping Performance of Bean Bag Dampers in Zero Gravity Environments

[J]. Journal of Sound and Vibration, 2016, 371: 67-77.

[156] Yao B, Chen Q. Investigation on Zero-Gravity Behavior of Particle Dampers [J]. Journal of Vibration and Control, 2015, 21 (1): 124-133.

[157] Skinner R I, Kelly J M, Heine A J. Hysteretic Dampers for Earthquake-Resistant Structures [J]. Earthquake Engineering & Structural Dynamics, 1974, 3 (3): 287-296.

[158] Ogawa K, Ide T, Saitou T. Application of Impact Mass Damper to a Cable-Stayed Bridge Pylon [J]. Journal of Wind Engineering and Industrial Aerodynamics, 1997, 72 (1-3): 301-312.

[159] Naeim F, Lew M, Carpenter L D, et al. Performance of Tall Buildings in Santiago, Chile During the 27 February 2010 Offshore Maule, Chile Earthquake [J]. The Structural Design of Tall and Special Buildings, 2011, 20 (1): 1-16.

[160] Liu A Q, Wang B, Choo Y S, et al. The Effective Design of Bean Bag as a Vibroimpact Damper [J]. Shock and Vibration, 2000, 7 (8): 343-354.

[161] 夏兆旺，单颖春，刘献栋. 基于悬臂梁的颗粒阻尼实验 [J]. 航空动力学报，2007 (10): 1737-1741.

[162] 谭德昕，刘献栋，单颖春. 颗粒阻尼减振器对板扭转振动减振的仿真研究 [J]. 系统仿真学报，2011 (8): 1594-1597.

[163] 周天平，马崇武，慕青松. 颗粒阻尼器对高层建筑减振的机理研究 [C]. 第22届全国结构工程学术会议，乌鲁木齐，2013.

[164] 闫维明，王瑾，许维炳. 基于单自由度结构的颗粒阻尼减振机理试验研究 [J]. 土木工程学报，2014 (S1): 76-82.

[165] 黄韵文，王瑾，闫维明，等. 单自由度框架结构颗粒阻尼试验 [C]，第八届全国地震工程学术会议，重庆，2010.

[166] 张向东. 高架路交通诱发振动与建筑物减振控制方法研究 [D]. 北京：北京工业大学，2009.

[167] 鲁正. 颗粒阻尼器的仿真模拟和性能分析 [D]. 上海：同济大学，2011.

[168] 闫维明，许维炳，王瑾，等. 调谐型颗粒阻尼器简化力学模型及其参数计算方法研究与减震桥梁试验 [J]. 工程力学，2014 (6): 79-84.

[169] Papalou A, Strepelias E, Roubien D, et al. Seismic Protection of Monuments Using Particle Dampers in Multi-Drum Columns [J]. Soil Dynamics and Earthquake Engineering, 2015, 77: 360-368.

[170] Egger Philipp, Caracoglia Luca, Kollegger Johann. Modeling and Experimental Validation of a Multiple-Mass-Particle Impact Damper for Controlling Stay-Cable Oscillations [J]. Structural Control & Health Monitoring, 2015, 23 (6): 960-978.

[171] Egger P, Caracoglia L. Analytical and Experimental Investigation on a Multiple-Mass-Element Pendulum Impact Damper for Vibration Mitigation [J]. Journal of Sound and Vibration, 2015, 353: 38-57.

[172] Panossian H V, Bice D L. Low Frequency Applications of Non-Obstructive Particle Damping [C]. 61st Shock and Vibration Symposium, Pasadena, CA, 1990.

[173] 鲁正，王佃超，吕西林. 随机激励下颗粒阻尼器振动控制的性能分析 [J]. 土木工程学报，2014 (S1): 158-163.

[174] 潘兆东. 基于能量原理的调谐质量阻尼器减振性能与损伤研究 [D]. 广州大学，2013.

[175] 鲁正，吕西林. 颗粒阻尼器减振控制的数值模拟 [J]. 同济大学学报（自然科学版），2013 (8): 1140-1144.

[176] 蒋华，陈前. 恢复力曲面法在颗粒阻尼器研究中的应用 [J]. 振动、测试与诊断，2007, 27 (3): 228-231.

[177] Hales Thomas C. The Sphere Packing Problem [J]. Journal of Computational & Applied Mathematics, 1992, 44 (1): 41-76.

[178] Masri S F, Ibrahim A M. Response of the Impact Damper to Stationary Random Excitation [J]. The Journal of the Acoustical Society of America, 1973, 53 (1): 200-211.

[179] Cundall P A, Strack O. A Distinct Element Model for Granular Assemblies [J]. Geotechnique, 1979, 29: 47-65.

[180] 魏群. 散体单元法的基本原理数值方法及程序 [M]. 北京: 科学出版社, 1991.

[181] 王泳嘉, 邢纪波. 离散单元法及其在岩土力学的应用 [M]. 沈阳: 东北工学院出版社, 1991.

[182] 王强, 吕西林. 离散单元法在框架结构地震反应分析中的应用 [J]. 地震工程与工程振动, 2004, 24 (5): 73-78.

[183] 张富文, 吕西林. 框架结构不同倒塌模式的数值模拟与分析 [J]. 建筑结构学报, 2009, 30 (5): 119-125.

[184] 王强. 基于离散单元法的钢筋混凝土框架结构非线性与地震倒塌反应分析 [D]. 上海: 同济大学, 2005.

[185] 毛宽民. 非阻塞性微颗粒阻尼力学机理的理论研究及应用 [D]. 西安: 西安交通大学, 1999.

[186] Du Y C, Wang S L. Energy Dissipation in Normal Elastoplastic Impact between Two Spheres [J]. Journal of Applied Mechanics, 2009, 76 (6): 061010-061017.

[187] Elperin T, Golshtein E. Comparison of Different Models for Tangential Forces Using the Particle Dynamics Method [J]. Physica A: Statistical and Theoretical Physics, 1997, 242 (3-4): 332-340.

[188] Di Renzo Alberto, Di Maio Francesco Paolo. Comparison of Contact-Force Models for the Simulation of Collisions in Dem-Based Granular Flow Codes [J]. Chemical Engineering Science, 2004, 59 (3): 525-541.

[189] Masri S F. Steady-State Response of a Multidegree System with an Impact Damper [J]. Journal of Applied Mechanics-Transactions of the Asme, 1973, 40 (1): 127-132.

[190] Oldenburg M, Nilsson L. The Position Code Algorithm for Contact Searching [J]. International Journal for Numerical Methods in Engineering, 1994, 37: 359-386.

[191] Bonet J, Peraire J. An Alternating Digital Tree (Adt) Algorithm for 3d Geometric Searching and Intersection Problems [J]. International Journal for Numerical Methods in Engineering, 1991, 31: 1-17.

[192] Connor R O, Gill J, Williams J R. A Linear Complexity Contact Detection Algorithm for Multy-Body Simulation [C]. Proceedings of 2nd U. S. Conference on Discrete Element Methods, MIT, MA, 1993.

[193] Preece D S, Burchell S L. Variation of Spherical Element Packing Angle and Its Influence on Computer Simulations of Blasting Induced Rock Motion [C]. Proceedings of 2nd U. S. Conference on Discrete Element Methods, MIT, MA, 1993.

[194] Mirtich B. Impulse-Based Dynamic Simulation of Rigid Body Systems [D]. California: University of California, Berkeley, 1988.

[195] Munijiza A, Andrews K R F. Nbs Contact Detection Algorithm for Bodies of Similar Size [J]. International Journal for Numerical Methods in Engineering, 1998, 43: 131-149.

[196] Butt A S. Dynamics of Impact-Damped Continuous Systems [D]. Louisiana: Louisiana Tech University, 1995.

[197] Bapat C N, Sankar S. Multiunit Impact Damper-Reexamined [J]. Journal of Sound and Vibration, 1985, 103 (4): 457-469.

[198] Lu Zheng, Lu Xilin, Masri S F. Studies of the Performance of Particle Dampers under Dynamic Loads [J]. Journal of Sound and Vibration, 2010, 329 (26): 5415-5433.

[199] Li K, Darby A P. Experiments on the Effect of an Impact Damper on a Multiple-Degree-of-Freedom System [J]. Journal of Vibration and Control, 2006, 12 (5): 445-464.

[200] Masri S F. Response of Multi-Degree-of-Freedom System to Nonstationary Random Excitation. Journal of

Applied Mechanics, 1978, 45 (3): 649-656.

[201] Panossian H V. Non-Obstructive Impact Damping Applications for Cryogenic Environments [C]. Proceedings of Damping, 1989.

[202] Bhatti Riaz A, Wang Yanrong. Simulation of Particle Damping under Centrifugal Loads [J]. World Academy of Science Engineering & Technology, 2009 (57). 313-318.

[203] Hollkamp J J, Gordon R W. Experiments with Particle Damping [J]. Proceedings of SPLE-The International Society for Optical Engineering, 1988, 3327: 2-12.

[204] 鲁正，吕西林，闫维明. 颗粒阻尼器减震控制的试验研究 [J]. 土木工程学报，2012 (S1): 243-247.

[205] Li K, Darby A P. An Experimental Investigation into the Use of a Buffered Impact Damper [J]. Journal of Sound and Vibration, 2006, 291: 844-860.

[206] Spencer Jr B F, Dyke S J, Deoskar H S. Benchmark Problems in Structural Control: Part I-Active Mass Driver System [J]. Earthquake Engineering and Structural Dynamics, 1998, 27 (11): 1127-1139.

[207] Spencer B F J, Christenson R, Dyke S J. Next Generation Benchmark Control Problems for Seismically Excited Buildings [C]. Second World Conference on Structural Control, 1998.

[208] Yang Jann N, Agrawal Anil K, Samali Bijan, et al. A Benchmark Problem for Response Control of Wind-Excited Tall Buildings (Second Generation Benchmark Problem). Journal of Engineering Mechanics, 2004, 130 (4): 437-446.

[209] Samali B, Kwok K C S, Wood G S, et al. Wind Tunnel Tests for Wind-Excited Benchmark Building [J]. Journal of Engineering Mechanics, 2004, 130 (4): 447-450.

[210] 张建胜，武岳，吴迪. 结构抗风设计敏感性分析 [J]. 振动工程学报，2011 (6): 682-688.

[211] Wu J C, Yang J N. Continuous Sliding Mode Control of a Tv Transmission Tower under Stochastic Wind [J]. Institute of Electmical and Electronics Engineers, 1997: 883-887.

[212] Samali B, Yang J N, Yeh C T. Control of Lateral-Torsional Motion of Wind-Excited Buildings [J]. Journal of Engineering Mechanics, 1985, 111 (6): 777-796.

[213] 黄鹏，全涌，顾明. Tj-2 风洞大气边界层被动模拟方法的研究 [J]. 同济大学学报（自然科学版），1999 (02): 11-15+19.

[214] 刘殿忠 杨艳敏. 土木工程结构试验 [M]. 武汉：武汉大学出版社，2014.

[215] R 克拉夫，J 彭津. 结构动力学 [M]. 2 版. 北京：高等教育出版社，2006.

[216] 全涌. 超高层建筑横风向风荷载及响应研究 [D]. 同济大学，2002.

[217] 黄韵文. 颗粒阻尼器性能研究 [D]. 北京工业大学，2011.

[218] Marhadi Kun S, Kinra Vikram K. Particle Impact Damping: Effect of Mass Ratio, Material, and Shape [J]. Journal of Sound & Vibration, 2005, 283 (1-2): 433-448.

[219] 汪丛军，黄本才. 结构抗风分析原理及应用 [M]. 2 版. 上海：同济大学出版社，2008.

[220] Masri S F, Ibrahim A M. Response of Impact Damper to Stationary Random Excitation [J]. Journal of the Acoustical Society of America, 1973, 53 (1): 200-211.

[221] Masri S F, Ibrahim A M. Stochastic Excitation of a Simple System with Impact Damper [J]. Earthquake Engineering & Structural Dynamics, 1972, 1 (4): 337-346.

[222] Samali B Kwok K, Wood G, et al. Wind Tunnel Tests for Wind Excited Benchmark Problem [J]. Technical Note, 1999.

[223] Simiu Emil, Scanlan Robert H. Wind Effects on Structures [J]. Wiley, 1996, 185 (92): 301-317.

[224] 鲁正，吕西林，施卫星. 缓冲型悬吊式颗粒调谐质量阻尼器. CN102817423A [P]. 2012-12-12.

[225] 鲁正，施卫星，李晓玮. 新型二维调谐质量阻尼器. CN102888904A [P]. 2013-01-23.

[226] 鲁正，王佃超. 悬吊式多单元碰撞阻尼器. CN103498884A [P]. 2014-01-08.

[227] 鲁正，张逢骥．一种新型碰撞阻尼器．CN103603439A［P］．2014-02-26.

[228] 李培振，张泽楠，张丛嘉，等．新型调谐颗粒质量阻尼器．CN103541460A［P］．2014-01-29.

[229] 李培振，张丛嘉，刘烨，等．一种混合消能减振装置．CN103541459A［P］．2014-01-29.

[230] 鲁正，陈筱一．链式颗粒碰撞阻尼器．CN104314191A［P］．2015-01-28.

[231] 鲁正，王佃超．双向变刚度颗粒调谐质量阻尼器．CN104594519A［P］．2015-05-06.

[232] 鲁正，张泽楠，李坤．具有非线性刚度的颗粒阻尼器．CN105332442A［P］．2016-02-17.

[233] 鲁正，杨玉玲，张泽楠．一种非线性轨道式颗粒阻尼器．CN105239692A［P］．2016-01-13.

[234] 鲁正，杨玉玲，张泽楠．非线性颗粒碰撞阻尼器．CN105350673A［P］．2016-02-24.

[235] 鲁正，刘国良，黄彪．组合型多相减振装置．CN105297940A［P］．2016-02-03.

[236] 鲁正，程健，王贤林，等．非线性轨道式协同调谐阻尼器．CN105863097A［P］．2016-08-17.

[237] 鲁正，张泽楠，杜江．悬吊式材料阻尼器．CN105804261A［P］．2016-07-27.

[238] 周宏伟，陈前．电磁颗粒阻尼器减振机理及试验研究［J］．振动工程学报，2008（2）：162-166.

[239] Masri S F, Miller R K, Dehghanyar T J, et al. Active Parameter Control of Nonlinear Vibrating Structures [J]. Journal of Applied Mechanics, 1989, 56 (3): 658-666.

[240] 鲁正，王佃超，吕西林．半主动控制碰撞阻尼器．CN103485438A［P］．2014-01-01.